强制性条文速查系列手册

防火强制性条文速查手册

闫 军 主编

中国建筑工业出版社

图书在版编目（CIP）数据

防火强制性条文速查手册/闫军主编. —北京：中国建筑工业出版社，2020.2
（强制性条文速查系列手册）
ISBN 978-7-112-24846-9

Ⅰ.①防… Ⅱ.①闫… Ⅲ.①建筑设计-防火-建筑规范-中国-手册 Ⅳ.①TU892-62

中国版本图书馆 CIP 数据核字（2020）第 024744 号

强制性条文速查系列手册
防火强制性条文速查手册
闫 军 主编
*
中国建筑工业出版社出版、发行（北京海淀三里河路9号）
各地新华书店、建筑书店经销
北京红光制版公司制版
北京建筑工业印刷厂印刷
*
开本：850×1168 毫米 1/32 印张：13⅞ 字数：382 千字
2020 年 9 月第一版 2020 年 9 月第一次印刷
定价：**45.00** 元
ISBN 978-7-112-24846-9
（35399）

版权所有 翻印必究
如有印装质量问题，可寄本社退换
（邮政编码 100037）

本书系"强制性条文速查系列手册"丛书之一。共收录防火相关规范数百本，强制性条文千余条。全书共分八篇。第一篇燃烧和分类；第二篇工程建设防火设计与施工；第三篇其他防火；第四篇建筑防火材料；第五篇灭火设计与施工；第六篇灭火剂；第七篇消防；第八篇消防相关。

本书供建筑设计、消防、施工、管理、监理、安全、材料、造价、施工图审查人员使用，并可供建筑设计人员、注册消防工程师、注册建筑师、注册安全工程师、大中专院校师生学习参考。

* * *

责任编辑：郭　栋
责任校对：芦欣甜

前 言

本书为"强制性条文速查系列手册"之一。全书采用规范列表的形式呈现强制性条文。除工程建设防火外，覆盖整个防火领域。本书收录防火规范时，参考依据了注册消防工程师考试辅导教材的规定。因纸质篇幅所限，更多的消防类规范参看扫码增值服务。电子版实时更新，保证所收录的规范是最新的。

《工程建设强制性条文》是工程建设过程中的强制性技术规定，类似于技术法规，是参与建设活动各方执行工程建设强制性标准的依据。执行《工程建设强制性条文》既是贯彻落实《建设工程质量管理条例》的重要内容，又是从技术上确保建设工程质量的关键。强制性条文的正确实施，对促进房屋建筑活动健康发展，保证工程质量、安全，提高投资效益、社会效益和环境效益都具有重要的意义。

强制性条文的内容，摘自工程建设强制性标准，主要涉及人民生命财产安全、人身健康、环境保护和其他公众利益。强制性条文的内容是工程建设过程中各方必须遵守的。按照建设部第81号令《实施工程建设强制性标准监督规定》，施工单位违反强制性条文，除责令整改外，还要处以工程合同价款2‰以上4‰以下的罚款。勘察、设计单位违反工程建设强制性标准进行勘察、设计的，责令改正，并处以10万元以上30万元以下的罚款。

"强制性条文速查系列手册"搜集整理了最新的工程建设类等强制性条文，共分建筑设计、建筑结构与岩土、建筑施工、给水排水与暖通、交通工程、建筑材料、防火七个分册。七个分册购齐，工程建设类等强制性条文就齐全了。搜集、整理花费了不少的时间和心血，希望读者喜欢。七个分册的名称如下：

➢《建筑设计强制性条文速查手册》(第三版)
➢《建筑结构与岩土强制性条文速查手册》(第二版)
➢《建筑施工强制性条文速查手册》(第二版)
➢《给水排水与暖通强制性条文速查手册》
➢《交通工程强制性条文速查手册》
➢《建筑材料强制性条文速查手册》
➢《防火强制性条文速查手册》

  本书供建筑设计、施工、管理、安全、消防、防火、施工图审查人员使用，并且对注册消防工程师、注册建筑师、注册设备工程师、注册建造师、注册监理工程师、注册造价工程师、大中专院校师生学习参考很有帮助。

  为保证强制性条文文本阐述含义的完整性和消除读者阅读障碍，以个别文字附上相关非强制性条文且用楷体标识，请读者留意。

  本书由闫军主编，张爱洁、郭旗副主编。

目　录

第一篇　燃烧和分类

一、《建筑材料及制品燃烧性能分级》GB 8624—2012 …… 2

二、《电缆及光缆燃烧性能分级》GB 31247—2014 …… 9

三、《危险货物分类和品名编号》GB 6944—2012
（节选） …………………………………………………… 11

四、《化学品分类和标签规范　第 7 部分：易燃液体》
GB 30000.7—2013（节选） ……………………………… 13

五、《爆炸性环境　第 14 部分　场所分类　爆炸性
气体环境》GB 3836.14—2014（节选） ………………… 14

六、《可燃性粉尘环境用电气设备　第 1 部分：通用
要求》GB 12476.1—2013（节选） ……………………… 14

第二篇　工程建设防火设计与施工

一、《建筑设计防火规范》GB 50016—2014
（2018 年版） ……………………………………………… 18

二、《建筑钢结构防火技术规范》GB 51249—2017 …… 75

三、《建筑内部装修设计防火规范》GB 50222—2017 …… 75

四、《建筑内部装修防火施工及验收规范》
GB 50354—2005 …………………………………………… 84

五、《地铁设计防火标准》GB 51298—2018 …… 85

六、《汽车库、修车库、停车场设计防火规范》
GB 50067—2014 …………………………………………… 87

七、《防火卷帘、防火门、防火窗施工及验收规范》
　　GB 50877—2014 ·· 93
八、《建筑外墙外保温防火隔离带技术规程》
　　JGJ 289—2012 ·· 94
九、《灾区过渡安置点防火标准》GB 51324—2019 ········ 94
十、《农村防火规范》GB 50039—2010 ······················· 96
十一、《建筑防烟排烟系统技术标准》GB 51251—2017 ··· 98
十二、《火灾自动报警系统设计规范》
　　　GB 50116—2013 ··· 100
十三、《火灾自动报警系统施工及验收标准》
　　　GB 50166—2019 ··· 102

第三篇　其　他　防　火

一、《有色金属工程设计防火规范》GB 50630—2010 ······ 104
二、《钢铁冶金企业设计防火标准》GB 50414—2018 ····· 106
三、《石油化工企业设计防火标准》GB 50160—2008
　　（2018 年版） ·· 107
四、《石油天然气工程设计防火规范》
　　GB 50183—2004 ·· 122
五、《储罐区防火堤设计规范》GB 50351—2014 ··········· 138
六、《人民防空工程设计防火规范》GB 50098—2009 ····· 138
七、《民用机场航站楼设计防火规范》
　　GB 51236—2017 ·· 141
八、《火力发电厂与变电站设计防火标准》
　　GB 50229—2019 ·· 142
九、《水电工程设计防火规范》GB 50872—2014 ··········· 160
十、《水利工程设计防火规范》GB 50987—2014 ··········· 166
十一、《核电厂常规岛设计防火规范》
　　　GB 50745—2012 ··· 168

十二、《酒厂设计防火规范》GB 50694—2011 ……… 173
十三、《纺织工程设计防火规范》GB 50565—2010 ……… 182
十四、《风电场设计防火规范》NB 31089—2016 ……… 192
十五、《精细化工企业工程设计防火标准》
　　　GB 51283—2020 ……………………………… 195

第四篇　建筑防火材料

一、《混凝土结构防火涂料》GB 28375—2012 ………… 216
二、《钢结构防火涂料》GB 14907—2018 ……………… 219
三、《饰面型防火涂料》GB 12441—2018 ……………… 224
四、《电缆防火涂料》GB 28374—2012 ………………… 226
五、《防火封堵材料》GB 23864—2009 ………………… 227
六、《不燃无机复合板》GB 25970—2010 ……………… 232
七、《阻燃装饰织物》GA 504—2004 …………………… 234
八、《塑料管道阻火圈》GA 304—2012 ………………… 235
九、《隧道防火保护板》GB 28376—2012 ……………… 238
十、《防火膨胀密封件》GB 16807—2009 ……………… 242
十一、《建筑通风和排烟系统用防火阀门》
　　　 GB 15930—2007 ……………………………… 245
十二、《建筑用安全玻璃　第1部分：防火玻璃》
　　　 GB 15763.1—2009 …………………………… 251
十三、《耐火电缆槽盒》GB 29415—2013 ……………… 254
十四、《水基型阻燃处理剂》GA 159—2011 …………… 255

第五篇　灭火设计与施工

一、《泡沫灭火系统设计规范》GB 50151—2010 ……… 260
二、《细水雾灭火系统技术规范》GB 50898—2013 …… 267
三、《水喷雾灭火系统技术规范》GB 50219—2014 …… 268

四、《自动喷水灭火系统设计规范》GB 50084—2017 …… 270
五、《气体灭火系统设计规范》GB 50370—2005 …… 280
六、《干粉灭火系统设计规范》GB 50347—2004 …… 282
七、《固定消防炮灭火系统设计规范》
　　GB 50338—2003 …………………………………… 283
八、《建筑灭火器配置设计规范》GB 50140—2005 …… 286
九、《泡沫灭火系统施工及验收规范》
　　GB 50281—2006 …………………………………… 287
十、《自动喷水灭火系统施工及验收规范》
　　GB 50261—2017 …………………………………… 289
十一、《气体灭火系统施工及验收规范》
　　　GB 50263—2007 ………………………………… 290
十二、《固定消防炮灭火系统施工与验收规范》
　　　GB 50498—2009 ………………………………… 291
十三、《建筑灭火器配置验收及检查规范》
　　　GB 50444—2008 ………………………………… 294

第六篇　灭　火　剂

一、《干粉灭火剂》GB 4066—2017 …………………… 298
二、《超细干粉灭火剂》GA 578—2005 ………………… 300
三、《D类干粉灭火剂》GA 979—2012 ………………… 302
四、《氢氟烃类灭火剂》GB 35373—2017 ……………… 304
五、《六氟丙烷（HFC236fa）灭火剂》
　　GB 25971—2010 …………………………………… 306
六、《七氟丙烷（HFC227ea）灭火剂》
　　GB 18614—2012 …………………………………… 308
七、《A类泡沫灭火剂》GB 27897—2011 ……………… 309
八、《泡沫灭火剂》GB 15308—2006 …………………… 314
九、《水系灭火剂》GB 17835—2008 …………………… 324

十、《惰性气体灭火剂》GB 20128—2006 ·············· 325

十一、《二氧化碳灭火剂》GB 4396—2005 ·············· 328

第七篇 消 防

一、《消防应急照明和疏散指示系统技术标准》
GB 51309—2018 ······································· 330

二、《消防通信指挥系统施工及验收规范》
GB 50401—2007 ······································· 331

三、《消防通信指挥系统设计规范》GB 50313—2013 ······ 332

四、《城市消防规划规范》GB 51080—2015 ·············· 333

五、《建设工程施工现场消防安全技术规范》
GB 50720—2011 ······································· 333

六、《消防给水及消火栓系统技术规范》
GB 50974—2014 ······································· 336

七、《城市消防远程监控系统技术规范》
GB 50440—2007 ······································· 342

八、《城市消防站设计规范》GB 51054—2014 ············ 342

九、《电气装置安装工程 爆炸和火灾危险环境电气
装置施工及验收规范》GB 50257—2014 ············ 343

第八篇 消 防 相 关

一、《消防控制室通用技术要求》GB 25506—2010 ········· 346

二、《建设工程消防设计审查规则》GA 1290—2016 ······ 352

三、《爆炸危险环境电力装置设计规范》
GB 50058—2014 ······································· 355

四、《人员密集场所消防安全管理》GA 654—2006 ······ 355

五、《住宿与生产储存经营合用场所消防安全技术要求》
GA 703—2007 ··· 361

六、《防火监控报警插座与开关》GB 31252—2014 ……… 362
七、《消防接口 第1部分：消防接口通用技术条件》
　　GB 12514.1—2005 …………………………………… 366
八、《干粉枪》GB 25200—2010 ………………………… 367
九、《泡沫枪》GB 25202—2010 ………………………… 369
十、《防火门》GB 12955—2008 ………………………… 371
十一、《防火窗》GB 16809—2008 ……………………… 380
十二、《喷射无机纤维防火材料的性能要求及试验方法》
　　GA 817—2009 ………………………………………… 383
十三、《重大火灾隐患判定方法》GB 35181—2017 …… 385
十四、《住宅物业消防安全管理》GA 1283—2015 …… 391
十五、《城市消防远程监控系统 第1部分：用户信息
　　传输装置》GB 26875.1—2011 …………………… 398
十六、《城市消防远程监控系统 第2部分：通信服务器
　　软件功能要求》GB 26875.2—2011 ……………… 406
十七、《城市消防远程监控系统 第5部分：受理软件
　　功能要求》GB 26875.5—2011 …………………… 407
十八、《城市消防远程监控系统 第6部分：信息管理
　　软件功能要求》GB 26875.6—2011 ……………… 410
十九、《灭火救援装备储备管理通则》GA 1282—2015 … 412
二十、《建筑消防设施的维护管理》GB 25201—2010 …… 413
二十一、《仓储场所消防安全管理通则》
　　GA 1131—2014（节选） …………………………… 417
二十二、《石油化工可燃气体和有毒气体检测报警
　　设计规范》GB 50493—2009 ……………………… 427
参考文献 …………………………………………………… 429

第一篇 燃烧和分类

一、《建筑材料及制品燃烧性能分级》GB 8624—2012

4 燃烧性能等级

建筑材料及制品的燃烧性能等级见表1。

表1 建筑材料及制品的燃烧性能等级

燃烧性能等级	名 称
A	不燃材料（制品）
B_1	难燃材料（制品）
B_2	可燃材料（制品）
B_3	易燃材料（制品）

5 燃烧性能等级判据

5.1 建筑材料

5.1.1 平板状建筑材料

平板状建筑材料及制品的燃烧性能等级和分级判据见表2。表中满足 A1、A2 级即为 A 级，满足 B 级、C 级即为 B_1 级，满足 D 级、E 级即为 B_2 级。

对墙面保温泡沫塑料，除符合表2规定外应同时满足以下要求：B_1 级氧指数值 OI≥30%；B_2 级氧指数值 OI≥26%。试验依据标准为 GB/T 2406.2。

表2 平板状建筑材料及制品的燃烧性能等级和分级判据

燃烧性能等级		试验方法	分级判据
A	A1	GB/T 5464[a] 且	炉内温升 ΔT≤30℃； 质量损失率 Δm≤50%； 持续燃烧时间 t_f＝0
		GB/T 14402	总热值 PCS≤2.0MJ/kg[a,b,c,e]； 总热值 PCS≤1.4MJ/m²[d]

续表 2

燃烧性能等级		试验方法	分级判据
A	A2	GB/T 5464[a] 或 且 GB/T 14402	炉内温升 $\Delta T \leqslant 50℃$； 质量损失率 $\Delta m \leqslant 50\%$； 持续燃烧时间 $t_f \leqslant 20s$ 总热值 $PCS \leqslant 3.0MJ/kg^{a,e}$； 总热值 $PCS \leqslant 4.0MJ/m^{2b,d}$
B₁	B	GB/T 20284	燃烧增长速率指数 $FIGRA_{0.2MJ} \leqslant 120W/s$； 火焰横向蔓延未到达试样长翼边缘； 600s 的总放热量 $THR_{600s} \leqslant 7.5MJ$
		GB/T 20284 且	燃烧增长速率指数 $FIGRA_{0.2MJ} \leqslant 120W/s$； 火焰横向蔓延未到达试样长翼边缘； 600s 的总放热量 $THR_{600s} \leqslant 7.5MJ$
		GB/T 8626 点火时间 30s	60s 内焰尖高度 $Fs \leqslant 150mm$； 60s 内无燃烧滴落物引燃滤纸现象
B₂	C	GB/T 20284 且	燃烧增长速率指数 $FIGRA_{0.4MJ} \leqslant 250W/s$； 火焰横向蔓延未到达试样长翼边缘； 600s 的总放热量 $THR_{600s} \leqslant 15MJ$
		GB/T 8626 点火时间 30s	60s 内焰尖高度 $Fs \leqslant 150mm$； 60s 内无燃烧滴落物引燃滤纸现象
	D	GB/T 20284 且	燃烧增长速率指数 $FIGRA_{0.4MJ} \leqslant 750W/s$
		GB/T 8626 点火时间 30s	60s 内焰尖高度 $Fs \leqslant 150mm$； 60s 内无燃烧滴落物引燃滤纸现象
	E	GB/T 8626 点火时间 15s	20s 内的焰尖高度 $Fs \leqslant 150mm$； 20s 内无燃烧滴落物引燃滤纸现象
B₃	F	无性能要求	

[a] 匀质制品或非匀质制品的主要组分。
[b] 非匀质制品的外部次要组分。
[c] 当外部次要组分的 $PCS \leqslant 2.0MJ/m^2$ 时，若整体制品的 $FIGRA_{0.2MJ} \leqslant 20W/s$、$LFS <$ 试样边缘、$THR_{400s} \leqslant 4.0MJ$ 并达到 s1 到 d0 级，则达到 A1 级。
[d] 非匀质制品的任一内部次要组分。
[e] 整体制品

5.1.2 铺地材料

铺地材料的燃烧性能等级和分级判据见表3。表中满足A1、A2级即为A级,满足B级、C级即为B_1级,满足D级、E级即为B_2级。

表3 铺地材料的燃烧性能等级和分级判据

燃烧性能等级		试验方法	分级判据
A	A1	GB/T 5464[a] 且	炉内温升 $\Delta T \leqslant 30℃$; 质量损失率 $\Delta m \leqslant 50\%$; 持续燃烧时间 $t_f = 0$
		GB/T 14402	总热值 PCS$\leqslant$2.0MJ/kg[a,b,d]; 总热值 PCS$\leqslant$1.4MJ/m²[c]
	A2	GB/T 5464[a] 或 且	炉内温升 $\Delta T \leqslant 50℃$; 质量损失率 $\Delta m \leqslant 50\%$; 持续燃烧时间 $t_f \leqslant 20s$
		GB/T 14402	总热值 PCS$\leqslant$3.0MJ/kg[a,d]; 总热值 PCS$\leqslant$4.0MJ/m²[b,c]
B_1	B	GB/T 11785[e]	临界热辐射通量 CHF$\geqslant$8.0kW/m²
		GB/T 11785[e] 且 GB/T 8626 点火时间 15s	临界热辐射通量 CHF$\geqslant$8.0kW/m² 20s内焰尖高度 Fs$\leqslant$150mm
	C	GB/T 11785[e] 且 GB/T 8626 点火时间 15s	临界热辐射通量 CHF$\geqslant$4.5kW/m² 20s内焰尖高度 Fs$\leqslant$150mm
B_2	D	GB/T 11785[e] 且 GB/T 8626 点火时间 15s	临界热辐射通量 GHF$\geqslant$3.0kW/m² 20s内焰尖高度 Fs$\leqslant$150mm
	E	GB/T 11785[e] 且 GB/T 8626 点火时间 15s	临界热辐射通量 CHF$\geqslant$2.2kW/m² 20s内焰尖高度 Fs$\leqslant$150mm
B_3	F	无性能要求	
[a] 匀质制品或非匀质制品的主要组分。 [b] 非匀质制品的外部次要组分。 [c] 非匀质制品的任一内部次要组分。 [d] 整体制品。 [e] 试验最长时间 30min。			

第一篇 燃烧和分类

5.1.3 管状绝热材料

管状绝热材料的燃烧性能等级和分级判据见表 4。表中满足 A1、A2 级即为 A 级，满足 B 级、C 级即为 B_1 级，满足 D 级、E 级即为 B_2 级。

当管状绝热材料的外径大于 300mm 时，其燃烧性能等级和分级判据按表 2 的规定。

表 4 管状绝热材料燃烧性能等级和分级判据

燃烧性能等级		试验方法		分级判据
A	A1	GB/T 5464[a] 且		炉内温升 $\Delta T \leqslant 30℃$； 质量损失率 $\Delta m \leqslant 50\%$； 持续燃烧时间 $t_f = 0$
		GB/T 14402		总热值 $PCS \leqslant 2.0MJ/kg^{a,b,d}$； 总热值 $PCS \leqslant 1.4MJ/m^{2c}$
	A2	GB/T 5464[a] 或	且	炉内温升 $\Delta T \leqslant 50℃$； 质量损失率 $\Delta m \leqslant 50\%$； 持续燃烧时间 $t_f \leqslant 20s$
		GB/T 14402		总热值 $PCS \leqslant 3.0MJ/kg^{a,d}$； 总热值 $PCS \leqslant 4.0MJ/m^{2b,c}$
B_1	B	GB/T 20284		燃烧增长速率指数 $FIGRA_{0.2MJ} \leqslant 270W/s$； 火焰横向蔓延未到达试样长翼边缘； 600s 内总放热量 $THR_{600s} \leqslant 7.5MJ$
		GB/T 20284 且		燃烧增长速率指数 $FIGRA_{0.2MJ} \leqslant 270W/s$； 火焰横向蔓延未到达试样长翼边缘； 600s 内总放热量 $THR_{600s} \leqslant 7.5MJ$
		GB/T 8626 点火时间 30s		60s 内焰尖高度 $Fs \leqslant 150mm$； 60s 内无燃烧滴落物引燃滤纸现象
	C	GB/T 20284		燃烧增长速率指数 $FIGRA_{0.4MJ} \leqslant 460W/s$； 火焰横向蔓延未到达试样长翼边缘； 600s 内总放热量 $THR_{600s} \leqslant 15MJ$
		GB/T 8626 且 点火时间 30s		60s 内焰尖高度 $Fs \leqslant 150mm$； 60s 内无燃烧滴落物引燃滤纸现象

续表 4

燃烧性能等级		试验方法	分级判据
B_2	D	GB/T 20284 且	燃烧增长速率指数 $FIGRA_{0.4MJ}$≤2100W/s；600s 内总放热量 THR_{600s}＜100MJ
		GB/T 8626 点火时间 30s	60s 内焰尖高度 Fs≤150mm；60s 内无燃烧滴落物引燃滤纸现象
	E	GB/T 8626 点火时间 15s	20s 内焰尖高度 Fs≤150mm；20s 内无燃烧滴落物引燃滤纸现象
B_3	F	无性能要求	

a 匀质制品和非匀质制品的主要组分。
b 非匀质制品的外部次要组分。
c 非匀质制品的任一内部次要组分。
d 整体制品

5.2 建筑用制品

5.2.1 建筑用制品分为四大类：
　　——窗帘幕布、家具制品装饰用织物；
　　——电线电缆套管、电器设备外壳及附件；
　　——电器、家具制品用泡沫塑料；
　　——软质家具和硬质家具。

5.2.2 窗帘幕布、家具制品装饰用织物等的燃烧性能等级和分级判据见表 5。耐洗涤织物在进行燃烧性能试验前，应按 GB/T 17596 的规定对试样进行至少 5 次洗涤。

表 5　窗帘幕布、家具制品装饰用织物燃烧性能等级和分级判据

燃烧性能等级	试验方法	分级判据
B_1	GB/T 5454 GB/T 5455	氧指数 OI≥32.0%；损毁长度≤150mm，续燃时间≤5s，阴燃时间≤15s；燃烧滴落物未引起脱脂棉燃烧或阴燃
B_2	GB/T 5454 GB/T 5455	氧指数 OI≥26.0%；损毁长度≤200mm，续燃时间≤15s，阴燃时间≤30s；燃烧滴落物未引起脱脂棉燃烧或阴燃
B_3	无性能要求	

5.2.3 电线电缆套管、电器设备外壳及附件的燃烧性能等级和分级判据见表6。

表6 电线电缆套管、电器设备外壳及附件的燃烧性能等级和分级判据

燃烧性能等级	制品	试验方法	分级判据
B_1	电线电缆套管	GB/T 2406.2 GB/T 2408 GB/T 8627	氧指数 OI≥32.0%； 垂直燃烧性能 V-0 级； 烟密度等级 SDR≤75
	电器设备外壳及附件	GB/T 5169.16	垂直燃烧性能 V-0 级
B_2	电线电缆套管	GB/T 2406.2 GB/T 2408	氧指数 OI≥26.0%； 垂直燃烧性能 V-1 级
	电器设备外壳及附件	GB/T 5169.16	垂直燃烧性能 V-1 级
B_3	无性能要求		

5.2.4 电器、家具制品用泡沫塑料的燃烧性能等级和分级判据见表7。

表7 电器、家具制品用泡沫塑料燃烧性能等级和分级判据

燃烧性能等级	试验方法	分级判据
B_1	GB/T 16172[a] GB/T 8333	单位面积热释放速率峰值≤400kW/m²； 平均燃烧时间≤30s，平均燃烧高度≤250mm
B_2	GB/T 8333	平均燃烧时间≤30s，平均燃烧高度≤250mm
B_3	无性能要求	

[a] 辐射照度设置为 30kW/m²

5.2.5 软质家具和硬质家具的燃烧性能等级和分级判据见表8。

表8 软质家具和硬质家具的燃烧性能等级和分级判据

燃烧性能等级	制品类别	试验方法	分级判据
B$_1$	软质家具	GB/T 27904 GB 17927.1	热释放速率峰值≤200kW； 5min 内总热释放量≤30MJ； 最大烟密度≤75%； 无有焰燃烧引燃或阴燃引燃现象
B$_1$	软质床垫	附录 A	热释放速率峰值≤200kW； 10min 内总热释放量≤15MJ
B$_1$	硬质家具[a]	GB/T 27904	热释放速率峰值≤200kW； 5min 内总热释放量≤30MJ； 最大烟密度≤75%
B$_2$	软质家具	GB/T 27904 GB 17927.1	热释放速率峰值≤300kW； 5min 内总热释放量≤40MJ； 试件未整体燃烧； 无有焰燃烧引燃或阴燃引燃现象
B$_2$	软质床垫	附录 A	热释放速率峰值≤300kW； 10min 内总热释放量≤25MJ
B$_2$	硬质家具	GB/T 27904	热释放速率峰值≤300kW； 5min 内总热释放量≤40MJ； 试件未整体燃烧
B$_3$	无性能要求		

[a] 塑料座椅的试验火源功率采用20kW，燃烧器位于座椅下方的一侧，距座椅底部 300mm。

6 燃烧性能等级标识

6.1 经检验符合本标准规定的建筑材料及制品，应在产品上及说明书中冠以相应的燃烧性能等级标识：

——GB 8624 A 级；

——GB 8624 B$_1$ 级；

——GB 8624 B$_2$ 级；

——GB 8524 B$_3$ 级。

二、《电缆及光缆燃烧性能分级》GB 31247—2014

4 燃烧性能等级及判据

4.1 电缆及光缆燃烧性能等级见表1。

表1 电缆及光缆的燃烧性能等级

燃烧性能等级	说明
A	不燃电缆（光缆）
B_1	阻燃1级电缆（光缆）
B_2	阻燃2级电缆（光缆）
B_3	普通电缆（光缆）

4.2 电缆及光缆燃烧性能等级判据见表2。

表2 电缆及光缆燃烧性能等级判据

燃烧性能等级	试验方法	分级判据
A	GB/T 14402	总热值 $PCS \leqslant 2.0 MJ/kg$ [a]
B_1	GB/T 31248—2014 (20.5kW 火源) 且	火焰蔓延 $FS \leqslant 1.5m$； 热释放速率峰值 HRR 峰值 $\leqslant 30kW$； 受火1200s内的热释放总量 $THR_{1200} \leqslant 15MJ$； 燃烧增长速率指数 $FIGRA \leqslant 150W/s$； 产烟速率峰值 SPR 峰值 $\leqslant 0.25m^2/s$； 受火1200s内的产烟总量 $TSP_{1200} \leqslant 50m^2$
B_1	GB/T 17651.2 且	烟密度（最小透光率）$I_t \geqslant 60\%$
B_1	GB/T 18380.12	垂直火焰蔓延 $H \leqslant 425mm$
B_2	GB/T 31248—2014 (20.5kW 火源) 且	火焰蔓延 $FS \leqslant 2.5m$； 热释放速率峰值 HRR 峰值 $\leqslant 60kW$； 受火1200s内的热释放总量 $THR_{1200} \leqslant 30MJ$； 燃烧增长速率指数 $FIGRA \leqslant 300W/s$； 产烟速率峰值 SPR 峰值 $\leqslant 1.5m^2/s$； 受火1200s内的产烟总量 $TSP_{1200} \leqslant 400m^2$
B_2	GB/T 17651.2 且	烟密度（最小透光率）$I_t \geqslant 20\%$
B_2	GB/T 18380.12	垂直火焰蔓延 $H \leqslant 425mm$
B_3		未达到 B_2 级

[a] 对整体制品及其他任何一种组件（金属材料除外）应分别进行试验，测得的整体制品的总热值以及各组件的总热值均满足分级判据时，方可判定为A级。

5 附加信息

5.1 一般规定

5.1.1 电缆及光缆的燃烧性能等级附加信息包括燃烧滴落物/微粒等级、烟气毒性等级和腐蚀性等级。

5.1.2 电缆及光缆燃烧性能等级为 B_1 级和 B_2 级的,应给出相应的附加信息。

5.2 燃烧滴落物/微粒等级

5.2.1 燃烧滴落物/微粒等级分为 d_0 级、d_1 级和 d_2 级,共三个级别。

5.2.2 燃烧滴落物/微粒等级及分级判据见表3。

表3 燃烧滴落物/微粒等级及分级判据

等级	试验方法	分级判据
d_0	GB/T 31248—2014	1200s 内无燃烧滴落物/微粒
d_1		1200s 内燃烧滴落物/微粒持续时间不超过 10s
d_2		未达到 d_1 级

5.3 烟气毒性等级

5.3.1 烟气毒性等级分为 t_0 级、t_1 级和 t_2 级,共三个级别。

5.3.2 烟气毒性等级及分级判据见表4。

表4 烟气毒性等级及分级判据

等级	试验方法	分级判据
t_0	GB/T 20285	达到 ZA_2
t_1		达到 ZA_3
t_2		未达到 t_1 级

5.4 腐蚀性等级

5.4.1 腐蚀性等级分为 a_1 级、a_2 级和 a_3 级,共三个级别。

5.4.2 腐蚀性等级及分级判据见表5。

表5 腐蚀性等级及分级判据

等级	试验方法	分级判据
a_1	GB/T 17650.2	电导率≤2.5μs/mm 且 pH≥4.3
a_2		电导率≤10μs/mm 且 pH≥4.3
a_3		未达到 a_2 级

6 标识

6.1 依照本标准检验符合规定要求的电缆及光缆,应在其产品和包装上标识出燃烧性能等级。

6.2 燃烧性能等级为 B_1 级和 B_2 级的电缆及光缆,应按第5章的规定给出燃烧滴落物/微粒等级、烟气毒性等级和腐蚀性等级等附加信息标识。

6.3 电缆及光缆的燃烧性能等级及附加信息标识如下:

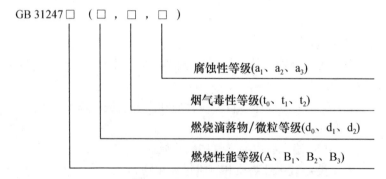

示例:GB 31247 B_1-(d_0,t_1,a_1)表示电缆或光缆的燃烧性能等级为 B_1 级,燃烧滴落物/微粒等级为 d_0 级,烟气毒性等级为 t_1 级,腐蚀性等级为 a_1 级。

三、《危险货物分类和品名编号》GB 6944—2012(节选)

4 危险货物分类

4.1 危险货物类别、项别和包装类别

4.1.1 类别和项别

按危险货物具有的危险性或最主要的危险性分为9个类别。

第1类、第2类、第4类、第5类和第6类再分成项别。类别和项别分列如下：

第1类：爆炸品

1.1项：有整体爆炸危险的物质和物品；

1.2项：有迸射危险，但无整体爆炸危险的物质和物品；

1.3项：有燃烧危险并有局部爆炸危险或局部迸射危险或这两种危险都有，但无整体爆炸危险的物质和物品；

1.4项：不呈现重大危险的物质和物品；

1.5项：有整体爆炸危险的非常不敏感物质；

1.6项：无整体爆炸危险的极端不敏感物品。

第2类：气体

2.1项：易燃气体；

2.2项：非易燃无毒气体；

2.3项：毒性气体。

第3类：易燃液体

第4类：易燃固体、易于自燃的物质、遇水放出易燃气体的物质

4.1项：易燃固体、自反应物质和固态退敏爆炸品；

4.2项：易于自然的物质；

4.3项：遇水放出易燃气体的物质。

第5类：氧化性物质和有机过氧化物

5.1项：氧化性物质；

5.2项：有机过氧化物。

第6类：毒性物质和感染性物质

6.1项：毒性物质；

6.2项：感染性物质。

第7类：放射性物质

第8类：腐蚀性物质

第9类：杂项危险物质和物品，包括危害环境物质

注：类别和项别的号码顺序并不是危险程度的顺序。

4.1.2 危险货物包装类别

为了包装目的,除了第1类、第2类、第7类、5.2项和6.2项物质,以及4.1项自反应物质以外的物质,根据其危险程度,划分为三个包装类别:

——Ⅰ类包装:具有高度危险性的物质;
——Ⅱ类包装:具有中等危险性的物质;
——Ⅲ类包装:具有轻度危险性的物质。

四、《化学品分类和标签规范 第7部分:易燃液体》GB 30000.7—2013(节选)

4 分类标准

4.1 易燃液体分类和标签的一般原则见 GB 13690。

4.2 易燃液体分为四类,见表1。

表1 易燃液体的分类

类别	标准
1	闪点小于23℃且初沸点不大于35℃
2	闪点小于23℃且初沸点大于35℃
3	闪点不小于23℃且不大于60℃
4	闪点大于60℃且不大于93℃

注1:为了某些管理目的,可将闪点范围在55℃~75℃的燃料油、柴油和民用燃料油视为一特定组。

注2:闪点高于35℃,但不超过60℃的液体如果在联合国《关于危险货物运输的建议书 试验和标准手册》(以下简称《试验和标准手册》)的第32节第Ⅲ部分中1.2持续燃烧性试验中得到否定结果,则可以为了某些管理目的(例如,运输),将其视为非易燃液体。

注3:为了某些管理目的(如,运输),某些黏性易燃液体,如色漆、磁漆、喷漆、清漆、粘合剂和抛光剂可视为一特定组。将这些液体归类为非易燃液体或考虑将这些液体归类为非易燃液体的决定可以根据相关规定或由主管部门作出。

注4:气溶胶不属于易燃液体。

五、《爆炸性环境 第 14 部分 场所分类 爆炸性气体环境》GB 3836.14—2014（节选）

3.5 区域 zones

根据爆炸性气体环境出现的频次和持续时间把危险场所分为 3.6～3.8 的区域。

3.6 0 区 zone 0

爆炸性气体环境连续出现或频繁出现或长时间存在的场所。

3.7 1 区 zone 1

在正常运行时，可能偶尔出现爆炸性气体环境的场所。

3.8 2 区 zone 2

在正常运行时，不可能出现爆炸性气体环境，如果出现，仅是短时间存在的场所。

[IEV 426-03-05]

注：以上出现的频次和待续时间的指标可从特定工业或应用的有关规范中得到。

六、《可燃性粉尘环境用电气设备 第 1 部分：通用要求》GB 12476.1—2013（节选）

3.15

区域 zones

根据爆炸性粉尘/空气环境出现的频次和持续时间对爆炸性粉尘环境划分的场所。

3.16

20 区 zone 20

空气中爆炸性环境以可燃性粉尘云的状态连续出现、长时间存在或频繁出现的场所。

3.17

21 区 zone 21

在正常操作过程中，空气中爆炸性环境以可燃性粉尘云的状态可能出现或偶尔出现的场所。

3.18

　　22 区　　zone 22

　　在正常操作过程中，空气中爆炸性环境以可燃性粉尘云的状态不可能出现的场所，如果出现仅是短时间存在的场所。

第二篇 工程建设防火设计与施工

一、《建筑设计防火规范》GB 50016—2014（2018年版）

3.2.2 高层厂房，甲、乙类厂房的耐火等级不应低于二级，建筑面积不大于300m²的独立甲、乙类单层厂房可采用三级耐火等级的建筑。

3.2.3 单、多层丙类厂房和多层丁、戊类厂房的耐火等级不应低于三级。

使用或产生丙类液体的厂房和有火花、赤热表面、明火的丁类厂房，其耐火等级均不应低于二级，当为建筑面积不大于500m²的单层丙类厂房或建筑面积不大于1000m²的单层丁类厂房时，可采用三级耐火等级的建筑。

3.2.4 使用或储存特殊贵重的机器、仪表、仪器等设备或物品的建筑，其耐火等级不应低于二级。

3.2.7 高架仓库、高层仓库、甲类仓库、多层乙类仓库和储存可燃液体的多层丙类仓库，其耐火等级不应低于二级。

单层乙类仓库，单层丙类仓库，储存可燃固体的多层丙类仓库和多层丁、戊类仓库，其耐火等级不应低于三级。

3.2.9 甲、乙类厂房和甲、乙、丙类仓库内的防火墙，其耐火极限不应低于4.00h。

3.2.15 一、二级耐火等级厂房（仓库）的上人平屋顶，其屋面板的耐火极限分别不应低于1.50h和1.00h。

3.3.1 除本规范另有规定外，厂房的层数和每个防火分区的最大允许建筑面积应符合表3.3.1的规定。

表3.3.1 厂房的层数和每个防火分区的最大允许建筑面积

生产的火灾危险性类别	厂房的耐火等级	最多允许层数	每个防火分区的最大允许建筑面积（m²）			
			单层厂房	多层厂房	高层厂房	地下或半地下厂房（包括地下或半地下室）
甲	一级 二级	宜采用单层	4000 3000	3000 2000	— —	— —

续表 3.3.1

生产的火灾危险性类别	厂房的耐火等级	最多允许层数	每个防火分区的最大允许建筑面积（m²）			
			单层厂房	多层厂房	高层厂房	地下或半地下厂房（包括地下或半地下室）
乙	一级 二级	不限 6	5000 4000	4000 3000	2000 1500	— —
丙	一级 二级 三级	不限 不限 2	不限 8000 3000	6000 4000 2000	3000 2000 —	500 500 —
丁	一、二级 三级 四级	不限 3 1	不限 4000 1000	不限 2000 —	4000 — —	1000 — —
戊	一、二级 三级 四级	不限 3 1	不限 5000 1500	不限 3000 —	6000 — —	1000 — —

注：1 防火分区之间应采用防火墙分隔。除甲类厂房外的一、二级耐火等级厂房，当其防火分区的建筑面积大于本表规定，且设置防火墙确有困难时，可采用防火卷帘或防火分隔水幕分隔。采用防火卷帘时，应符合本规范第6.5.3条的规定；采用防火分隔水幕时，应符合现行国家标准《自动喷水灭火系统设计规范》GB 50084 的规定。

2 除麻纺厂房外，一级耐火等级的多层纺织厂房和二级耐火等级的单、多层纺织厂房，其每个防火分区的最大允许建筑面积可按本表的规定增加 0.5 倍，但厂房内的原棉开包、清花车间与厂房内其他部位之间均应采用耐火极限不低于 2.50h 的防火隔墙分隔，需要开设门、窗、洞口时，应设置甲级防火门、窗。

3 一、二级耐火等级的单、多层造纸生产联合厂房，其每个防火分区的最大允许建筑面积可按本表的规定增加 1.5 倍。一、二级耐火等级的湿式造纸联合厂房，当纸机烘缸罩内设置自动灭火系统，完成工段设置有效灭火设施保护时，其每个防火分区的最大允许建筑面积可按工艺要求确定。

4 一、二级耐火等级的谷物筒仓工作塔，当每层工作人数不超过 2 人时，其层数不限。

5 一、二级耐火等级卷烟生产联合厂房内的原料、备料及成组配方、制丝、储丝和卷接包、辅料周转、成品暂存、二氧化碳膨胀烟丝等生产用房应划分独立的防火分区单元，当工艺条件许可时，应采用防火墙进行分隔。其中制丝、储丝和卷接包车间可划分为一个防火分区，且每个防火分区的最大允许建筑面积可按工艺要求确定，但制丝、储丝及卷接包车间之间应采用耐火极限不低于 2.00h 的防火隔墙和 1.00h 的楼板进行分隔。厂房内各水平和竖向防火分隔之间的开口应采取防止火灾蔓延的措施。

6 厂房内的操作平台、检修平台，当使用人数少于 10 人时，平台的面积可不计入所在防火分区的建筑面积内。

7 "—" 表示不允许。

3.3.2 除本规范另有规定外，仓库的层数和面积应符合表 3.3.2 的规定。

表 3.3.2 仓库的层数和面积

储存物品的火灾危险性类别		仓库的耐火等级	最多允许层数	每座仓库的最大允许占地面积和每个防火分区的最大允许建筑面积（m²）							地下或半地下仓库（包括地下或半地下室）
				单层仓库		多层仓库		高层仓库			
				每座仓库	防火分区	每座仓库	防火分区	每座仓库	防火分区		防火分区
甲	3、4项	一级	1	180	60	—	—	—	—		—
	1、2、5、6项	一、二级	1	750	250	—	—	—	—		—
乙	1、3、4项	一、二级	3	2000	500	900	300	—	—		—
		三级	1	500	250	—	—	—	—		—
	2、5、6项	一、二级	5	2800	700	1500	500	—	—		—
		三级	1	900	300	—	—	—	—		—
丙	1项	一、二级	5	4000	1000	2800	700	—	—		150
		三级	1	1200	400	—	—	—	—		—
	2项	一、二级	不限	6000	1500	4800	1200	4000	1000		300
		三级	3	2100	700	1200	400	—	—		—
丁		一、二级	不限	不限	3000	不限	1500	4800	1200		500
		三级	3	3000	1000	1500	500	—	—		—
		四级	1	2100	700	—	—	—	—		—

续表 3.3.2

储存物品的火灾危险性类别	仓库的耐火等级	最多允许层数	每座仓库的最大允许占地面积和每个防火分区的最大允许建筑面积（m²）							
			单层仓库	多层仓库		高层仓库		地下或半地下仓库（包括地下或半地下室）
			每座仓库	每座仓库	防火分区	每座仓库	防火分区	每座仓库	防火分区	防火分区
戊	一、二级	不限	不限	不限	2000	6000	1500	1000
	三级	3	3000	1000	700	—	—	—
	四级	1	2100	700	—	—	—	—

注：1 仓库内的防火分区之间必须采用防火墙分隔，甲、乙类仓库内防火分区之间的防火墙不应开设门、窗、洞口；地下或半地下仓库（包括地下或半地下室）的最大允许占地面积，不应大于相应类别地上仓库的最大允许占地面积。

2 石油库区内的桶装油品仓库应符合现行国家标准《石油库设计规范》GB 50074 的规定。

3 一、二级耐火等级的煤均化库，每个防火分区的最大允许建筑面积不应大于 12000m²。

4 独立建造的硝酸铵仓库、电石仓库、聚乙烯等高分子制品仓库、尿素仓库、配煤仓库、造纸厂的独立成品仓库，当建筑的耐火等级不低于二级时，每座仓库的最大允许占地面积和每个防火分区的最大允许建筑面积可按本表的规定增加 1.0 倍。

5 一、二级耐火等级粮食平房仓的最大允许占地面积不应大于 12000m²，每个防火分区的最大允许建筑面积不应大于 3000m²；三级耐火等级粮食平房仓的最大允许占地面积不应大于 3000m²，每个防火分区的最大允许建筑面积不应大于 1000m²。

6 一、二级耐火等级且占地面积不大于 2000m² 的单层棉花库房，其防火分区的最大允许建筑面积不应大于 2000m²。

7 一、二级耐火等级冷库的最大允许占地面积和防火分区的最大允许建筑面积，应符合现行国家标准《冷库设计规范》GB 50072 的规定。

8 "—"表示不允许。

3.3.4 甲、乙类生产场所（仓库）不应设置在地下或半地下。

3.3.5 员工宿舍严禁设置在厂房内。

办公室、休息室等不应设置在甲、乙类厂房内，确需贴邻本厂房时，其耐火等级不应低于二级，并应采用耐火极限不低于3.00h的防爆墙与厂房分隔，且应设置独立的安全出口。

办公室、休息室设置在丙类厂房内时，应采用耐火极限不低于2.50h的防火隔墙和1.00h的楼板与其他部位分隔，并应至少设置1个独立的安全出口。如隔墙上需开设相互连通的门时，应采用乙级防火门。

3.3.6 厂房内设置中间仓库时，应符合下列规定：

2 甲、乙、丙类中间仓库应采用防火墙和耐火极限不低于1.50h的不燃性楼板与其他部位分隔；

3.3.8 变、配电站不应设置在甲、乙类厂房内或贴邻，且不应设置在爆炸性气体、粉尘环境的危险区域内。供甲、乙类厂房专用的10kV及以下的变、配电站，当采用无门、窗、洞口的防火墙分隔时，可一面贴邻，并应符合现行国家标准《爆炸危险环境电力装置设计规范》GB 50058等标准的规定。

乙类厂房的配电站确需在防火墙上开窗时，应采用甲级防火窗。

3.3.9 员工宿舍严禁设置在仓库内。

办公室、休息室等严禁设置在甲、乙类仓库内，也不应贴邻。

办公室、休息室设置在丙、丁类仓库内时，应采用耐火极限不低于2.50h的防火隔墙和1.00h的楼板与其他部位分隔，并应设置独立的安全出口。隔墙上需开设相互连通的门时，应采用乙级防火门。

3.4.1 除本规范另有规定外，厂房之间及与乙、丙、丁、戊类仓库、民用建筑等的防火间距不应小于表3.4.1的规定，与甲类仓库的防火间距应符合本规范第3.5.1条的规定。

表3.4.1 厂房之间及与乙、丙、丁、戊类仓库、民用建筑等的防火间距 (m)

名称		耐火等级	甲类厂房 单、多层 一、二级	乙类厂房(仓库) 单、多层 一、二级	乙类厂房(仓库) 单、多层 三级	乙类厂房(仓库) 高层 一、二级	丙、丁、戊类厂房(仓库) 单、多层 一、二级	丙、丁、戊类厂房(仓库) 单、多层 三级	丙、丁、戊类厂房(仓库) 单、多层 四级	丙、丁、戊类厂房(仓库) 高层 一、二级	民用建筑 裙房,单、多层 一、二级	民用建筑 裙房,单、多层 三级	民用建筑 裙房,单、多层 四级	民用建筑 高层 一类	民用建筑 高层 二类
甲类厂房	单、多层	一、二级	12	12	14	13	12	14	16	13	50				
乙类厂房	单、多层	一、二级	12	10	12	13	10	12	14	13	25				
	单、多层	三级	14	12	14	15	12	14	16	15					
	高层	一、二级	13	13	15	13	13	15	17	13					
丙类厂房	单、多层	一、二级	12	10	12	13	10	12	14	13	10	12	14	20	15
	单、多层	三级	14	12	14	15	12	14	16	15	12	14	16	25	20
	单、多层	四级	16	14	16	17	14	16	18	17	14	16	18	20	15
	高层	一、二级	13	13	15	13	13	15	17	13	13	15	17	15	13
丁、戊类厂房	单、多层	一、二级	12	10	12	13	10	12	14	13	10	12	14	15	13
	单、多层	三级	14	12	14	15	12	14	16	15	12	14	16	18	15
	单、多层	四级	16	14	16	17	14	16	18	17	14	16	18	18	15
	高层	一、二级	13	13	15	13	13	15	17	13	13	15	17	15	13

续表 3.4.1

名称		甲类厂房 单、多层 一、二级	乙类厂房（仓库） 单、多层 一、二级	乙类厂房（仓库） 高层 一、二级	丙、丁、戊类厂房（仓库） 单、多层 一、二级	丙、丁、戊类厂房（仓库） 单、多层 三级	丙、丁、戊类厂房（仓库） 单、多层 四级	丙、丁、戊类厂房（仓库） 高层 一、二级	民用建筑 裙房、单、多层 一、二级	民用建筑 裙房、单、多层 三级	民用建筑 裙房、单、多层 四级	民用建筑 高层 一类	民用建筑 高层 二类
室外变、配电站	变压器总油量(t) ≥5、≤10	25	25	25	12	15	20	12	15	20	25	20	20
	>10、≤50				15	20	25	15	20	25	30	25	25
	>50				20	25	30	20	25	30	35	30	30

注：1 乙类厂房与重要公共建筑的防火间距不宜小于 50m，与明火或散发火花地点，与民用建筑不宜小于 30m。单、多层戊类仓库的防火间距可按本表的规定减少 2m。与民用建筑的防火间距可将戊类厂房等民用建筑按本规范第 5.2.2 条的规定执行。为丙、丁、戊类厂房服务而单独设置的生活用房应按民用建筑确定，与所属厂房的防火间距不应小于 6m。确需相邻布置时，应符合本表注 2、3 的规定。

2 两座厂房相邻较高一面外墙为防火墙，或相邻两座建筑高度相同的一、二级耐火等级建筑中相邻任一侧外墙为防火墙且屋顶的耐火极限不低于 1.00h 时，其防火间距不限。其防火间距不应小于 4m。两座丙、丁、戊类厂房相邻两面外墙均为不燃性墙体，当无外露的可燃性屋檐，每面外墙上的门、窗、洞口面积之和各不大于该外墙面积的 5%，且门、窗、洞口不正对开设时，其防火间距可按本表的规定减少 25%。甲、乙类厂房（仓库）不应与本规范第 3.3.5 条规定外的其他建筑贴邻。

3 两座一、二级耐火等级的厂房，相邻较低一面外墙为防火墙时，屋顶无天窗，屋顶的耐火极限不低于 1.00h，或相邻较高一面外墙（包括山墙）的门、窗等开口部位设置甲级防火门、窗或防火分隔水幕或按本规范第 6.5.3 条规定设置防火卷帘时，甲、乙类厂房（仓库）之间的防火间距不应小于 6m；丙、丁、戊类厂房之间的防火间距不应小于 4m。

4 发电厂内的主变压器，其油量可按单台确定。

5 耐火等级低于四级的既有厂房，其耐火等级可按四级确定。

6 当丙、丁、戊类厂房与丙、丁、戊类仓库相邻时，应符合本表注 2、3 的规定。

3.4.2 甲类厂房与重要公共建筑的防火间距不应小于 50m，与明火或散发火花地点的防火间距不应小于 30m。

3.4.4 高层厂房与甲、乙、丙类液体储罐，可燃、助燃气体储罐，液化石油气储罐，可燃材料堆场（除煤和焦炭场外）的防火间距，应符合本规范第 4 章的规定，且不应小于 13m。

3.4.9 一级汽车加油站、一级汽车加气站和一级汽车加油加气合建站不应布置在城市建成区内。

3.5.1 甲类仓库之间及与其他建筑、明火或散发火花地点、铁路、道路等的防火间距不应小于表 3.5.1 的规定。

表 3.5.1 甲类仓库之间及与其他建筑、明火或散发火花地点、铁路、道路等的防火间距（m）

名称		甲类仓库（储量，t）			
		甲类储存物品第 3、4 项		甲类储存物品第 1、2、5、6 项	
		≤5	>5	≤10	>10
高层民用建筑、重要公共建筑		50			
裙房、其他民用建筑、明火或散发火花地点		30	40	25	30
甲类仓库		20	20	20	20
厂房和乙、丙、丁、戊类仓库	一、二级	15	20	12	15
	三级	20	25	15	20
	四级	25	30	20	25
电力系统电压为 35kV～500kV 且每台变压器容量不小于 10MV·A 的室外变、配电站，工业企业的变压器总油量大于 5t 的室外降压变电站		30	40	25	30
厂外铁路线中心线		40			
厂内铁路线中心线		30			
厂外道路路边		20			
厂内道路路边	主要	10			
	次要	5			

注：甲类仓库之间的防火间距，当第 3、4 项物品储量不大于 2t，第 1、2、5、6 项物品储量不大于 5t 时，不应小于 12m。甲类仓库与高层仓库的防火间距不应小于 13m。

3.5.2 除本规范另有规定外，乙、丙、丁、戊类仓库之间及与民用建筑的防火间距，不应小于表 3.5.2 的规定。

表3.5.2 乙、丙、丁、戊类仓库之间及与民用建筑的防火间距（m）

名称			乙类仓库 单、多层 一、二级	乙类仓库 单、多层 三级	乙类仓库 高层 一、二级	丙类仓库 单、多层 一、二级	丙类仓库 单、多层 三级	丙类仓库 单、多层 四级	丙类仓库 高层 一、二级	丁、戊类仓库 单、多层 一、二级	丁、戊类仓库 单、多层 三级	丁、戊类仓库 单、多层 四级	丁、戊类仓库 高层 一、二级
乙、丙、丁、戊类仓库	单、多层	一、二级	10	12	13	10	12	14	13	10	12	14	13
		三级	12	14	15	12	14	16	15	12	14	16	15
		四级	14	16	17	14	16	18	17	14	16	18	17
	高层	一、二级	13	15	13	13	15	17	13	13	15	17	13
民用建筑	裙房，单、多层	一、二级	25	25	25	10	12	14	13	10	12	14	13
		三级				12	14	16	15	12	14	16	15
		四级				14	16	18	17	14	16	18	17
	高层	一类	50	50	50	20	25	25	20	15	18	18	15
		二类				15	20	20	15	13	15	15	13

注：1 单、多层戊类仓库之间的防火间距，可按本表的规定减少2m。
  2 两座仓库的相邻外墙均为防火墙时，防火间距可以减小，但丙类仓库，不应小于6m；丁、戊类仓库，不应小于4m。两座仓库相邻较高一面外墙为防火墙，或相邻两座高度相同的一、二级耐火等级建筑中相邻任一侧外墙为防火墙且屋顶的耐火极限不低于1.00h，且总占地面积不大于本规范第3.3.2条一座仓库的最大允许占地面积规定时，其防火间距不限。
  3 除乙类第6项物品外的乙类仓库，与民用建筑的防火间距不宜小于25m，与重要公共建筑的防火间距不应小于50m，与铁路、道路等的防火间距不宜小于表3.5.1中甲类仓库与铁路、道路等的防火间距。

3.6.2 有爆炸危险的厂房或厂房内有爆炸危险的部位应设置泄压设施。

3.6.6 散发较空气重的可燃气体、可燃蒸气的甲类厂房和有粉尘、纤维爆炸危险的乙类厂房，应符合下列规定：

 1 应采用不发火花的地面。采用绝缘材料作整体面层时，应采取防静电措施。

 2 散发可燃粉尘、纤维的厂房，其内表面应平整、光滑，并易于清扫。

 3 厂房内不宜设置地沟，确需设置时，其盖板应严密，地沟应采取防止可燃气体、可燃蒸气和粉尘、纤维在地沟积聚的有效措施，且应在与相邻厂房连通处采用防火材料密封。

3.6.8 有爆炸危险的甲、乙类厂房的总控制室应独立设置。

3.6.11 使用和生产甲、乙、丙类液体的厂房，其管、沟不应与相邻厂房的管、沟相通，下水道应设置隔油设施。

3.6.12 甲、乙、丙类液体仓库应设置防止液体流散的设施。遇湿会发生燃烧爆炸的物品仓库应采取防止水浸渍的措施。

3.7.2 厂房内每个防火分区或一个防火分区内的每个楼层，其安全出口的数量应经计算确定，且不应少于2个；当符合下列条件时，可设置1个安全出口：

 1 甲类厂房，每层建筑面积不大于$100m^2$，且同一时间的作业人数不超过5人；

 2 乙类厂房，每层建筑面积不大于$150m^2$，且同一时间的作业人数不超过10人；

 3 丙类厂房，每层建筑面积不大于$250m^2$，且同一时间的作业人数不超过20人；

 4 丁、戊类厂房，每层建筑面积不大于$400m^2$，且同一时间的作业人数不超过30人；

 5 地下或半地下厂房（包括地下或半地下室），每层建筑面积不大于$50m^2$，且同一时间的作业人数不超过15人。

3.7.3 地下或半地下厂房（包括地下或半地下室），当有多个防火分区相邻布置,并采用防火墙分隔时,每个防火分区可利用防火墙上通向相邻防火分区的甲级防火门作为第二安全出口,但每个防火分区必须至少有1个直通室外的独立安全出口。

3.7.6 高层厂房和甲、乙、丙类多层厂房的疏散楼梯应采用封闭楼梯间或室外楼梯。建筑高度大于32m且任一层人数超过10人的厂房,应采用防烟楼梯间或室外楼梯。

3.8.2 每座仓库的安全出口不应少于2个,当一座仓库的占地面积不大于300m² 时,可设置1个安全出口。仓库内每个防火分区通向疏散走道、楼梯或室外的出口不宜少于2个,当防火分区的建筑面积不大于100m² 时,可设置1个出口。通向疏散走道或楼梯的门应为乙级防火门。

3.8.3 地下或半地下仓库(包括地下或半地下室)的安全出口不应少于2个;当建筑面积不大于100m² 时,可设置1个安全出口。

地下或半地下仓库(包括地下或半地下室),当有多个防火分区相邻布置并采用防火墙分隔时,每个防火分区可利用防火墙上通向相邻防火分区的甲级防火门作为第二安全出口,但每个防火分区必须至少有1个直通室外的安全出口。

3.8.7 高层仓库的疏散楼梯应采用封闭楼梯间。

4.1.2 桶装、瓶装甲类液体不应露天存放。

4.1.3 液化石油气储罐或储罐区的四周应设置高度不小于1.0m的不燃性实体防护墙。

4.2.1 甲、乙、丙类液体储罐(区)和乙、丙类液体桶装堆场与其他建筑的防火间距,不应小于表4.2.1的规定。

4.2.2 甲、乙、丙类液体储罐之间的防火间距不应小于表4.2.2的规定。

4.2.3 甲、乙、丙类液体储罐成组布置时,应符合下列规定:

  1 组内储罐的单罐容量和总容量不应大于表4.2.3的规定。

  2 组内储罐的布置不应超过两排。甲、乙类液体立式储罐之间的防火间距不应小于2m,卧式储罐之间的防火间距不应小于0.8m;丙类液体储罐之间的防火间距不限。

表 4.2.1 甲、乙、丙类液体储罐（区）和乙、丙类液体桶装堆场与其他建筑的防火间距（m）

类别	一个罐区或堆场的总容量 V（m³）	建筑物 一、二级 高层民用建筑	建筑物 一、二级 裙房,其他建筑	三级	四级	室外变、配电站
甲、乙类液体储罐（区）	1≤V＜50	40	12	15	20	30
	50≤V＜200	50	15	20	25	35
	200≤V＜1000	60	20	25	30	40
	1000≤V＜5000	70	25	30	40	50
丙类液体储罐（区）	5≤V＜250	40	12	15	20	24
	250≤V＜1000	50	15	20	25	28
	1000≤V＜5000	60	20	25	30	32
	5000≤V＜25000	70	25	30	40	40

注：1 当甲、乙类液体储罐和丙类液体储罐布置在同一储罐区时，罐区的总容量可按 1m³ 甲、乙类液体相当于 5m³ 丙类液体折算。

2 储罐防火堤外侧基脚线至相邻建筑的距离不应小于 10m。

3 甲、乙、丙类液体的固定顶储罐区或半露天堆场，乙、丙类液体桶装堆场与甲类厂房（仓库）、民用建筑的防火间距，应按本表的规定增加 25%，且甲、乙类液体的固定顶储罐区或半露天堆场，乙、丙类液体桶装堆场与甲类厂房（仓库）、裙房、单、多层民用建筑的防火间距不应小于 25m，与明火或散发火花地点的防火间距应按本表有关四级耐火等级建筑物的规定增加 25%。

4 浮顶罐区或闪点大于 120℃ 的液体储罐区与其他建筑的防火间距，可按本表的规定减少 25%。

5 当数个储罐区布置在同一库区内时，储罐区之间的防火间距不应小于本表相应容量的储罐区与四级耐火等级建筑物防火间距的较大值。

6 直埋地下的甲、乙、丙类液体卧式罐，当单罐容量不大于 50m³，总容量不大于 200m³ 时，与建筑物的防火间距可按本表规定减少 50%。

7 室外变、配电站指电力系统电压为 35kV～500kV 且每台变压器容量不小于 10MV·A 的室外变、配电站和工业企业的变压器总油量大于 5t 的室外降压变电站。

表 4.2.2 甲、乙、丙类液体储罐之间的防火间距（m）

类别		固定顶储罐			浮顶储罐或设置充氮保护设备的储罐	卧式储罐
		地上式	半地下式	地下式		
甲、乙类液体储罐	单罐容量 V（m³）	$V \leqslant 1000$	0.75D	0.5D	0.4D	0.4D	≥0.8m
		$V > 1000$	0.6D				
丙类液体储罐		不限	0.4D	不限	不限	—	

注：1 D 为相邻较大立式储罐的直径（m），矩形储罐的直径为长边与短边之和的一半。
  2 不同液体、不同形式储罐之间的防火间距不应小于本表规定的较大值。
  3 两排卧式储罐之间的防火间距不应小于3m。
  4 当单罐容量不大于1000m³且采用固定冷却系统时，甲、乙类液体的地上式固定顶储罐之间的防火间距不应小于0.6D。
  5 地上式储罐同时设置液下喷射泡沫灭火系统、固定冷却水系统和扑救防火堤内液体火灾的泡沫灭火设施时，储罐之间的防火间距可适当减小，但不宜小于0.4D。
  6 闪点大于120℃的液体，当单罐容量大于1000m³时，储罐之间的防火间距不应小于5m；当单罐容量不大于1000m³时，储罐之间的防火间距不应小于2m。

表 4.2.3 甲、乙、丙类液体储罐分组布置的最大容量

类别	单罐最大容量（m³）	一组罐最大容量（m³）
甲、乙类液体	200	1000
丙类液体	500	3000

3 储罐组之间的防火间距应根据组内储罐的形式和总容量折算为相同类别的标准单罐，按本规范第4.2.2条的规定确定。

4.2.5 甲、乙、丙类液体的地上式、半地下式储罐或储罐组，其四周应设置不燃性防火堤。防火堤的设置应符合下列规定：

  3 防火堤内侧基脚线至立式储罐外壁的水平距离不应小于

罐壁高度的一半。防火堤内侧基脚线至卧式储罐的水平距离不应小于3m。

4 防火堤的设计高度应比计算高度高出0.2m,且应为1.0m~2.2m,在防火堤的适当位置应设置便于灭火救援人员进出防火堤的踏步。

5 沸溢性油品的地上式、半地下式储罐,每个储罐均应设置一个防火堤或防火隔堤。

6 含油污水排水管应在防火堤的出口处设置水封设施,雨水排水管应设置阀门等封闭、隔离装置。

4.3.1 可燃气体储罐与建筑物、储罐、堆场等的防火间距应符合下列规定:

1 湿式可燃气体储罐与建筑物、储罐、堆场等的防火间距不应小于表4.3.1的规定。

表4.3.1 湿式可燃气体储罐与建筑物、储罐、堆场
等的防火间距（m）

名称		湿式可燃气体储罐（总容积V，m^3）				
		$V<1000$	$1000 \leqslant V < 10000$	$10000 \leqslant V < 50000$	$50000 \leqslant V < 100000$	$100000 \leqslant V < 300000$
甲类仓库 甲、乙、丙类液体储罐 可燃材料堆场 室外变、配电站 明火或散发火花的地点		20	25	30	35	40
高层民用建筑		25	30	35	40	45
裙房,单、多层民用建筑		18	20	25	30	35
其他建筑	一、二级	12	15	20	25	30
	三级	15	20	25	30	35
	四级	20	25	30	35	40

注:固定容积可燃气体储罐的总容积按储罐几何容积（m^3）和设计储存压力（绝对压力,10^5Pa）的乘积计算。

2 固定容积的可燃气体储罐与建筑物、储罐、堆场等的防火间距不应小于表 4.3.1 的规定。

3 干式可燃气体储罐与建筑物、储罐、堆场等的防火间距：当可燃气体的密度比空气大时，应按表 4.3.1 的规定增加 25%；当可燃气体的密度比空气小时，可按表 4.3.1 的规定确定。

4 湿式或干式可燃气体储罐的水封井、油泵房和电梯间等附属设施与该储罐的防火间距，可按工艺要求布置。

5 容积不大于 $20m^3$ 的可燃气体储罐与其使用厂房的防火间距不限。

4.3.2 可燃气体储罐（区）之间的防火间距应符合下列规定：

1 湿式可燃气体储罐或干式可燃气体储罐之间及湿式与干式可燃气体储罐的防火间距，不应小于相邻较大罐直径的 1/2。

2 固定容积的可燃气体储罐之间的防火间距不应小于相邻较大罐直径的 2/3。

3 固定容积的可燃气体储罐与湿式或干式可燃气体储罐的防火间距，不应小于相邻较大罐直径的 1/2。

4 数个固定容积的可燃气体储罐的总容积大于 $200000m^3$ 时，应分组布置。卧式储罐组之间的防火间距不应小于相邻较大罐长度的一半；球形储罐组之间的防火间距不应小于相邻较大罐直径，且不应小于 20m。

4.3.3 氧气储罐与建筑物、储罐、堆场等的防火间距应符合下列规定：

1 湿式氧气储罐与建筑物、储罐、堆场等的防火间距不应小于表 4.3.3 的规定。

表 4.3.3 湿式氧气储罐与建筑物、储罐、堆场等的防火间距（m）

名称	湿式氧气储罐（总面积 V，m^3）		
	$V \leqslant 1000$	$1000 < V \leqslant 50000$	$V > 50000$
明火或散发火花地点	25	30	35

续表 4.3.3

名称		湿式氧气储罐（总面积 V, m³）		
		$V \leqslant 1000$	$1000 < V \leqslant 50000$	$V > 50000$
甲、乙、丙类液体储罐，可燃材料堆场，甲类仓库，室外变、配电站		20	25	30
民用建筑		18	20	25
其他建筑	一、二级	10	12	14
	三级	12	14	16
	四级	14	16	18

注：固定容积氧气储罐的总容积按储罐几何容积（m³）和设计储存压力（绝对压力，10^5Pa）的乘积计算。

2 氧气储罐之间的防火间距不应小于相邻较大罐直径的 1/2。

3 氧气储罐与可燃气体储罐的防火间距不应小于相邻较大罐的直径。

4 固定容积的氧气储罐与建筑物、储罐、堆场等的防火间距不应小于表 4.3.3 的规定。

5 氧气储罐与其制氧厂房的防火间距可按工艺布置要求确定。

6 容积不大于 50m³ 的氧气储罐与其使用厂房的防火间距不限。

注：1m³ 液氧折合标准状态下 800m³ 气态氧。

4.3.8 液化天然气气化站的液化天然气储罐（区）与站外建筑等的防火间距不应小于表 4.3.8 的规定，与表 4.3.8 未规定的其他建筑的防火间距，应符合现行国家标准《城镇燃气设计规范》GB 50028 的规定。

4.4.1 液化石油气供应基地的全压式和半冷冻式储罐（区），与明火或散发火花地点和基地外建筑等的防火间距不应小于表 4.4.1 的规定，与表 4.4.1 未规定的其他建筑的防火间距应符合现行国家标准《城镇燃气设计规范》GB 50028 的规定。

表 4.3.8 液化天然气气化站的液化天然气储罐（区）与站外建筑等的防火间距 (m)

名称	液化天然气储罐（区）（总容积 V, m³)							集中放散装置的天然气放散总管
单罐容积 V (m³)	$V \leqslant 10$	$10 < V \leqslant 30$	$30 < V \leqslant 50$	$50 < V \leqslant 200$	$200 < V \leqslant 500$	$500 < V \leqslant 1000$	$1000 < V \leqslant 2000$	
	$V \leqslant 10$	$V \leqslant 30$	$V \leqslant 50$	$V \leqslant 200$	$V \leqslant 500$	$V \leqslant 1000$	$V \leqslant 2000$	
居住区、村镇和重要公共建筑（最外侧建筑物的外墙）	30	35	45	50	70	90	110	45
工业企业（最外侧建筑物的外墙）	22	25	27	30	35	40	50	20
明火或散发火花地点、室外变、配电站	30	35	45	50	55	60	70	30
其他民用建筑，甲、乙类液体储罐，甲、乙类仓库，甲、乙类厂房，秸秆、芦苇、打包废纸等材料堆场	27	32	40	45	50	55	65	25
丙类液体储罐，可燃气体储罐，丙、丁类厂房，丙、丁类仓库	25	27	32	35	40	45	55	20
公路（路边） 高速、Ⅰ、Ⅱ级、城市快速	20				25			15
其他	15				20			10

续表 4.3.8

名称		液化天然气储罐（区）（总容积 V, m³）							集中放散装置的天然气放散总管
单罐容积 V （m³）		$V{\leqslant}10$	$10{<}V$ $\leqslant30$	$30{<}V$ $\leqslant50$	$50{<}V$ $\leqslant200$	$200{<}V$ $\leqslant500$	$500{<}V$ $\leqslant1000$	$1000{<}V$ $\leqslant2000$	
架空电力线（中心线）	I、II级	1.5倍杆高					1.5倍杆高，但35kV及以上架空电力线不应小于40m		2.0倍杆高
	其他	1.5倍杆高							1.5倍杆高
架空通信线（中心线）		1.5倍杆高			30		40		1.5倍杆高
铁路（中心线）	国家线	40	50	60	70		80		40
	企业专用线	25			30		35		30

注：居住区、村镇指1000人或300户及以上者；当少于1000人或300户时，相应防火间距应按本表有关其他民用建筑的要求确定。

表 4.4.1 液化石油气供应基地的全压式和半冷冻式储罐（区）与明火或散发火花地点和基地外建筑等的防火间距 (m)

名称	液化石油气储罐（区）（总容积 V, m³）							
	$30{<}V$ $\leqslant50$	$50{<}V$ $\leqslant200$	$200{<}V$ $\leqslant500$	$500{<}V$ $\leqslant1000$	$1000{<}V$ $\leqslant2500$	$2500{<}V$ $\leqslant5000$	$5000{<}V$ $\leqslant10000$	$V{>}10000$
单罐容积 V (m³)	$V{\leqslant}20$	$V{\leqslant}50$	$V{\leqslant}100$	$V{\leqslant}200$	$V{\leqslant}400$	$V{\leqslant}1000$	$V{\leqslant}1000$	$V{>}1000$

续表 4.4.1

名称	液化石油气储罐（区）（总容积 V, m³）						
	30<V≤50	50<V≤200	200<V≤500	500<V≤1000	1000<V≤2500	2500<V≤5000	5000<V≤10000
居住区、村镇和重要公共建筑（最外侧建筑物的外墙）	45	50	70	90	110	130	150
工业企业（最外侧建筑物的外墙）	27	30	35	40	50	60	75
明火或散发火花地点、室外变、配电站	45	50	55	60	70	80	120
其他民用建筑，甲、乙类液体储罐，甲、乙类厂房，甘苇、芦苇、打包废纸等材料堆场	40	45	50	55	65	75	100
丙类液体储罐，可燃气体储罐，丙、丁类仓库	32	35	40	45	55	65	80
助燃气体储罐，木材等材料堆场	27	30	35	40	50	60	75
其他建筑 一、二级	18	20	22	25	30	40	50
三级	22	25	27	30	40	50	60
四级	27	30	35	40	50	60	75
公路（路边） I、Ⅱ级	20		25	25			30
Ⅲ、Ⅳ级	15		20	20			25
架空电力线（中心线）	应符合本规范第10.2.1条的规定						
架空通信线（中心线） I、Ⅱ级		30		1.5倍杆高	40		
Ⅲ、Ⅳ级							
铁路（中心线） 国家专用线	60	70		80		100	
企业专用线	25	30		35		40	

注：1 防火间距应按本表储罐区的总容积或单罐容积的较大者确定。
2 当地下液化石油气储罐的单罐容积不大于50m³，总容积不大于400m³时，其防火间距可按本表的规定减少50%。
3 居住区、村镇指1000人或300户及以上者；当少于1000人或300户时，相应防火间距应按本表有关其他民用建筑的要求确定。

4.4.2 液化石油气储罐之间的防火间距不应小于相邻较大罐的直径。

数个储罐的总容积大于 3000m³ 时，应分组布置，组内储罐宜采用单排布置。组与组相邻储罐之间的防火间距不应小于 20m。

4.4.5 Ⅰ、Ⅱ级瓶装液化石油气供应站瓶库与站外建筑等的防火间距不应小于表 4.4.5 的规定。瓶装液化石油气供应站的分级及总存瓶容积不大于 1m³ 的瓶装供应站瓶库的设置，应符合现行国家标准《城镇燃气设计规范》GB 50028 的规定。

表 4.4.5　Ⅰ、Ⅱ级瓶装液化石油气供应站瓶库与站外建筑等的防火间距（m）

名称	Ⅰ级		Ⅱ级	
瓶库的总存瓶容积 V（m³）	6<V≤10	10<V≤20	1<V≤3	3<V≤6
明火或散发火花地点	30	35	20	25
重要公共建筑	20	25	12	15
其他民用建筑	10	15	6	8
主要道路路边	10	10	8	8
次要道路路边	5	5	5	5

注：总存瓶容积应按实瓶个数与单瓶几何容积的乘积计算。

5.1.3 民用建筑的耐火等级应根据其建筑高度、使用功能、重要性和火灾扑救难度等确定，并应符合下列规定：

  1　地下或半地下建筑（室）和一类高层建筑的耐火等级不应低于一级；

  2　单、多层重要公共建筑和二类高层建筑的耐火等级不应低于二级。

5.1.3A　除木结构建筑外，老年人照料设施的耐火等级不应低于三级。

5.1.4　建筑高度大于 100m 的民用建筑，其楼板的耐火等级不应低于 2.00h。

一、二级耐火等级建筑的上人平屋顶，其屋面板的耐火极限分别不应低于 1.50h 和 1.00h。

5.2.2 民用建筑之间的防火间距不应小于表 5.2.2 的规定，与其他建筑的防火间距，除应符合本节规定外，尚应符合本规范其他章的有关规定。

表 5.2.2 民用建筑之间的防火间距（m）

建筑类别		高层民用建筑	裙房和其他民用建筑			高层民用建筑	裙房和其他民用建筑		
		一、二级	一、二级	三级	四级	一、二级	一、二级	三级	四级
高层民用建筑	一、二级	13	9	11	14				
裙房和其他民用建筑	一、二级	9	6	7	9				
	三级	11	7	8	10				
	四级	14	9	10	12				
高层民用建筑			一、二级			13	9	11	14
裙房和其他民用建筑			一、二级			9	6	7	9
			三级			11	7	8	10
			四级			14	9	10	12

注：1 相邻两座单、多层建筑，当相邻外墙为不燃性墙体且无外露的可燃性屋檐，每面外墙上无防火保护的门、窗、洞口不正对开设且该门、窗、洞口的面积之和不大于外墙面积的 5% 时，其防火间距可按本表的规定减少 25%。

2 两座建筑相邻较高一面外墙为防火墙，或高出相邻较低一座一、二级耐火等级建筑的屋面 15m 及以下范围内的外墙为防火墙时，其防火间距不限。

3 相邻两座高度相同的一、二级耐火等级建筑中相邻任一侧外墙为防火墙，屋顶耐火极限不低于 1.00h 时，其防火间距不限。

4 相邻两座建筑中较低一座建筑的耐火等级不低于二级，相邻较低一面外墙为防火墙且屋顶无天窗，屋顶的耐火极限不低于 1.00h 时，其防火间距不应小于 3.5m；对于高层建筑，不应小于 4m。

5 相邻两座建筑中较低一座建筑的耐火等级不低于二级且屋顶无天窗，相邻较高一面外墙高出较低一座建筑的屋面 15m 及以下范围内的开口部位设置甲级防火门、窗，或设置符合现行国家标准《自动喷水灭火系统设计规范》GB 50084 规定的防火分隔水幕或本规范第 6.5.3 条规定的防火卷帘时，其防火间距不应小于 3.5m；对于高层建筑，不应小于 4m。

6 相邻建筑通过连廊、天桥或底部的建筑物等连接时，其间距不应小于本表的规定。

7 耐火等级低于四级的既有建筑，其耐火等级可按四级确定。

5.2.6 建筑高度大于100m的民用建筑与相邻建筑的防火间距,当符合本规范第3.4.5条、第3.5.3条、第4.2.1条和第5.2.2条允许减小的条件时,仍不应减小。

5.3.1 除本规范另有规定外,不同耐火等级建筑的允许建筑高度或层数、防火分区最大允许建筑面积应符合表5.3.1的规定。

除本规范另有规定外,不同耐火等级建筑的允许建筑高度或层数、防火分区最大允许建筑面积应符合表5.3.1的规定。

表5.3.1 不同耐火等级建筑的允许建筑高度或层数、防火分区最大允许建筑面积

名称	耐火等级	允许建筑高度或层数	防火分区的最大允许建筑面积（m²）	备注
高层民用建筑	一、二级	按本规范第5.1.1条确定	1500	对于体育馆、剧场的观众厅,防火分区的最大允许建筑面积可适当增加
单、多层民用建筑	一、二级	按本规范第5.1.1条确定	2500	
	三级	5层	1200	
	四级	2层	600	
地下或半地下建筑（室）	一级	—	500	设备用房的防火分区最大允许建筑面积不应大于1000m²

注:1 表中规定的防火分区最大允许建筑面积,当建筑内设置自动灭火系统时,可按本表的规定增加1.0倍;局部设置时,防火分区的增加面积可按该局部面积的1.0倍计算。

2 裙房与高层建筑主体之间设置防火墙时,裙房的防火分区可按单、多层建筑的要求确定。

5.3.2 建筑内设置自动扶梯、敞开楼梯等上、下层相连通的开口时,其防火分区的建筑面积应按上、下层相连通的建筑面积叠加计算;当叠加计算后的建筑面积大于本规范第5.3.1条的规定时,应划分防火分区。

建筑内设置中庭时，其防火分区的建筑面积应按上、下层相连通的建筑面积叠加计算；当叠加计算后的建筑面积大于本规范第5.3.1条的规定时，应符合下列规定：

1 与周围连通空间应进行防火分隔：采用防火隔墙时，其耐火极限不应低于1.00h；采用防火玻璃墙时，其耐火隔热性和耐火完整性不应低于1.00h，采用耐火完整性不低于1.00h的非隔热性防火玻璃墙时，应设置自动喷水灭火系统进行保护；采用防火卷帘时，其耐火极限不应低于3.00h，并应符合本规范第6.5.3条的规定；与中庭相连通的门、窗，应采用火灾时能自行关闭的甲级防火门、窗；

2 高层建筑内的中庭回廊应设置自动喷水灭火系统和火灾自动报警系统；

3 中庭应设置排烟设施；

4 中庭内不应布置可燃物。

5.3.4 一、二级耐火等级建筑内的商店营业厅、展览厅，当设置自动灭火系统和火灾自动报警系统并采用不燃或难燃装修材料时，其每个防火分区的最大允许建筑面积应符合下列规定：

1 设置在高层建筑内时，不应大于4000m^2；

2 设置在单层建筑或仅设置在多层建筑的首层内时，不应大于10000m^2；

3 设置在地下或半地下时，不应大于2000m^2。

5.3.5 总建筑面积大于20000m^2的地下或半地下商店，应采用无门、窗、洞口的防火墙、耐火极限不低于2.00h的楼板分隔为多个建筑面积不大于20000m^2的区域。相邻区域确需局部连通时，应采用下沉式广场等室外开敞空间、防火隔间、避难走道、防烟楼梯间等方式进行连通，并应符合下列规定：

1 下沉式广场等室外开敞空间应能防止相邻区域的火灾蔓延和便于安全疏散，并应符合本规范第6.4.12条的规定；

2 防火隔间的墙应为耐火极限不低于3.00h的防火隔墙，并应符合本规范第6.4.13条的规定；

3 避难走道应符合本规范第6.4.14条的规定;
   4 防烟楼梯间的门应采用甲级防火门。
5.4.2 除为满足民用建筑使用功能所设置的附属库房外,民用建筑内不应设置生产车间和其他库房。

经营、存放和使用甲、乙类火灾危险性物品的商店、作坊和储藏间,严禁附设在民用建筑内。

5.4.3 商店建筑、展览建筑采用三级耐火等级建筑时,不应超过2层;采用四级耐火等级建筑时,应为单层。营业厅、展览厅设置在三级耐火等级的建筑内时,应布置在首层或二层;设置在四级耐火等级的建筑内时,应布置在首层。

营业厅、展览厅不应设置在地下三层及以下楼层。地下或半地下营业厅、展览厅不应经营、储存和展示甲、乙类火灾危险性物品。

5.4.4 托儿所、幼儿园的儿童用房和儿童游乐厅等儿童活动场所宜设置在独立的建筑内,且不应设置在地下或半地下;当采用一、二级耐火等级的建筑时,不应超过3层;采用三级耐火等级的建筑时,不应超过2层;采用四级耐火等级的建筑时,应为单层;确需设置在其他民用建筑内时,应符合下列规定:
   1 设置在一、二级耐火等级的建筑内时,应布置在首层、二层或三层;
   2 设置在三级耐火等级的建筑内时,应布置在首层或二层;
   3 设置在四级耐火等级的建筑内时,应布置在首层;
   4 设置在高层建筑内时,应设置独立的安全出口和疏散楼梯;

5.4.4B 当老年人照料设施中的老年人公共活动用房、康复与医疗用房设置在地下、半地下时,应设置在地下一层,每间用房的建筑面积不应大于$200m^2$且使用人数不应大于30人。

老年人照料设施中的老年人公共活动用房、康复与医疗用房设置在地上四层及以上时,每间用房的建筑面积不应大于$200m^3$且使用人数不应大于30人。

5.4.5 医院和疗养院的住院部分不应设置在地下或半地下。

医院和疗养院的住院部分采用三级耐火等级建筑时，不应超过2层；采用四级耐火等级建筑时，应为单层；设置在三级耐火等级的建筑内时，应布置在首层或二层；设置在四级耐火等级的建筑内时，应布置在首层。

医院和疗养院的病房楼内相邻护理单元之间应采用耐火极限不低于2.00h的防火隔墙分隔，隔墙上的门应采用乙级防火门，设置在走道上的防火门应采用常开防火门。

5.4.6 教学建筑、食堂、菜市场采用三级耐火等级建筑时，不应超过2层；采用四级耐火等级建筑时，应为单层；设置在三级耐火等级的建筑内时，应布置在首层或二层；设置在四级耐火等级的建筑内时，应布置在首层。

5.4.9 歌舞厅、录像厅、夜总会、卡拉OK厅（含具有卡拉OK功能的餐厅）、游艺厅（含电子游艺厅）、桑拿浴室（不包括洗浴部分）、网吧等歌舞娱乐放映游艺场所（不含剧场、电影院）的布置应符合下列规定：

1 不应布置在地下二层及以下楼层；

4 确需布置在地下一层时，地下一层的地面与室外出入口地坪的高差不应大于10m；

5 确需布置在地下或四层及以上楼层时，一个厅、室的建筑面积不应大于200m²；

6 厅、室之间及与建筑的其他部位之间，应采用耐火极限不低于2.00h的防火隔墙和1.00h的不燃性楼板分隔，设置在厅、室墙上的门和该场所与建筑内其他部位相通的门均应采用乙级防火门。

5.4.10 除商业服务网点外，住宅建筑与其他使用功能的建筑合建时，应符合下列规定：

1 住宅部分与非住宅部分之间，应采用耐火极限不低于2.00h且无门、窗、洞口的防火隔墙和1.50h的不燃性楼板完全分隔；当为高层建筑时，应采用无门、窗、洞口的防火墙和耐火极限不低于2.00h的不燃性楼板完全分隔。建筑外墙上、下层开口之间的防火措施应符合本规范第6.2.5条的规定。

2 住宅部分与非住宅部分的安全出口和疏散楼梯应分别独立设置；为住宅部分服务的地上车库应设置独立的疏散楼梯或安全出口，地下车库的疏散楼梯应按本规范第6.4.4条的规定进行分隔。

5.4.11 设置商业服务网点的住宅建筑，其居住部分与商业服务网点之间应采用耐火极限不低于2.00h且无门、窗、洞口的防火隔墙和1.50h的不燃性楼板完全分隔，住宅部分和商业服务网点部分的安全出口和疏散楼梯应分别独立设置。

商业服务网点中每个分隔单元之间应采用耐火极限不低于2.00h且无门、窗、洞口的防火隔墙相互分隔，当每个分隔单元任一层建筑面积大于200m²时，该层应设置2个安全出口或疏散门。每个分隔单元内的任一点至最近直通室外的出口的直线距离不应大于本规范表5.5.17中有关多层其他建筑位于袋形走道两侧或尽端的疏散门至最近安全出口的最大直线距离。

注：室内楼梯的距离可按其水平投影长度的1.50倍计算。

5.4.12 燃油或燃气锅炉、油浸变压器、充有可燃油的高压电容器和多油开关等，宜设置在建筑外的专用房间内；确需贴邻民用建筑布置时，应采用防火墙与所贴邻的建筑分隔，且不应贴邻人员密集场所，该专用房间的耐火等级不应低于二级；确需布置在民用建筑内时，不应布置在人员密集场所的上一层、下一层或贴邻，并应符合下列规定：

1 燃油或燃气锅炉房、变压器室应设置在首层或地下一层的靠外墙部位，但常（负）压燃油或燃气锅炉可设置在地下二层或屋顶上。设置在屋顶上的常（负）压燃气锅炉，距离通向屋面的安全出口不应小于6m。

采用相对密度（与空气密度的比值）不小于0.75的可燃气体为燃料的锅炉，不得设置在地下或半地下。

2 锅炉房、变压器室的疏散门均应直通室外或安全出口。

3 锅炉房、变压器室等与其他部位之间应采用耐火极限不低于2.00h的防火隔墙和1.50h的不燃性楼板分隔。在隔墙和楼板上不应开设洞口，确需在隔墙上设置门、窗时，应采用甲级防火门、窗。

4 锅炉房内设置储油间时，其总储存量不应大于1m³，且储油间应采用耐火极限不低于3.00h的防火隔墙与锅炉间分隔；确需在防火隔墙上设置门时，应采用甲级防火门。

5 变压器室之间、变压器室与配电室之间，应设置耐火极限不低于2.00h的防火隔墙。

6 油浸变压器、多油开关室、高压电容器室，应设置防止油品流散的设施。油浸变压器下面应设置能储存变压器全部油量的事故储油设施。

7 应设置火灾报警装置。

8 应设置与锅炉、变压器、电容器和多油开关等的容量及建筑规模相适应的灭火设施，当建筑内其他部位设置自动喷水灭火系统时，应设置自动喷水灭火系统。

9 锅炉的容量应符合现行国家标准《锅炉房设计规范》GB 50041的规定。油浸变压器的总容量不应大于1260kV·A，单台容量不应大于630kV·A。

10 燃气锅炉房应设置爆炸泄压设施。燃油或燃气锅炉房应设置独立的通风系统，并应符合本规范第9章的规定。

5.4.13 布置在民用建筑内的柴油发电机房应符合下列规定：

2 不应布置在人员密集场所的上一层、下一层或贴邻。

3 应采用耐火极限不低于2.00h的防火隔墙和1.50h的不燃性楼板与其他部位分隔，门应采用甲级防火门。

4 机房内设置储油间时，其总储存量不应大于1m³，储油间应采用耐火极限不低于3.00h的防火隔墙与发电机间分隔；确需在防火隔墙上开门时，应设置甲级防火门。

5 应设置火灾报警装置。

6 应设置与柴油发电机容量和建筑规模相适应的灭火设施，

当建筑内其他部位设置自动喷水灭火系统时，机房内应设置自动喷水灭火系统。

5.4.15 设置在建筑内的锅炉、柴油发电机，其燃料供给管道应符合下列规定：

　　1 在进入建筑物前和设备间内的管道上均应设置自动和手动切断阀；

　　2 储油间的油箱应密闭且应设置通向室外的通气管，通气管应设置带阻火器的呼吸阀，油箱的下部应设置防止油品流散的设施；

5.4.17 建筑采用瓶装液化石油气瓶组供气时，应符合下列规定：

　　1 应设置独立的瓶组间；

　　2 瓶组间不应与住宅建筑、重要公共建筑和其他高层公共建筑贴邻，液化石油气气瓶的总容积不大于 $1m^3$ 的瓶组间与所服务的其他建筑贴邻时，应采用自然气化方式供气；

　　3 液化石油气气瓶的总容积大于 $1m^3$、不大于 $4m^3$ 的独立瓶组间，与所服务建筑的防火间距应符合本规范表 5.4.17 的规定；

表 5.4.17　液化石油气气瓶的独立瓶组间与所服务建筑的防火间距 (m)

名称		液化石油气气瓶的独立瓶组间的总容积 V (m^3)	
		$V \leqslant 2$	$2 < V \leqslant 4$
明火或散发火花地点		25	30
重要公共建筑、一类高层民用建筑		15	20
裙房和其他民用建筑		8	10
道路（路边）	主要	10	
	次要	5	

注：气瓶总容积应按配置气瓶个数与单瓶几何容积的乘积计算。

　　4 在瓶组间的总出气管道上应设置紧急事故自动切断阀；

　　5 瓶组间应设置可燃气体浓度报警装置；

5.5.8 公共建筑内每个防火分区或一个防火分区的每个楼层，其安全出口的数量应经计算确定，且不应少于 2 个。设置 1 个安全出口或 1 部疏散楼梯的公共建筑应符合下列条件之一：

  1 除托儿所、幼儿园外，建筑面积不大于 200m² 且人数不超过 50 人的单层公共建筑或多层公共建筑的首层；

  2 除医疗建筑，老年人照料设施，托儿所、幼儿园的儿童用房，儿童游乐厅等儿童活动场所和歌舞娱乐放映游艺场所等外，符合表 5.5.8 规定的公共建筑。

表 5.5.8 可设置 1 部疏散楼梯的公共建筑

耐火等级	最多层数	每层最大建筑面积（m²）	人数
一、二级	3 层	200	第二、三层的人数之和不超过 50 人
三级	3 层	200	第二、三层的人数之和不超过 25 人
四级	2 层	200	第二层人数不超过 15 人

5.5.12 一类高层公共建筑和建筑高度大于 32m 的二类高层公共建筑，其疏散楼梯应采用防烟楼梯间。

  裙房和建筑高度不大于 32m 的二类高层公共建筑，其疏散楼梯应采用封闭楼梯间。

  注：当裙房与高层建筑主体之间设置防火墙时，裙房的疏散楼梯可按本规范有关单、多层建筑的要求确定。

5.5.13 下列多层公共建筑的疏散楼梯，除与敞开式外廊直接相连的楼梯间外，均应采用封闭楼梯间：

  1 医疗建筑、旅馆及类似使用功能的建筑；

  2 设置歌舞娱乐放映游艺场所的建筑；

  3 商店、图书馆、展览建筑、会议中心及类似使用功能的建筑；

  4 6 层及以上的其他建筑。

5.5.15 公共建筑内房间的疏散门数量应经计算确定且不应少于 2 个。除托儿所、幼儿园、老年人建筑、医疗建筑、教学建筑内

位于走道尽端的房间外,符合下列条件之一的房间可设置1个疏散门:

1 位于两个安全出口之间或袋形走道两侧的房间,对于托儿所、幼儿园、老年人照料设施,建筑面积不大于50m²;对于医疗建筑、教学建筑,建筑面积不大于75m²;对于其他建筑或场所,建筑面积不大于120m²。

2 位于走道尽端的房间,建筑面积小于50m²且疏散门的净宽度不小于0.90m,或由房间内任一点至疏散门的直线距离不大于15m、建筑面积不大于200m²且疏散门的净宽度不小于1.40m。

3 歌舞娱乐放映游艺场所内建筑面积不大于50m²且经常停留人数不超过15人的厅、室。

5.5.16 剧场、电影院、礼堂和体育馆的观众厅或多功能厅,其疏散门的数量应经计算确定且不应少于2个,并应符合下列规定:

1 对于剧场、电影院、礼堂的观众厅或多功能厅,每个疏散门的平均疏散人数不应超过250人;当容纳人数超过2000人时,其超过2000人的部分,每个疏散门的平均疏散人数不应超过400人。

5.5.17 公共建筑的安全疏散距离应符合下列规定:

1 直通疏散走道的房间疏散门至最近安全出口的直线距离不应大于表5.5.17的规定。

表5.5.17 直通疏散走道的房间疏散门至最近安全出口的直线距离(m)

名称	位于两个安全出口之间的疏散门			位于袋形走道两侧或尽端的疏散门		
	一、二级	三级	四级	一、二级	三级	四级
托儿所、幼儿园老年人建筑	25	20	15	20	15	10
歌舞娱乐放映游艺场所	25	20	15	9	—	—

续表 5.5.17

名称			位于两个安全出口之间的疏散门			位于袋形走道两侧或尽端的疏散门		
			一、二级	三级	四级	一、二级	三级	四级
医疗建筑	单、多层		35	30	25	20	15	10
	高层	病房部分	24	—	—	12	—	—
		其他部分	30	—	—	15	—	—
教学建筑	单、多层		35	30	25	22	20	10
	高层		30	—	—	15	—	—
高层旅馆、展览建筑			30	—	—	15	—	—
其他建筑	单、多层		40	35	25	22	20	15
	高层		40	—	—	20	—	—

注：1 建筑内开向敞开式外廊的房间疏散门至最近安全出口的直线距离可按本表的规定增加 5m。

  2 直通疏散走道的房间疏散门至最近敞开楼梯间的直线距离，当房间位于两个楼梯间之间时，应按本表的规定减少 5m；当房间位于袋形走道两侧或尽端时，应按本表的规定减少 2m。

  3 建筑物内全部设置自动喷水灭火系统时，其安全疏散距离可按本表的规定增加 25%。

2 楼梯间应在首层直通室外，确有困难时，可在首层采用扩大的封闭楼梯间或防烟楼梯间前室。当层数不超过 4 层且未采用扩大的封闭楼梯间或防烟楼梯间前室时，可将直通室外的门设置在离楼梯间不大于 15m 处。

3 房间内任一点至房间直通疏散走道的疏散门的直线距离，不应大于表 5.5.17 规定的袋形走道两侧或尽端的疏散门至最近安全出口的直线距离。

4 一、二级耐火等级建筑内疏散门或安全出口不少于 2 个的观众厅、展览厅、多功能厅、餐厅、营业厅等，其室内任一点至最近疏散门或安全出口的直线距离不应大于 30m；当疏散门不能直通室外地面或疏散楼梯间时，应采用长度不大于 10m 的疏散走道通至最近的安全出口。当该场所设置自动喷水灭火系统时，室内任一点至最近安全出口的安全疏散距离可分别增加 25%。

5.5.18 除本规范另有规定外，公共建筑内疏散门和安全出口的净宽度不应小于 0.90m，疏散走道和疏散楼梯的净宽度不应小于 1.10m。

高层公共建筑内楼梯间的首层疏散门、首层疏散外门、疏散走道和疏散楼梯的最小净宽度应符合表 5.5.18 的规定。

表 5.5.18 高层公共建筑内楼梯间的首层疏散门、首层疏散外门、疏散走道和疏散楼梯的最小净宽度（m）

建筑类别	楼梯间的首层疏散门、首层疏散外门	走道		疏散楼梯
		单面布房	双面布房	
高层医疗建筑	1.30	1.40	1.50	1.30
其他高层公共建筑	1.20	1.30	1.40	1.20

5.5.21 除剧场、电影院、礼堂、体育馆外的其他公共建筑，其房间疏散门、安全出口、疏散走道和疏散楼梯的各自总净宽度，应符合下列规定：

1 每层的房间疏散门、安全出口、疏散走道和疏散楼梯的各自总净宽度，应根据疏散人数按每 100 人的最小疏散净宽度不小于表 5.5.21-1 的规定计算确定。当每层疏散人数不等时，疏散楼梯的总净宽度可分层计算，地上建筑内下层楼梯的总净宽度应按该层及以上疏散人数最多一层的人数计算；地下建筑内上层楼梯的总净宽度应按该层及以下疏散人数最多一层的人数计算。

表 5.5.21-1 每层的房间疏散门、安全出口、疏散走道和疏散楼梯的每 100 人最小疏散净宽度（m/百人）

	建筑层数	建筑的耐火等级		
		一、二级	三级	四级
地上楼层	1～2 层	0.65	0.75	1.00
	3 层	0.75	1.00	—
	≥4 层	1.00	1.25	—

续表 5.5.21-1

建筑层数		建筑的耐火等级		
		一、二级	三级	四级
地下楼层	与地面出入口地面的高差 $\Delta H \leqslant 10m$	0.75	—	—
	与地面出入口地面的高差 $\Delta H > 10m$	1.00	—	—

2 地下或半地下人员密集的厅、室和歌舞娱乐放映游艺场所，其房间疏散门、安全出口、疏散走道和疏散楼梯的各自总净宽度，应根据疏散人数按每 100 人不小于 1.00m 计算确定。

3 首层外门的总净宽度应按该建筑疏散人数最多一层的人数计算确定，不供其他楼层人员疏散的外门，可按本层的疏散人数计算确定。

4 歌舞娱乐放映游艺场所中录像厅的疏散人数，应根据厅、室的建筑面积按不小于 1.0 人/m^2 计算；其他歌舞娱乐放映游艺场所的疏散人数，应根据厅、室的建筑面积按不小于 0.5 人/m^2 计算。

5.5.23 建筑高度大于 100m 的公共建筑，应设置避难层（间）。避难层（间）应符合下列规定：

1 第一个避难层（间）的楼地面至灭火救援场地地面的高度不应大于 50m，两个避难层（间）之间的高度不宜大于 50m。

2 通向避难层（间）的疏散楼梯应在避难层分隔、同层错位或上下层断开。

3 避难层（间）的净面积应能满足设计避难人数避难的要求，并宜按 5.0 人/m^2 计算。

4 避难层可兼作设备层。设备管道宜集中布置，其中的易燃、可燃液体或气体管道应集中布置，设备管道区应采用耐火极限不低于 3.00h 的防火隔墙与避难区分隔。管道井和设备间应采用耐火极限不低于 2.00h 的防火隔墙与避难区分隔，管道井和设备间的门不应直接开向避难区；确需直接开向避难区时，与避难层区出入口的距离不应小于 5m，且应采用甲级防火门。

避难间内不应设置易燃、可燃液体或气体管道，不应开设除外窗、疏散门之外的其他开口。

5 避难层应设置消防电梯出口。

6 应设置消火栓和消防软管卷盘。

7 应设置消防专线电话和应急广播。

8 在避难层（间）进入楼梯间的入口处和疏散楼梯通向避难层（间）的出口处，应设置明显的指示标志。

9 应设置直接对外的可开启窗口或独立的机械防烟设施，外窗应采用乙级防火窗。

5.5.24 高层病房楼应在二层及以上的病房楼层和洁净手术部设置避难间。避难间应符合下列规定：

1 避难间服务的护理单元不应超过2个，其净面积应按每个护理单元不小于25.0m² 确定。

2 避难间兼作其他用途时，应保证人员的避难安全，且不得减少可供避难的净面积。

3 应靠近楼梯间，并应采用耐火极限不低于2.00h的防火隔墙和甲级防火门与其他部位分隔。

4 应设置消防专线电话和消防应急广播。

5 避难间的入口处应设置明显的指示标志。

6 应设置直接对外的可开启窗口或独立的机械防烟设施，外窗应采用乙级防火窗。

5.5.25 住宅建筑安全出口的设置应符合下列规定：

1 建筑高度不大于27m的建筑，当每个单元任一层的建筑面积大于650m²，或任一户门至最近安全出口的距离大于15m时，每个单元每层的安全出口不应少于2个；

2 建筑高度大于27m、不大于54m的建筑，当每个单元任一层的建筑面积大于650m²，或任一户门至最近安全出口的距离大于10m时，每个单元每层的安全出口不应少于2个；

3 建筑高度大于54m的建筑，每个单元每层的安全出口不应少于2个。

5.5.26 建筑高度大于 27m，但不大于 54m 的住宅建筑，每个单元设置一座疏散楼梯时，疏散楼梯应通至屋面，且单元之间的疏散楼梯应能通过屋面连通，户门应采用乙级防火门。当不能通至屋面或不能通过屋面连通时，应设置 2 个安全出口。

5.5.29 住宅建筑的安全疏散距离应符合下列规定：

1 直通疏散走道的户门至最近安全出口的直线距离不应大于表 5.5.29 的规定。

表 5.5.29 住宅建筑直通疏散走道的户门至最近安全出口的直线距离（m）

住宅建筑类别	位于两个安全出口之间的户门			位于袋形走道两侧或尽端的户门		
	一、二级	三级	四级	一、二级	三级	四级
单、多层	40	35	25	22	20	15
高层	40	—	—	20	—	—

注：1 开向敞开式外廊的户门至最近安全出口的最大直线距离可按本表的规定增加 5m。

2 直通疏散走道的户门至最近敞开楼梯间的直线距离，当户门位于两个楼梯间之间时，应按本表的规定减少 5m；当户门位于袋形走道两侧或尽端时，应按本表的规定减少 2m。

3 住宅建筑内全部设置自动喷水灭火系统时，其安全疏散距离可按本表的规定增加 25%。

4 跃廊式住宅的户门至最近安全出口的距离，应从户门算起，小楼梯的一段距离可按其水平投影长度的 1.50 倍计算。

2 楼梯间应在首层直通室外，或在首层采用扩大的封闭楼梯间或防烟楼梯间前室。层数不超过 4 层时，可将直通室外的门设置在离楼梯间不大于 15m 处。

3 户内任一点至直通疏散走道的户门的直线距离不应大于表 5.5.29 规定的袋形走道两侧或尽端的疏散门至最近安全出口的最大直线距离。

注：跃层式住宅，户内楼梯的距离可按其梯段水平投影长度的 1.50 倍计算。

5.5.30 住宅建筑的户门、安全出口、疏散走道和疏散楼梯的各自总净宽度应经计算确定,且户门和安全出口的净宽度不应小于0.90m,疏散走道、疏散楼梯和首层疏散外门的净宽度不应小于1.10m。建筑高度不大于18m的住宅中一边设置栏杆的疏散楼梯,其净宽度不应小于1.0m。

5.5.31 建筑高度大于100m的住宅建筑应设置避难层,避难层的设置应符合本规范第5.5.23条有关避难层的要求。

6.1.1 防火墙应直接设置在建筑的基础或框架、梁等承重结构上,框架、梁等承重结构的耐火极限不应低于防火墙的耐火极限。

防火墙应从楼地面基层隔断至梁、楼板或屋面板的底面基层。当高层厂房(仓库)屋顶承重结构和屋面板的耐火极限低于1.00h,其他建筑屋顶承重结构和屋面板的耐火极限低于0.50h时,防火墙应高出屋面0.5m以上。

6.1.2 防火墙横截面中心线水平距离天窗端面小于4.0m,且天窗端面为可燃性墙体时,应采取防止火势蔓延的措施。

6.1.5 防火墙上不应开设门、窗、洞口,确需开设时,应设置不可开启或火灾时能自动关闭的甲级防火门、窗。

可燃气体和甲、乙、丙类液体的管道严禁穿过防火墙。防火墙内不应设置排气道。

6.1.7 防火墙的构造应能在防火墙任意一侧的屋架、梁、楼板等受到火灾的影响而破坏时,不会导致防火墙倒塌。

6.2.2 医疗建筑内的手术室或手术部、产房、重症监护室、贵重精密医疗装备用房、储藏间、实验室、胶片室等,附设在建筑内的托儿所、幼儿园的儿童用房和儿童游乐厅等儿童活动场所、老年人照料设施,应采用耐火极限不低于2.00h的防火隔墙和1.00h的楼板与其他场所或部位分隔,墙上必须设置的门、窗应采用乙级防火门、窗。

6.2.4 建筑内的防火隔墙应从楼地面基层隔断至梁、楼板或屋面板的底面基层。住宅分户墙和单元之间的墙应隔断至梁、楼板或屋面板的底面基层,屋面板的耐火极限不应低于0.50h。

6.2.5 除本规范另有规定外,建筑外墙上、下层开口之间应设置高度不小于1.2m的实体墙或挑出宽度不小于1.0m、长度不小于开口宽度的防火挑檐；当室内设置自动喷水灭火系统时，上、下层开口之间的实体墙高度不应小于0.8m。当上、下层开口之间设置实体墙确有困难时，可设置防火玻璃墙，但高层建筑的防火玻璃墙的耐火完整性不应低于1.00h，多层建筑的防火玻璃墙的耐火完整性不应低于0.50h。外窗的耐火完整性不应低于防火玻璃墙的耐火完整性要求。

住宅建筑外墙上相邻户开口之间的墙体宽度不应小于1.0m；小于1.0m时，应在开口之间设置突出外墙不小于0.6m的隔板。

实体墙、防火挑檐和隔板的耐火极限和燃烧性能，均不应低于相应耐火等级建筑外墙的要求。

6.2.6 建筑幕墙应在每层楼板外沿处采取符合本规范第6.2.5条规定的防火措施，幕墙与每层楼板、隔墙处的缝隙应采用防火封堵材料封堵。

6.2.7 附设在建筑内的消防控制室、灭火设备室、消防水泵房和通风空气调节机房、变配电室等，应采用耐火极限不低于2.00h的防火隔墙和1.50h的楼板与其他部位分隔。

设置在丁、戊类厂房内的通风机房，应采用耐火极限不低于1.00h的防火隔墙和0.50h的楼板与其他部位分隔。

通风、空气调节机房和变配电室开向建筑内的门应采用甲级防火门，消防控制室和其他设备房开向建筑内的门应采用乙级防火门。

6.2.9 建筑内的电梯井等竖井应符合下列规定：

1 电梯井应独立设置，井内严禁敷设可燃气体和甲、乙、丙类液体管道，不应敷设与电梯无关的电缆、电线等。电梯井的井壁除设置电梯门、安全逃生门和通气孔洞外，不应设置其他开口。

2 电缆井、管道井、排烟道、排气道、垃圾道等竖向井道，应分别独立设置。井壁的耐火极限不应低于1.00h，井壁上的检查门应采用丙级防火门。

3 建筑内的电缆井、管道井应在每层楼板处采用不低于楼板耐火极限的不燃材料或防火封堵材料封堵。

建筑内的电缆井、管道井与房间、走道等相连通的孔隙应采用防火封堵材料封堵。

6.3.5 防烟、排烟、供暖、通风和空气调节系统中的管道及建筑内的其他管道，在穿越防火隔墙、楼板和防火墙处的孔隙应采用防火封堵材料封堵。

风管穿过防火隔墙、楼板和防火墙时，穿越处风管上的防火阀、排烟防火阀两侧各 2.0m 范围内的风管应采用耐火风管或风管外壁应采取防火保护措施，且耐火极限不应低于该防火分隔体的耐火极限。

6.4.1 疏散楼梯间应符合下列规定：

2 楼梯间内不应设置烧水间、可燃材料储藏室、垃圾道。

3 楼梯间内不应有影响疏散的凸出物或其他障碍物。

4 封闭楼梯间、防烟楼梯间及其前室，不应设置卷帘。

5 楼梯间内不应设置甲、乙、丙类液体管道。

6 封闭楼梯间、防烟楼梯间及其前室内禁止穿过或设置可燃气体管道。敞开楼梯间内不应设置可燃气体管道，当住宅建筑的敞开楼梯间内确需设置可燃气体管道和可燃气体计量表时，应采用金属管和设置切断气源的阀门。

6.4.2 封闭楼梯间除应符合本规范第 6.4.1 条的规定外，尚应符合下列规定：

1 不能自然通风或自然通风不能满足要求时，应设置机械加压送风系统或采用防烟楼梯间。

2 除楼梯间的出入口和外窗外，楼梯间的墙上不应开设其他门、窗、洞口。

3 高层建筑、人员密集的公共建筑、人员密集的多层丙类厂房、甲、乙类厂房，其封闭楼梯间的门应采用乙级防火门，并应向疏散方向开启；其他建筑，可采用双向弹簧门。

4 楼梯间的首层可将走道和门厅等包括在楼梯间内形成扩大的封闭楼梯间，但应采用乙级防火门等与其他走道和房间分隔。

6.4.3 防烟楼梯间除应符合本规范第 6.4.1 条的规定外，尚应符合下列规定：

1 应设置防烟设施。

3 前室的使用面积：公共建筑、高层厂房（仓库），不应小于 $6.0m^2$；住宅建筑，不应小于 $4.5m^2$。

与消防电梯间前室合用时，合用前室的使用面积：公共建筑、高层厂房（仓库），不应小于 $10.0m^2$；住宅建筑，不应小于 $6.0m^2$。

4 疏散走道通向前室以及前室通向楼梯间的门应采用乙级防火门。

5 除住宅建筑的楼梯间前室外，防烟楼梯间和前室内的墙上不应开设除疏散门和送风口外的其他门、窗、洞口。

6 楼梯间的首层可将走道和门厅等包括在楼梯间前室内形成扩大的前室，但应采用乙级防火门等与其他走道和房间分隔。

6.4.4 除通向避难层错位的疏散楼梯外，建筑内的疏散楼梯间在各层的平面位置不应改变。

除住宅建筑套内的自用楼梯外，地下或半地下建筑（室）的疏散楼梯间，应符合下列规定：

1 室内地面与室外出入口地坪高差大于 10m 或 3 层及以上的地下、半地下建筑（室），其疏散楼梯应采用防烟楼梯间；其他地下或半地下建筑（室），其疏散楼梯应采用封闭楼梯间。

2 应在首层采用耐火极限不低于 2.00h 的防火隔墙与其他部位分隔并应直通室外，确需在隔墙上开门时，应采用乙级防火门。

3 建筑的地下或半地下部分与地上部分不应共用楼梯间，确需共用楼梯间时，应在首层采用耐火极限不低于 2.00h 的防火隔墙和乙级防火门将地下或半地下部分与地上部分的连通部位完全分隔，并应设置明显的标志。

6.4.5 室外疏散楼梯应符合下列规定：

1 栏杆扶手的高度不应小于 1.10m，楼梯的净宽度不应小于 0.90m。

2 倾斜角度不应大于 45°。

3 梯段和平台均应采用不燃材料制作。平台的耐火极限不应低于 1.00h，梯段的耐火极限不应低于 0.25h。

4 通向室外楼梯的门应采用乙级防火门，并应向外开启。

5 除疏散门外，楼梯周围 2m 内的墙面上不应设置门、窗、洞口。疏散门不应正对梯段。

6.4.10 疏散走道在防火分区处应设置常开甲级防火门。

6.4.11 建筑内的疏散门应符合下列规定：

1 民用建筑和厂房的疏散门，应采用向疏散方向开启的平开门，不应采用推拉门、卷帘门、吊门、转门和折叠门。除甲、乙类生产车间外，人数不超过 60 人且每樘门的平均疏散人数不超过 30 人的房间，其疏散门的开启方向不限。

2 仓库的疏散门应采用向疏散方向开启的平开门，但丙、丁、戊类仓库首层靠墙的外侧可采用推拉门或卷帘门。

3 开向疏散楼梯或疏散楼梯间的门，当其完全开启时，不应减少楼梯平台的有效宽度。

4 人员密集场所内平时需要控制人员随意出入的疏散门和设置门禁系统的住宅、宿舍、公寓建筑的外门，应保证火灾时不需使用钥匙等任何工具即能从内部易于打开，并应在显著位置设置具有使用提示的标识。

6.6.2 输送有火灾、爆炸危险物质的栈桥不应兼作疏散通道。

6.7.2 建筑外墙采用内保温系统时，保温系统应符合下列规定：

1 对于人员密集场所，用火、燃油、燃气等具有火灾危险性的场所以及各类建筑内的疏散楼梯间、避难走道、避难间、避难层等场所或部位，应采用燃烧性能为 A 级的保温材料。

2 对于其他场所，应采用低烟、低毒且燃烧性能不低于 B_1 级的保温材料。

3 保温系统应采用不燃材料做防护层。采用燃烧性能为 B_1 级的保温材料时，防护层的厚度不应小于 10mm。

6.7.4 设置人员密集场所的建筑，其外墙外保温材料的燃烧性能应为 A 级。

6.7.4A 除本规范第 6.7.3 条规定的情况外，下列老年人照料设施的内、外墙体和屋面保温材料应采用燃烧性能为 A 级的保温材料：

 1 独立建造的老年人照料设施；

 2 与其他建筑组合建造且老年人照料设施部分的总建筑面积大于 $500m^2$ 的老年人照料设施。

6.7.5 与基层墙体、装饰层之间无空腔的建筑外墙外保温系统，其保温材料应符合下列规定：

 1 住宅建筑：

  1）建筑高度大于 100m 时，保温材料的燃烧性能应为 A 级；

  2）建筑高度大于 27m，但不大于 100m 时，保温材料的燃烧性能不应低于 B_1 级；

  3）建筑高度不大于 27m 时，保温材料的燃烧性能不应低于 B_2 级。

 2 除住宅建筑和设置人员密集场所的建筑外，其他建筑：

  1）建筑高度大于 50m 时，保温材料的燃烧性能应为 A 级；

  2）建筑高度大于 24m，但不大于 50m 时，保温材料的燃烧性能不应低于 B_1 级；

  3）建筑高度不大于 24m 时，保温材料的燃烧性能不应低于 B_2 级。

6.7.6 除设置人员密集场所的建筑外，与基层墙体、装饰层之间有空腔的建筑外墙外保温系统，其保温材料应符合下列规定：

 1 建筑高度大于 24m 时，保温材料的燃烧性能应为 A 级；

 2 建筑高度不大于 24m 时，保温材料的燃烧性能不应低于 B_1 级。

7.1.2 高层民用建筑，超过 3000 个座位的体育馆，超过 2000 个座位的会堂，占地面积大于 $3000m^2$ 的商店建筑、展览建筑等单、多层公共建筑应设置环形消防车道，确有困难时，可沿建筑的两个长边设置消防车道；对于高层住宅建筑和山坡地或河道边临空建造的高层民用建筑，可沿建筑的一个长边设置消防车道，但该长边所在建筑立面应为消防车登高操作面。

7.1.3 工厂、仓库区内应设置消防车道。

高层厂房，占地面积大于 3000m^2 的甲、乙、丙类厂房和占地面积大于 1500m^2 的乙、丙类仓库，应设置环形消防车道，确有困难时，应沿建筑物的两个长边设置消防车道。

7.1.8 消防车道应符合下列要求：

1 车道的净宽度和净空高度均不应小于 4.0m；

2 转弯半径应满足消防车转弯的要求；

3 消防车道与建筑之间不应设置妨碍消防车操作的树木、架空管线等障碍物；

7.2.1 高层建筑应至少沿一个长边或周边长度的 1/4 且不小于一个长边长度的底边连续布置消防车登高操作场地，该范围内的裙房进深不应大于 4m。

建筑高度不大于 50m 的建筑，连续布置消防车登高操作场地确有困难时，可间隔布置，但间隔距离不宜大于 30m，且消防车登高操作场地的总长度仍应符合上述规定。

7.2.2 消防车登高操作场地应符合下列规定：

1 场地与厂房、仓库、民用建筑之间不应设置妨碍消防车操作的树木、架空管线等障碍物和车库出入口。

2 场地的长度和宽度分别不应小于 15m 和 10m。对于建筑高度大于 50m 的建筑，场地的长度和宽度分别不应小于 20m 和 10m。

3 场地及其下面的建筑结构、管道和暗沟等，应能承受重型消防车的压力。

7.2.3 建筑物与消防车登高操作场地相对应的范围内，应设置直通室外的楼梯或直通楼梯间的入口。

7.2.4 厂房、仓库、公共建筑的外墙应在每层的适当位置设置可供消防救援人员进入的窗口。

7.3.1 下列建筑应设置消防电梯：

  1 建筑高度大于33m的住宅建筑；

  2 一类高层公共建筑和建筑高度大于32m的二类高层公共建筑、5层及以上且总建筑面积大于3000m^2（包括设置在其他建筑内五层及以上楼层）的老年人照料设施；

  3 设置消防电梯的建筑的地下或半地下室，埋深大于10m且总建筑面积大于3000m^2的其他地下或半地下建筑（室）。

7.3.2 消防电梯应分别设置在不同防火分区内，且每个防火分区不应少于1台。

7.3.5 除设置在仓库连廊、冷库穿堂或谷物筒仓工作塔内的消防电梯外，消防电梯应设置前室，并应符合下列规定：

  2 前室的使用面积不应小于6.0m^2，前室的短边不应小于2.4m；与防烟楼梯间合用的前室，其使用面积尚应符合本规范第5.5.28条和第6.4.3条的规定；

  3 除前室的出入口、前室内设置的正压送风口和本规范第5.5.27条规定的户门外，前室内不应开设其他门、窗、洞口；

  4 前室或合用前室的门应采用乙级防火门，不应设置卷帘。

7.3.6 消防电梯井、机房与相邻电梯井、机房之间应设置耐火极限不低于2.00h的防火隔墙，隔墙上的门应采用甲级防火门。

8.1.2 城镇（包括居住区、商业区、开发区、工业区等）应沿可通行消防车的街道设置市政消火栓系统。

  民用建筑、厂房、仓库、储罐（区）和堆场周围应设置室外消火栓系统。

  用于消防救援和消防车停靠的屋面上，应设置室外消火栓系统。

  注：耐火等级不低于二级且建筑体积不大于3000m^3的戊类厂房，居住区人数不超过500人且建筑层数不超过两层的居住区，可不设置室外消火栓系统。

8.1.3 自动喷水灭火系统、水喷雾灭火系统、泡沫灭火系统和固定消防炮灭火系统等系统以及下列建筑的室内消火栓给水系统应设置消防水泵接合器：

1 超过 5 层的公共建筑；
　　2 超过 4 层的厂房或仓库；
　　3 其他高层建筑；
　　4 超过 2 层或建筑面积大于 10000m^2 的地下建筑（室）。
8.1.6 消防水泵房的设置应符合下列规定：
　　1 单独建造的消防水泵房，其耐火等级不应低于二级；
　　2 附设在建筑内的消防水泵房，不应设置在地下三层及以下或室内地面与室外出入口地坪高差大于 10m 的地下楼层；
　　3 疏散门应直通室外或安全出口。
8.1.7 设置火灾自动报警系统和需要联动控制的消防设备的建筑（群）应设置消防控制室。消防控制室的设置应符合下列规定：
　　1 单独建造的消防控制室，其耐火等级不应低于二级；
　　3 不应设置在电磁场干扰较强及其他可能影响消防控制设备正常工作的房间附近；
　　4 疏散门应直通室外或安全出口。
8.1.8 消防水泵房和消防控制室应采取防水淹的技术措施。
8.2.1 下列建筑或场所应设置室内消火栓系统：
　　1 建筑占地面积大于 300m^2 的厂房和仓库；
　　2 高层公共建筑和建筑高度大于 21m 的住宅建筑；
　　注：建筑高度不大于 27m 的住宅建筑，设置室内消火栓系统确有困难时，可只设置干式消防竖管和不带消火栓箱的 $DN65$ 的室内消火栓。
　　3 体积大于 5000m^3 的车站、码头、机场的候车（船、机）建筑、展览建筑、商店建筑、旅馆建筑、医疗建筑和图书馆建筑等单、多层建筑；
　　4 特等、甲等剧场，超过 800 个座位的其他等级的剧场和电影院等以及超过 1200 个座位的礼堂、体育馆等单、多层建筑；
　　5 建筑高度大于 15m 或体积大于 10000m^3 的办公建筑、教学建筑和其他单、多层民用建筑。
8.3.1 除本规范另有规定和不宜用水保护或灭火的场所外，下列厂房或生产部位应设置自动灭火系统，并宜采用自动喷水灭火系统：

  1 不小于50000纱锭的棉纺厂的开包、清花车间，不小于5000锭的麻纺厂的分级、梳麻车间，火柴厂的烤梗、筛选部位；
  2 占地面积大于1500m^2或总建筑面积大于3000m^2的单、多层制鞋、制衣、玩具及电子等类似生产的厂房；
  3 占地面积大于1500m^2的木器厂房；
  4 泡沫塑料厂的预发、成型、切片、压花部位；
  5 高层乙、丙类厂房；
  6 建筑面积大于500m^2的地下或半地下丙类厂房。
8.3.2 除本规范另有规定和不宜用水保护或灭火的仓库外，下列仓库应设置自动灭火系统，并宜采用自动喷水灭火系统：
  1 每座占地面积大于1000m^2的棉、毛、丝、麻、化纤、毛皮及其制品的仓库；
  注：单层占地面积不大于2000m^2的棉花库房，可不设置自动喷水灭火系统。
  2 每座占地面积大于600m^2的火柴仓库；
  3 邮政建筑内建筑面积大于500m^2的空邮袋库；
  4 可燃、难燃物品的高架仓库和高层仓库；
  5 设计温度高于0℃的高架冷库，设计温度高于0℃且每个防火分区建筑面积大于1500m^2的非高架冷库；
  6 总建筑面积大于500m^2的可燃物品地下仓库；
  7 每座占地面积大于1500m^2或总建筑面积大于3000m^2的其他单层或多层丙类物品仓库。
8.3.3 除本规范另有规定和不宜用水保护或灭火的场所外，下列高层民用建筑或场所应设置自动灭火系统，并宜采用自动喷水灭火系统：
  1 一类高层公共建筑（除游泳池、溜冰场外）及其地下、半地下室；
  2 二类高层公共建筑及其地下、半地下室的公共活动用房、走道、办公室和旅馆的客房、可燃物品库房、自动扶梯底部；
  3 高层民用建筑内的歌舞娱乐放映游艺场所；

4 建筑高度大于100m的住宅建筑。

8.3.4 除本规范另有规定和不适用水保护或灭火的场所外，下列单、多层民用建筑或场所应设置自动灭火系统，并宜采用自动喷水灭火系统：

1 特等、甲等剧场，超过1500个座位的其他等级的剧场，超过2000个座位的会堂或礼堂，超过3000个座位的体育馆，超过5000人的体育场的室内人员休息室与器材间等；

2 任一层建筑面积大于1500m^2或总建筑面积大于3000m^2的展览、商店、餐饮和旅馆建筑以及医院中同样建筑规模的病房楼、门诊楼和手术部；

3 设置送回风道（管）的集中空气调节系统且总建筑面积大于3000m^2的办公建筑等；

4 藏书量超过50万册的图书馆；

5 大、中型幼儿园，总建筑面积大于500m^2的老年人建筑；

6 总建筑面积大于500m^2的地下或半地下商店；

7 设置在地下或半地下或地上四层及以上楼层的歌舞娱乐放映游艺场所（除游泳场所外），设置在首层、二层和三层且任一层建筑面积大于300m^2的地上歌舞娱乐放映游艺场所（除游泳场所外）。

8.3.5 根据本规范要求难以设置自动喷水灭火系统的展览厅、观众厅等人员密集的场所和丙类生产车间、库房等高大空间场所，应设置其他自动灭火系统，并宜采用固定消防炮等灭火系统。

8.3.7 下列建筑或部位应设置雨淋自动喷水灭火系统：

1 火柴厂的氯酸钾压碾厂房，建筑面积大于100m^2且生产或使用硝化棉、喷漆棉、火胶棉、赛璐珞胶片、硝化纤维的厂房；

2 乒乓球厂的轧坯、切片、磨球、分球检验部位；

3 建筑面积大于60m^2或储存量大于2t的硝化棉、喷漆棉、火胶棉、赛璐珞胶片、硝化纤维的仓库；

4 日装瓶数量大于 3000 瓶的液化石油气储配站的灌瓶间、实瓶库；

　　5 特等、甲等剧场、超过 1500 个座位的其他等级剧场和超过 2000 个座位的会堂或礼堂的舞台葡萄架下部；

　　6 建筑面积不小于 $400m^2$ 的演播室，建筑面积不小于 $500m^2$ 的电影摄影棚。

8.3.8 下列场所应设置自动灭火系统，并宜采用水喷雾灭火系统：

　　1 单台容量在 40MV·A 及以上的厂矿企业油浸变压器，单台容量在 90MV·A 及以上的电厂油浸变压器，单台容量在 125MV·A 及以上的独立变电站油浸变压器；

　　2 飞机发动机试验台的试车部位；

　　3 充可燃油并设置在高层民用建筑内的高压电容器和多油开关室。

　　注：设置在室内的油浸变压器、充可燃油的高压电容器和多油开关室，可采用细水雾灭火系统。

8.3.9 下列场所应设置自动灭火系统，并宜采用气体灭火系统：

　　1 国家、省级或人口超过 100 万的城市广播电视发射塔内的微波机房、分米波机房、米波机房、变配电室和不间断电源（UPS）室；

　　2 国际电信局、大区中心、省中心和一万路以上的地区中心内的长途程控交换机房、控制室和信令转接点室；

　　3 两万线以上的市话汇接局和六万门以上的市话端局内的程控交换机房、控制室和信令转接点室；

　　4 中央及省级公安、防灾和网局级及以上的电力等调度指挥中心内的通信机房和控制室；

　　5 A、B 级电子信息系统机房内的主机房和基本工作间的已记录磁（纸）介质库；

　　6 中央和省级广播电视中心内建筑面积不小于 $120m^2$ 的音像制品库房；

7 国家、省级或藏书量超过 100 万册的图书馆内的特藏库；中央和省级档案馆内的珍藏库和非纸质档案库；大、中型博物馆内的珍品库房；一级纸绢质文物的陈列室；

8 其他特殊重要设备室。

注：1 本条第 1、4、5、8 款规定的部位，可采用细水雾灭火系统。

2 当有备用主机和备用已记录磁（纸）介质，且设置在不同建筑内或同一建筑内的不同防火分区内时，本条第 5 款规定的部位可采用预作用自动喷水灭火系统。

8.3.10 甲、乙、丙类液体储罐的灭火系统设置应符合下列规定：

1 单罐容量大于 $1000m^3$ 的固定顶罐应设置固定式泡沫灭火系统；

2 罐壁高度小于 7m 或容量不大于 $200m^3$ 的储罐可采用移动式泡沫灭火系统；

3 其他储罐宜采用半固定式泡沫灭火系统；

4 石油库、石油化工、石油天然气工程中甲、乙、丙类液体储罐的灭火系统设置，应符合现行国家标准《石油库设计规范》GB 50074 等标准的规定。

8.4.1 下列建筑或场所应设置火灾自动报警系统：

1 任一层建筑面积大于 $1500m^2$ 或总建筑面积大于 $3000m^2$ 的制鞋、制衣、玩具、电子等类似用途的厂房；

2 每座占地面积大于 $1000m^2$ 的棉、毛、丝、麻、化纤及其制品的仓库，占地面积大于 $500m^2$ 或总建筑面积大于 $1000m^2$ 的卷烟仓库；

3 任一层建筑面积大于 $1500m^2$ 或总建筑面积大于 $3000m^2$ 的商店、展览、财贸金融、客运和货运等类似用途的建筑，总建筑面积大于 $500m^2$ 的地下或半地下商店；

4 图书或文物的珍藏库，每座藏书超过 50 万册的图书馆、重要的档案馆；

5 地市级及以上广播电视建筑、邮政建筑、电信建筑，城市或区域性电力、交通和防灾等指挥调度建筑；

6 特等、甲等剧场，座位数超过 1500 个的其他等级的剧场或电影院，座位数超过 2000 个的会堂或礼堂，座位数超过 3000 个的体育馆；

7 大、中型幼儿园的儿童用房等场所，老年人建筑，任一层建筑面积大于 $1500m^2$ 或总建筑面积大于 $3000m^2$ 的疗养院的病房楼、旅馆建筑和其他儿童活动场所，不少于 200 床位的医院门诊楼、病房楼和手术部等；

8 歌舞娱乐放映游艺场所；

9 净高大于 2.6m 且可燃物较多的技术夹层，净高大于 0.8m 且有可燃物的闷顶或吊顶内；

10 电子信息系统的主机房及其控制室、记录介质库，特殊贵重或火灾危险性大的机器、仪表、仪器设备室、贵重物品库房；

11 二类高层公共建筑内建筑面积大于 $50m^2$ 的可燃物品库房和建筑面积大于 $500m^2$ 的营业厅；

12 其他一类高层公共建筑；

13 设置机械排烟、防烟系统，雨淋或预作用自动喷水灭火系统，固定消防水炮灭火系统、气体灭火系统等需与火灾自动报警系统联锁动作的场所或部位。

注：老年人照料设施中的老年人用房及其公共走道，均应设置火灾探测器和声警报装置或消防广播。

8.4.3 建筑内可能散发可燃气体、可燃蒸气的场所应设置可燃气体报警装置。

8.5.1 建筑的下列场所或部位应设置防烟设施：

1 防烟楼梯间及其前室；

2 消防电梯间前室或合用前室；

3 避难走道的前室、避难层（间）。

建筑高度不大于 50m 的公共建筑、厂房、仓库和建筑高度不大于 100m 的住宅建筑，当其防烟楼梯间的前室或合用前室符合下列条件之一时，楼梯间可不设置防烟系统：

1 前室或合用前室采用敞开的阳台、凹廊；

2 前室或合用前室具有不同朝向的可开启外窗,且可开启外窗的面积满足自然排烟口的面积要求。

8.5.2 厂房或仓库的下列场所或部位应设置排烟设施:

1 人员或可燃物较多的丙类生产场所,丙类厂房内建筑面积大于300m²且经常有人停留或可燃物较多的地上房间;

2 建筑面积大于5000m²的丁类生产车间;

3 占地面积大于1000m²的丙类仓库;

4 高度大于32m的高层厂房(仓库)内长度大于20m的疏散走道,其他厂房(仓库)内长度大于40m的疏散走道。

8.5.3 民用建筑的下列场所或部位应设置排烟设施:

1 设置在一、二、三层且房间建筑面积大于100m²的歌舞娱乐放映游艺场所,设置在四层及以上楼层、地下或半地下的歌舞娱乐放映游艺场所;

2 中庭;

3 公共建筑内建筑面积大于100m²且经常有人停留的地上房间;

4 公共建筑内建筑面积大于300m²且可燃物较多的地上房间;

5 建筑内长度大于20m的疏散走道。

8.5.4 地下或半地下建筑(室)、地上建筑内的无窗房间,当总建筑面积大于200m²或一个房间建筑面积大于50m²,且经常有人停留或可燃物较多时,应设置排烟设施。

9.1.2 甲、乙类厂房内的空气不应循环使用。

丙类厂房内含有燃烧或爆炸危险粉尘、纤维的空气,在循环使用前应经净化处理,并应使空气中的含尘浓度低于其爆炸下限的25%。

9.1.3 为甲、乙类厂房服务的送风设备与排风设备应分别布置在不同通风机房内,且排风设备不应和其他房间的送、排风设备布置在同一通风机房内。

9.1.4 民用建筑内空气中含有容易起火或爆炸危险物质的房间,应设置自然通风或独立的机械通风设施,且其空气不应循环使用。

9.2.2 甲、乙类厂房（仓库）内严禁采用明火和电热散热器供暖。

9.2.3 下列厂房应采用不循环使用的热风供暖：

　　1 生产过程中散发的可燃气体、蒸气、粉尘或纤维与供暖管道、散热器表面接触能引起燃烧的厂房；

　　2 生产过程中散发的粉尘受到水、水蒸气的作用能引起自燃、爆炸或产生爆炸性气体的厂房。

9.3.2 厂房内有爆炸危险场所的排风管道，严禁穿过防火墙和有爆炸危险的房间隔墙。

9.3.5 含有燃烧和爆炸危险粉尘的空气，在进入排风机前应采用不产生火花的除尘器进行处理。对于遇水可能形成爆炸的粉尘，严禁采用湿式除尘器。

9.3.8 净化或输送有爆炸危险粉尘和碎屑的除尘器、过滤器或管道，均应设置泄压装置。

　　净化有爆炸危险粉尘的干式除尘器和过滤器应布置在系统的负压段上。

9.3.9 排除有燃烧或爆炸危险气体、蒸气和粉尘的排风系统，应符合下列规定：

　　1 排风系统应设置导除静电的接地装置；

　　2 排风设备不应布置在地下或半地下建筑（室）内；

　　3 排风管应采用金属管道，并应直接通向室外安全地点，不应暗设。

9.3.11 通风、空气调节系统的风管在下列部位应设置公称动作温度为70℃的防火阀：

　　1 穿越防火分区处；

　　2 穿越通风、空气调节机房的房间隔墙和楼板处；

　　3 穿越重要或火灾危险性大的场所的房间隔墙和楼板处；

　　4 穿越防火分隔处的变形缝两侧；

　　5 竖向风管与每层水平风管交接处的水平管段上。

9.3.16　燃油或燃气锅炉房应设置自然通风或机械通风设施。燃气锅炉房应选用防爆型的事故排风机。当采取机械通风时，机械通风设施应设置导除静电的接地装置，通风量应符合下列规定：

1　燃油锅炉房的正常通风量应按换气次数不少于 3 次/h 确定，事故排风量应按换气次数不少于 6 次/h 确定；

2　燃气锅炉房的正常通风量应按换气次数不少于 6 次/h 确定，事故排风量应按换气次数不少于 12 次/h 确定；

10.1.1　下列建筑物的消防用电应按一级负荷供电：

1　建筑高度大于 50m 的乙、丙类厂房和丙类仓库；

2　一类高层民用建筑。

10.1.2　下列建筑物、储罐（区）和堆场的消防用电应按二级负荷供电：

1　室外消防用水量大于 30L/s 的厂房（仓库）；

2　室外消防用水量大于 35L/s 的可燃材料堆场、可燃气体储罐（区）和甲、乙类液体储罐（区）；

3　粮食仓库及粮食筒仓；

4　二类高层民用建筑；

5　座位数超过 1500 个的电影院、剧场，座位数超过 3000 个的体育馆，任一层建筑面积大于 3000m² 的商店和展览建筑，省（市）级及以上的广播电视、电信和财贸金融建筑，室外消防用水量大于 25L/s 的其他公共建筑。

10.1.5　建筑内消防应急照明和灯光疏散指示标志的备用电源的连续供电时间应符合下列规定：

1　建筑高度大于 100m 的民用建筑，不应小于 1.5h；

2　医疗建筑、老年人照料设施、总建筑面积大于 100000m² 的公共建筑和总建筑面积大于 20000m² 的地下、半地下建筑，不应少于 1.0h；

3　其他建筑，不应少于 0.5h。

10.1.6　消防用电设备应采用专用的供电回路，当建筑内的生产、生活用电被切断时，应仍能保证消防用电。

备用消防电源的供电时间和容量,应满足该建筑火灾延续时间内各消防用电设备的要求。

10.1.8 消防控制室、消防水泵房、防烟和排烟风机房的消防用电设备及消防电梯等的供电,应在其配电线路的最末一级配电箱处设置自动切换装置。

10.1.10 消防配电线路应满足火灾时连续供电的需要,其敷设应符合下列规定:

1 明敷时(包括敷设在吊顶内),应穿金属导管或采用封闭式金属槽盒保护,金属导管或封闭式金属槽盒应采取防火保护措施;当采用阻燃或耐火电缆并敷设在电缆井、沟内时,可不穿金属导管或采用封闭式金属槽盒保护;当采用矿物绝缘类不燃性电缆时,可直接明敷。

2 暗敷时,应穿管并应敷设在不燃性结构内且保护层厚度不应小于30mm。

10.2.1 架空电力线与甲、乙类厂房(仓库),可燃材料堆垛,甲、乙、丙类液体储罐,液化石油气储罐,可燃、助燃气体储罐的最近水平距离应符合表10.2.1的规定。

35kV及以上架空电力线与单罐容积大于200m³或总容积大于1000m³液化石油气储罐(区)的最近水平距离不应小于40m。

表10.2.1 架空电力线与甲、乙类厂房(仓库)、可燃材料堆垛等的最近水平距离(m)

名称	架空电力线
甲、乙类厂房(仓库),可燃材料堆垛,甲、乙类液体储罐,液化石油气储罐,可燃、助燃气体储罐	电杆(塔)高度的1.5倍
直埋地下的甲、乙类液体储罐和可燃气体储罐	电杆(塔)高度的0.75倍
丙类液体储罐	电杆(塔)高度的1.2倍
直埋地下的丙类液体储罐	电杆(塔)高度的0.6倍

10.2.4 开关、插座和照明灯具靠近可燃物时,应采取隔热、散热等防火措施。

卤钨灯和额定功率不小于100W的白炽灯泡的吸顶灯、槽灯、嵌入式灯，其引入线应采用瓷管、矿棉等不燃材料作隔热保护。

额定功率不小于60W的白炽灯、卤钨灯、高压钠灯、金属卤化物灯、荧光高压汞灯（包括电感镇流器）等，不应直接安装在可燃物体上或采取其他防火措施。

10.3.1 除建筑高度小于27m的住宅建筑外，民用建筑、厂房和丙类仓库的下列部位应设置疏散照明：

1 封闭楼梯间、防烟楼梯间及其前室、消防电梯间的前室或合用前室、避难走道、避难层（间）；

2 观众厅、展览厅、多功能厅和建筑面积大于200m^2的营业厅、餐厅、演播室等人员密集的场所；

3 建筑面积大于100m^2的地下或半地下公共活动场所；

4 公共建筑内的疏散走道；

5 人员密集的厂房内的生产场所及疏散走道。

10.3.2 建筑内疏散照明的地面最低水平照度应符合下列规定：

1 对于疏散走道，不应低于1.0lx。

2 对于人员密集场所、避难层（间），不应低于3.0lx；对于老年人照料设施、病房楼或手术部的避难间，不应低于10.0lx。

3 对于楼梯间、前室或合用前室、避难走道，不应低于5.0lx；对于人员密集场所、老年人照料设施、病房楼或手术部内的楼梯间、前室或合用前室、避难走道，不应低于10.1lx。

10.3.3 消防控制室、消防水泵房、自备发电机房、配电室、防排烟机房以及发生火灾时仍需正常工作的消防设备房应设置备用照明，其作业面的最低照度不应低于正常照明的照度。

11.0.3 甲、乙、丙类厂房（库房）不应采用木结构建筑或木结构组合建筑。丁、戊类厂房（库房）和民用建筑，当采用木结构建筑或木结构组合建筑时，其允许层数和允许建筑高度应符合表11.0.3-1的规定，木结构建筑中防火墙间的允许建筑长度和每层最大允许建筑面积应符合表11.0.3-2的规定。

表11.0.3-1 木结构建筑或木结构组合建筑的允许层数和允许建筑高度

木结构建筑的形式	普通木结构建筑	轻型木结构建筑	胶合木结构建筑		木结构组合建筑
允许层数（层）	2	3	1	3	7
允许建筑高度（m）	10	10	不限	15	24

表11.0.3-2 木结构建筑中防火墙间的允许建筑长度和每层最大允许建筑面积

层数（层）	防火墙间的允许建筑长度（m）	防火墙间的每层最大允许建筑面积（m²）
1	100	1800
2	80	900
3	60	600

注：1 当设置自动喷水灭火系统时，防火墙间的允许建筑长度和每层最大允许建筑面积可按本表的规定增加1.0倍，对于丁、戊类地上厂房，防火墙间的每层最大允许建筑面积不限。
　　2 体育场馆等高大空间建筑，其建筑高度和建筑面积可适当增加。

11.0.4 老年人照料设施，托儿所、幼儿园的儿童用房和活动场所设置在木结构建筑内时，应布置在首层或二层。

商店、体育馆和丁、戊类厂房（库房）应采用单层木结构建筑。

11.0.7 民用木结构建筑的安全疏散设计应符合下列规定：

2 房间直通疏散走道的疏散门至最近安全出口的直线距离不应大于表11.0.7-1的规定。

表 11.0.7-1　房间直通疏散走道的疏散门至最近安全出口的直线距离（m）

名称	位于两个安全出口之间的疏散门	位于袋形走道两侧或尽端的疏散门
托儿所、幼儿园、老年人建筑	15	10
歌舞娱乐放映游艺场所	15	6
医院和疗养院建筑、教学建筑	25	12
其他民用建筑	30	15

3 房间内任一点至该房间直通疏散走道的疏散门的直线距离，不应大于表 11.0.7-1 中有关袋形走道两侧或尽端的疏散门至最近安全出口的直线距离。

4 建筑内疏散走道、安全出口、疏散楼梯和房间疏散门的净宽度，应根据疏散人数按每 100 人的最小疏散净宽度不小于表 11.0.7-2 的规定计算确定。

表 11.0.7-2　疏散走道、安全出口、疏散楼梯和房间疏散门每 100 人的最小疏散净宽度（m/百人）

层数	地上 1~2 层	地上 3 层
每 100 人的疏散净宽度	0.75	1.00

11.0.9 管道、电气线路敷设在墙体内或穿过楼板、墙体时，应采取防火保护措施，与墙体、楼板之间的缝隙应采用防火封堵材料填塞密实。

住宅建筑内厨房的明火或高温部位及排油烟管道等，应采用防火隔热措施。

11.0.10 民用木结构建筑之间及其与其他民用建筑的防火间距不应小于表 11.0.10 的规定。

民用木结构建筑与厂房（仓库）等建筑的防火间距、木结构厂房（仓库）之间及其与其他民用建筑的防火间距，应符合本规定第 3、4 章有关四级耐火等级建筑的规定。

表 11.0.10　民用木结构建筑之间及其与其他民用建筑
的防火间距（m）

建筑耐火等级或类别	一、二级	三级	木结构建筑	四级
木结构建筑	8	9	10	11

注：1　两座木结构建筑之间或木结构建筑与其他民用建筑之间，外墙均无任何门、窗、洞口时，防火间距可为 4m；外墙上的门、窗、洞口不正对且开口面积之和不大于外墙面积的 10% 时，防火间距可按本表的规定减少 25%。

2　当相邻建筑外墙有一面为防火墙，或建筑物之间设置防火墙且墙体截断不燃性屋面或高出难燃性、可燃性屋面不低于 0.5m 时，防火间距不限。

12.1.3　隧道承重结构体的耐火极限应符合下列规定：

1　一、二类隧道和通行机动车的三类隧道，其承重结构体耐火极限的测定应符合本规范附录 C 的规定；对于一、二类隧道，火灾升温曲线应采用本规范附录 C 第 C.0.1 条规定的 RABT 标准升温曲线，耐火极限分别不应低于 2.00h 和 1.50h；对于通行机动车的三类隧道，火灾升温曲线应采用本规范附录 C 第 C.0.1 条规定的 HC 标准升温曲线，耐火极限不应低于 2.00h。

2　其他类别隧道承重结构体耐火极限的测定应符合现行国家标准《建筑构件耐火试验方法　第 1 部分：通用要求》GB/T 9978.1 的规定；对于三类隧道，耐火极限不应低于 2.00h；对于四类隧道，耐火极限不限。

12.1.4　隧道内的地下设备用房、风井和消防救援出入口的耐火等级应为一级，地面的重要设备用房、运营管理中心及其他地面附属用房的耐火等级不应低于二级。

12.3.1　通行机动车的一、二、三类隧道应设置排烟设施。

12.5.1　一、二类隧道的消防用电应按一级负荷要求供电；三类隧道的消防用电应按二级负荷要求供电。

12.5.4 隧道内严禁设置可燃气体管道；电缆线槽应与其他管道分开敷设。当设置 10kV 及以上的高压电缆时，应采用耐火极限不低于 2.00h 的防火分隔体与其他区域分隔。

二、《建筑钢结构防火技术规范》GB 51249—2017

3.1.1 钢结构构件的设计耐火极限应根据建筑的耐火等级。按现行国家标准《建筑设计防火规范》GB 50016 的规定确定。柱间支撑的设计耐火极限应与柱相同，楼盖支撑的设计耐火极限应与梁相同，屋盖支撑和系杆的设计耐火极限应与屋顶承重构件相同。

3.1.2 钢结构构件的耐火极限经验算低于设计耐火极限时，应采取防火保护措施。

3.1.3 钢结构节点的防火保护应与被连接构件中防火保护要求最高者相同。

3.2.1 钢结构应按结构耐火承载力极限状态进行耐火验算与防火设计。

三、《建筑内部装修设计防火规范》GB 50222—2017

4.0.1 建筑内部装修不应擅自减少、改动、拆除、遮挡消防设施、疏散指示标志、安全出口、疏散出口、疏散走道和防火分区、防烟分区等。

4.0.2 建筑内部消火栓箱门不应被装饰物遮掩，消火栓箱门四周的装修材料颜色应与消火栓箱门的颜色有明显区别或在消火栓箱门表面设置发光标志。

4.0.3 疏散走道和安全出口的顶棚、墙面不应采用影响人员安全疏散的镜面反光材料。

4.0.4 地上建筑的水平疏散走道和安全出口的门厅，其顶棚应采用 A 级装修材料，其他部位应采用不低于 B_1 级的装修材料；地下民用建筑的疏散走道和安全出口的门厅，其顶棚、墙面和地面均应采用 A 级装修材料。

4.0.5 疏散楼梯间和前室的顶棚、墙面和地面均应采用 A 级装修材料。

4.0.6 建筑物内设有上下层相连通的中庭、走马廊、开敞楼梯、自动扶梯时，其连通部位的顶棚、墙面应采用 A 级装修材料，其他部位应采用不低于 B_1 级的装修材料。

4.0.8 无窗房间内部装修的燃烧性能等级除 A 级外，应在表 5.1.1、表 5.2.1、表 5.3.1、表 6.0.1、表 6.0.5 规定的基础上提高一级。

4.0.9 消防水泵房、机械加压送风排烟机房、固定灭火系统钢瓶间、配电室、变压器室、发电机房、储油间、通风和空调机房等，其内部所有装修均应采用 A 级装修材料。

4.0.10 消防控制室等重要房间，其顶棚和墙面应采用 A 级装修材料，地面及其他装修应采用不低于 B_1 级的装修材料。

4.0.11 建筑物内的厨房，其顶棚、墙面、地面均应采用 A 级装修材料。

4.0.12 经常使用明火器具的餐厅、科研试验室，其装修材料的燃烧性能等级除 A 级外，应在表 5.1.1、表 5.2.1、表 5.3.1、表 6.0.1、表 6.0.5 规定的基础上提高一级。

4.0.13 民用建筑内的库房或贮藏间，其内部所有装修除应符合相应场所规定外，且应采用不低于 B_1 级的装修材料。

4.0.14 展览性场所装修设计应符合下列规定：

1 展台材料应采用不低于 B_1 级的装修材料。

2 在展厅设置电加热设备的餐饮操作区内，与电加热设备贴邻的墙面、操作台均应采用 A 级装修材料。

3 展台与卤钨灯等高温照明灯具贴邻部位的材料应采用 A 级装修材料。

5.1.1 单层、多层民用建筑内部各部位装修材料的燃烧性能等级，不应低于本规范表 5.1.1 的规定。

表 5.1.1 单层、多层民用建筑内部各部位装修材料的燃烧性能等级

序号	建筑物及场所	建筑规模、性质	顶棚	墙面	地面	隔断	固定家具	窗帘	帷幕	其他装修装饰材料
1	候机楼的候机大厅、贵宾候机室、售票厅、商店、餐饮场所等	—	A	A	B_1	B_1	B_1	B_1	—	B_1
2	汽车站、火车站、轮船客运站的候车（船）室、商店、餐饮场所等	建筑面积 >10000m²	A	A	B_1	B_1	B_1	B_1	—	B_2
		建筑面积 ≤10000m²	A	B_1	B_1	B_1	B_1	B_1	—	B_2
3	观众厅、会议厅、多功能厅、等候厅等	每个厅建筑面积 >400m²	A	A	B_1	B_1	B_1	B_1	B_1	B_1
		每个厅建筑面积 ≤400m²	A	B_1	B_1	B_2	B_1	B_2	B_1	B_2
4	体育馆	>3000 座位	A	A	B_1	B_1	B_1	B_1	B_1	B_2
		≤3000 座位	A	B_1	B_1	B_1	B_1	B_2	B_1	B_2
5	商店的营业厅	每层建筑面积 >1500m² 或总建筑面积 >3000m²	A	B_1	B_1	B_1	B_1	B_1	—	B_2
		每层建筑面积 ≤1500m² 或总建筑面积 ≤3000m²	A	B_1	B_1	B_1	B_1	B_1	—	—
6	宾馆、饭店的客房及公共活动用房等	设置送回风道（管）的集中空气调节系统	A	B_1	B_1	B_1	B_2	B_2	—	B_2
		其他	B_1	B_1	B_2	B_2	B_2	B_2	—	—

续表 5.1.1

序号	建筑物及场所	建筑规模、性质	装修材料燃烧性能等级							
			顶棚	墙面	地面	隔断	固定家具	装饰织物		其他装修装饰材料
								窗帘	帷幕	
7	养老院、托儿所、幼儿园的居住及活动场所	—	A	A	B_1	B_1	B_2	B_1	—	B_2
8	医院的病房区、诊疗区、手术区	—	A	A	B_1	B_1	B_2	B_1	—	B_2
9	教学场所、教学实验场所	—	A	B_1	B_2	B_2	B_2	B_2	B_2	B_2
10	纪念馆、展览馆、博物馆、图书馆、档案馆、资料馆等的公众活动场所	—	A	B_1	B_1	B_1	B_2	B_1	—	B_2
11	存放文物、纪念展览物品、重要图书、档案、资料的场所	—	A	A	B_1	B_1	B_2	B_1	—	B_2
12	歌舞娱乐游艺场所	—	A	B_1	B_1	B_1	B_1	B_1	B_1	B_1
13	A、B级电子信息系统机房及装有重要机器、仪器的房间	—	A	A	B_1	B_1	B_1	B_1	B_1	B_1
14	餐饮场所	营业面积>100m²	A	B_1	B_1	B_2	B_2	B_1	—	B_2
		营业面积≤100m²	B_1	B_1	B_1	B_2	B_2	B_2	—	B_2

续表 5.1.1

序号	建筑物及场所	建筑规模、性质	顶棚	墙面	地面	隔断	固定家具	窗帘	帷幕	其他装修装饰材料
15	办公场所	设置送回风道（管）的集中空气调节系统	A	B_1	B_1	B_1	B_2	B_2	—	B_2
		其他	B_1	B_2	B_2	B_2	B_2	—	—	—
16	其他公共场所	—	B_1	B_2	B_2	B_2	B_2	—	—	—
17	住宅		B_1	B_2	B_2	B_2	B_2	—	—	B_2

5.2.1 高层民用建筑内部各部位装修材料的燃烧性能等级，不应低于本规范表 5.2.1 的规定。

表 5.2.1 高层民用建筑内部各部位装修材料的燃烧性能等级

序号	建筑物及场所	建筑规模、性质	顶棚	墙面	地面	隔断	固定家具	窗帘	帷幕	床罩	家具包布	其他装修装饰材料
1	候机楼的候机大厅、贵宾候机室、售票厅、商店、餐饮场所等	—	A	A	B_1	B_1	B_1	B_1	—	—	—	B_1
2	汽车站、火车站、轮船客运站的候车（船）室、商店、餐饮场所等	建筑面积 >10000m²	A	B_1	B_1	B_1	B_1	B_1	—	—	—	B_2
		建筑面积 ≤10000m²	A	B_1	B_1	B_1	B_2	—	—	—	—	B_2
3	观众厅、会议厅、多功能厅、等候厅等	每个厅建筑面积 >400m²	A	A	B_1	B_1	B_1	B_1	B_1	—	B_1	B_1
		每个厅建筑面积 ≤400m²	A	B_1	B_1	B_1	B_1	B_1	B_1	—	B_1	B_1

续表 5.2.1

序号	建筑物及场所	建筑规模、性质	顶棚	墙面	地面	隔断	固定家具	窗帘	帷幕	床罩	家具包布	其他装修装饰材料
4	商店的营业厅	每层建筑面积>1500m² 或总建筑面积>3000m²	A	B_1	B_1	B_1	B_1	B_1	B_1	—	B_2	B_1
		每层建筑面积≤1500m² 或总建筑面积≤3000m²	A	B_1	B_1	B_1	B_2	B_1	B_2	—	B_2	B_2
5	宾馆、饭店的客房及公共活动用房等	一类建筑	A	B_1	B_1	B_1	B_2	B_1	—	B_1	B_2	B_1
		二类建筑	A	B_1	B_1	B_2	B_2	B_2	—	B_2	B_2	B_2
6	养老院、托儿所、幼儿园的居住及活动场所	—	A	A	B_1	B_1	B_2	B_1	—	B_1	B_1	B_1
7	医院的病房区、诊疗区、手术区	—	A	A	B_1	B_1	B_2	B_1	—	B_1	B_1	B_1
8	教学场所、教学实验场所	—	A	B_1	B_2	B_2	B_2	B_2	—	—	B_2	B_2
9	纪念馆、展览馆、博物馆、图书馆、档案馆、资料馆等的公众活动场所	一类建筑	A	B_1	B_1	B_1	B_2	B_1	—	—	B_1	B_1
		二类建筑	A	B_1	B_1	B_2	B_2	B_2	—	—	B_2	B_2
10	存放文物、纪念展览物品、重要图书、档案、资料的场所	—	A	A	B_1	B_2	B_1	B_1	—	—	B_1	B_2
11	歌舞娱乐游艺场所	—	A	B_1	B_1	B_1	B_1	B_1	B_1	—	B_1	B_1

续表 5.2.1

序号	建筑物及场所	建筑规模、性质	装修材料燃烧性能等级									
			顶棚	墙面	地面	隔断	固定家具	装饰织物				其他装修装饰材料
								窗帘	帷幕	床罩	家具包布	
12	A、B级电子信息系统机房及装有重要机器、仪器的房间	—	A	A	B_1	B_1	B_1	B_1	B_1	—	B_1	B_1
13	餐饮场所		A	B_1	B_1	B_1	B_2	B_1	B_1	B_1	B_1	B_2
14	办公场所	一类建筑	A	B_1	B_1	B_1	B_2	B_1	B_1	B_1	B_1	B_1
		二类建筑	A	B_1	B_1	B_2	B_2	B_1	B_2	B_2	B_2	B_2
15	电信楼、财贸金融楼、邮政楼、广播电视楼、电力调度楼、防灾指挥调度楼	一类建筑	A	A	B_1	B_1	B_1	B_1	B_1	B_1	B_1	B_1
		二类建筑	A	B_1	B_1	B_1	B_2	B_1	B_2	B_2	B_2	B_2
16	其他公共场所		A	B_1	B_1	B_2	B_2	B_1	B_2	B_2	B_2	B_2
17	住宅		A	B_1	B_1	B_2	B_2	B_1	—	B_2	B_2	B_1

5.3.1 地下民用建筑内部各部位装修材料的燃烧性能等级，不应低于本规范表 5.3.1 的规定。

表 5.3.1 地下民用建筑内部各部位装修材料的燃烧性能等级

序号	建筑物及场所	装修材料燃烧性能等级					
		顶棚	墙面	地面	隔断	固定家具	装饰织物	其他装修装饰材料
1	观众厅、会议厅、多功能厅、等候厅等，商店的营业厅	A	A	A	B_1	B_1	B_1	B_2
2	宾馆、饭店的客房及公共活动用房等	A	B_1	B_1	B_1	B_1	B_1	B_2
3	医院的诊疗区、手术区	A	A	B_1	B_1	B_1	B_1	B_2

续表 5.3.1

序号	建筑物及场所	装修材料燃烧性能等级						
		顶棚	墙面	地面	隔断	固定家具	装饰织物	其他装修装饰材料
4	教学场所、教学实验场所	A	A	B_1	B_2	B_2	B_1	B_2
5	纪念馆、展览馆、博物馆、图书馆、档案馆、资料馆等的公众活动场所	A	A	B_1	B_1	B_1	B_1	B_1
6	存放文物、纪念展览物品、重要图书、档案、资料的场所	A	A	A	A	A	B_1	B_1
7	歌舞娱乐游艺场所	A	A	B_1	B_1	B_1	B_1	B_1
8	A、B级电子信息系统机房及装有重要机器、仪器的房间	A	A	B_1	B_1	B_1	B_1	B_1
9	餐饮场所	A	A	A	B_1	B_1	B_1	B_2
10	办公场所	A	A	B_1	B_1	B_1	B_2	B_2
11	其他公共场所	A	B_1	B_1	B_2	B_2	B_2	B_2
12	汽车库、修车库	A	A	B_1	A	A	—	—

注：地下民用建筑系指单层、多层、高层民用建筑的地下部分，单独建造在地下的民用建筑以及平战结合的地下人防工程。

6.0.1 厂房内部各部位装修材料的燃烧性能等级，不应低于本规范表 6.0.1 的规定。

表 6.0.1 厂房内部各部位装修材料的燃烧性能等级

序号	厂房及车间的火灾危险性和性质	建筑规模	装修材料燃烧性能等级						
			顶棚	墙面	地面	隔断	固定家具	装饰织物	其他装修装饰材料
1	甲、乙类厂房 丙类厂房中的甲、乙类生产车间 有明火的丁类厂房、高温车间	—	A	A	A	A	A	B_1	B_1

续表 6.0.1

序号	厂房及车间的火灾危险性和性质	建筑规模	装修材料燃烧性能等级						
			顶棚	墙面	地面	隔断	固定家具	装饰织物	其他装修装饰材料
2	劳动密集型丙类生产车间或厂房 火灾荷载较高的丙类生产车间或厂房 洁净车间	单/多层	A	A	B_1	B_1	B_1	B_2	B_2
		高层	A	A	B_1	B_1	B_1	B_1	B_1
3	其他丙类生产车间或厂房	单/多层	A	B_1	B_2	B_2	B_2	B_2	B_2
		高层	A	B_1	B_1	B_1	B_1	B_1	B_1
4	丙类厂房	地下	A	A	B_1	B_1	B_1	B_1	B_1
5	无明火的丁类厂房、戊类厂房	单/多层	B_1	B_2	B_2	B_2	B_2	B_2	B_2
		高层	B_1	B_1	B_2	B_2	B_2	B_2	B_2
		地下	A	A	B_1	B_1	B_1	B_1	B_1

6.0.5 仓库内部各部位装修材料的燃烧性能等级，不应低于本规范表 6.0.5 的规定。

表 6.0.5 仓库内部各部位装修材料的燃烧性能等级

序号	仓库类别	建筑规模	装修材料燃烧性能等级			
			顶棚	墙面	地面	隔断
1	甲、乙类仓库	—	A	A	A	A
2	丙类仓库	单层及多层仓库	A	B_1	B_1	B_1
		高层及地下仓库	A	A	A	A
		高架仓库	A	A	A	A
3	丁、戊类仓库	单层及多层仓库	A	B_1	B_1	B_1
		高层及地下仓库	A	A	A	B_1

四、《建筑内部装修防火施工及验收规范》GB 50354—2005

2.0.4 进入施工现场的装修材料应完好,并应核查其燃烧性能或耐火极限、防火性能型式检验报告、合格证书等技术文件是否符合防火设计要求。核查、检验时,应按本规范附录 B 的要求填写进场验收记录。

2.0.5 装修材料进入施工现场后,应按本规范的有关规定,在监理单位或建设单位监督下,由施工单位有关人员现场取样,并应由具备相应资质的检验单位进行见证取样检验。

2.0.6 装修施工过程中,装修材料应远离火源,并应指派专人负责施工现场的防火安全。

2.0.7 装修施工过程中,应对各装修部位的施工过程作详细记录。

2.0.8 建筑工程内部装修不得影响消防设施的使用功能。装修施工过程中,当确需变更防火设计时,应经原设计单位或具有相应资质的设计单位按有关规定进行。

3.0.4 下列材料应进行抽样检验:

1 现场阻燃处理后的纺织织物,每种取 $2m^2$ 检验燃烧性能;

2 施工过程中受湿浸、燃烧性能可能受影响的纺织织物,每种取 $2m^2$ 检验燃烧性能。

4.0.4 下列材料应进行抽样检验:

1 现场阻燃处理后的木质材料,每种取 $4m^2$ 检验燃烧性能;

2 表面进行加工后的 B_1 级木质材料,每种取 $4m^2$ 检验燃烧性能。

5.0.4 现场阻燃处理后的泡沫塑料应进行抽样检验,每种取 $0.1m^3$ 检验燃烧性能。

6.0.4 现场阻燃处理后的复合材料应进行抽样检验,每种取 $4m^2$ 检验燃烧性能。

7.0.4 现场阻燃处理后的复合材料应进行抽样检验。

8.0.2 工程质量验收应符合下列要求：

1 技术资料应完整；

2 所用装修材料或产品的见证取样检验结果应满足设计要求；

3 装修施工过程中的抽样检验结果，包括隐蔽工程的施工过程中及完工后的抽样检验结果应符合设计要求；

4 现场进行阻燃处理、喷涂、安装作业的抽样检验结果应符合设计要求；

5 施工过程中的主控项目检验结果应全部合格；

6 施工过程中的一般项目检验结果合格率应达到80%。

8.0.6 当装修施工的有关资料经审查全部合格、施工过程全部符合要求、现场检查或抽样检测结果全部合格时，工程验收应为合格。

五、《地铁设计防火标准》GB 51298—2018

4.1.1 下列建筑的耐火等级应为一级：

1 地下车站及其出入口通道、风道；

2 地下区间、联络通道、区间风井及风道；

3 控制中心；

4 主变电所；

5 易燃物品库、油漆库；

6 地下停车库、列检库、停车列检库、运用库、联合检修库及其他检修用房。

4.1.4 车站（车辆基地）控制室（含防灾报警设备室）、变电所、配电室、通信及信号机房、固定灭火装置设备室、消防水泵房、废水泵房、通风机房、环控电控室、站台门控制室、蓄电池室等火灾时需运作的房间，应分别独立设置，并应采用耐火极限不低于2.00h的防火隔墙和耐火极限不低于1.50h的楼板与其他部位分隔。

4.1.5 车站内的商铺设置以及与地下商业等非地铁功能的场所相邻的车站应符合下列规定：

1 站台层、站厅付费区、站厅非付费区的乘客疏散区以及用于乘客疏散的通道内，严禁设置商铺和非地铁运营用房。

2 在站厅非付费区的乘客疏散区外设置的商铺，不得经营和储存甲、乙类火灾危险性的商品，不得储存可燃性液体类商品。每个站厅商铺的总建筑面积不应大于 100m²，单处商铺的建筑面积不应大于 30m²。商铺应采用耐火极限不低于 2.00h 的防火隔墙或耐火极限不低于 3.00h 的防火卷帘与其他部位分隔，商铺内应设置火灾自动报警和灭火系统。

3 在站厅的上层或下层设置商业等非地铁功能的场所时，站厅严禁采用中庭与商业等非地铁功能的场所连通；在站厅非付费区连通商业等非地铁功能场所的楼梯或扶梯的开口部位应设置耐火极限不低于 3.00h 的防火卷帘，防火卷帘应能分别由地铁、商业等非地铁功能的场所控制，楼梯或扶梯周围的其他临界面应设置防火墙。

在站厅层与站台层之间设置商业等非地铁功能的场所时，站台至站厅的楼梯或扶梯不应与商业等非地铁功能的场所连通，楼梯或扶梯穿越商业等非地铁功能的场所的部位周围应设置无门窗洞口的防火墙。

5.1.1 站台至站厅或其他安全区域的疏散楼梯、自动扶梯和疏散通道的通过能力，应保证在远期或客流控制期中超高峰小时最大客流量时，一列进站列车所载乘客及站台上的候车乘客能在 4min 内全部撤离站台，并应能在 6min 内全部疏散至站厅公共区或其他安全区域。

5.1.4 每个站厅公共区应至少设置 2 个直通室外的安全出口。安全出口应分散布置，且相邻两个安全出口之间的最小水平距离不应小于 20m。换乘车站共用一个站厅公共区时，站厅公共区的安全出口应按每条线不少于 2 个设置。

5.1.11 站厅公共区与商业等非地铁功能的场所的安全出口应各

自独立设置。两者的连通口和上、下联系楼梯或扶梯不得作为相互间的安全出口。

5.4.2 两条单线载客运营地下区间之间应设置联络通道，相邻两条联络通道之间的最小水平距离不应大于600m，通道内应设置一道并列二樘且反向开启的甲级防火门。

5.4.3 载客运营地下区间内应设置纵向疏散平台。

5.5.5 车辆基地和其建筑上部其他功能场所的人员安全出口应分别独立设置，且不得相互借用。

8.4.7 用于防烟与排烟的管道、风口与阀门应符合下列规定：

   1 管道、风口与阀门应采用不燃材料制作；

   2 排烟管道不应穿越前室或楼梯间，必须穿越时，管道的耐火极限不应低于2.00h。

9.5.4 门禁的联动控制应符合下列规定：

   1 火灾自动报警系统应能将火灾信息发送至门禁系统、由门禁系统控制门解禁；

   2 门禁系统应能在车站控制室或消防控制室内手动控制；

   3 当供电中断时，门禁系统应能自动解禁。

11.1.1 地铁的消防用电负荷应为一级负荷。其中，火灾自动报警系统、环境与设备监控系统、变电所操作电源和地下车站及区间的应急照明用电负荷应为特别重要的负荷。

11.1.5 应急照明应由应急电源提供专用回路供电，并应按公共区与设备管理区分回路供电。备用照明和疏散照明不应由同一分支回路供电。

六、《汽车库、修车库、停车场设计防火规范》GB 50067—2014

3.0.2 汽车库、修车库的耐火等级应分为一级、二级和三级，其构件的燃烧性能和耐火极限均不应低于表3.0.2的规定。

表3.0.2 汽车库、修车库构件的燃烧性能和耐火极限（h）

建筑构件名称		耐火等级		
		一级	二级	三级
墙	防火墙	不燃性 3.00	不燃性 3.00	不燃性 3.00
	承重墙	不燃性 3.00	不燃性 2.50	不燃性 2.00
	楼梯间和前室的墙、防火隔墙	不燃性 2.00	不燃性 2.00	不燃性 2.00
	隔墙、非承重外墙	不燃性 1.00	不燃性 1.00	不燃性 0.50
柱		不燃性 3.00	不燃性 2.50	不燃性 2.00
梁		不燃性 2.00	不燃性 1.50	不燃性 1.00
楼板		不燃性 1.50	不燃性 1.00	不燃性 0.50
疏散楼梯、坡道		不燃性 1.50	不燃性 1.00	不燃性 1.00
屋顶承重构件		不燃性 1.50	不燃性 1.00	可燃性 0.50
吊顶（包括吊顶格栅）		不燃性 0.25	不燃性 0.25	难燃性 0.15

注：预制钢筋混凝土构件的节点缝隙或金属承重构件的外露部位应加设防火保护层，其耐火极限不应低于表中相应构件的规定。

3.0.3 汽车库和修车库的耐火等级应符合下列规定：

1 地下、半地下和高层汽车库应为一级；

2 甲、乙类物品运输车的汽车库、修车库和Ⅰ类汽车库、修车库，应为一级；

3 Ⅱ、Ⅲ类汽车库、修车库的耐火等级不应低于二级；

4 Ⅳ类汽车库、修车库的耐火等级不应低于三级。

4.1.3 汽车库不应与火灾危险性为甲、乙类的厂房、仓库贴邻或组合建造。

4.2.1 除本规范另有规定外，汽车库、修车库、停车场之间及汽车库、修车库、停车场与除甲类物品仓库外的其他建筑物的防火间距，不应小于表4.2.1的规定。其中，高层汽车库与其他建筑物，汽车库、修车库与高层建筑的防火间距应按表4.2.1的规定值增加3m；汽车库、修车库与甲类厂房的防火间距应按4.2.1的规定值增加2m。

表 4.2.1 汽车库、修车库、停车场之间及汽车库、修车库、停车场与除甲类物品仓库外的其他建筑物的防火间距（m）

名称和耐火等级	汽车库、修车库		厂房、仓库、民用建筑		
	一、二级	三级	一、二级	三级	四级
一、二级汽车库、修车库	10	12	10	12	14
三级汽车库、修车库	12	14	12	14	16
停车场	6	8	6	8	10

注：1 防火间距应按相邻建筑物外墙的最近距离算起，如外墙有凸出的可燃物构件时，则应从其凸出部分外缘算起，停车场从靠近建筑物的最近停车位置边缘算起。

2 厂房、仓库的火灾危险性分类应符合现行国家标准《建筑设计防火规范》GB 50016 的有关规定。

4.2.4 汽车库、修车库、停车场与甲类物品仓库的防火间距不应小于表 4.2.4 的规定。

表 4.2.4 汽车库、修车库、停车场与甲类物品仓库的防火间距（m）

名称		总容量（t）	汽车库、修车库		停车场
			一、二级	三级	
甲类物品仓库	3、4 项	≤5	15	20	15
		>5	20	25	20
	1、2、5、6 项	≤10	12	15	12
		>10	15	20	15

注：1 甲类物品的分项应符合现行国家标准《建筑设计防火规范》GB 50016 的有关规定。

2 甲、乙类物品的运输车的汽车库、修车库、停车场与甲类物品仓库的防火间距应按本表的规定值增加 5m。

4.2.5 甲、乙类物品运输车的汽车库、修车库、停车场与民用建筑的防火间距不应小于 25m，与重要公共建筑的防火间距不应小于 50m。甲类物品运输车的汽车库、修车库、停车场与明火或散发火花地点的防火间距不应小于 30m，与厂房、仓库的防火间距应按本规范表 4.2.1 的规定值增加 2m。

4.3.1 汽车库、修车库周围应设置消防车道。

5.1.1 汽车库防火分区的最大允许建筑面积应符合表 5.1.1 的规定。其中，敞开式、错层式、斜楼板式汽车库的上下连通层面积应叠加计算，每个防火分区的最大允许建筑面积不应大于表 5.1.1 规定的 2.0 倍；室内有车道且有人员停留的机械汽车库，其防火分区最大允许建筑面积应按表 5.1.1 的规定减少 35%。

表 5.1.1 汽车库防火分区的最大允许建筑面积（m²）

耐火等级	单层汽车库	多层汽车库、半地下汽车库	地下汽车库、高层汽车库
一、二级	3000	2500	2000
三级	1000	不允许	不允许

注：除本规范另有规定外，防火分区之间应采用符合本规范规定的防火墙、防火卷帘等分隔。

5.1.3 室内无车道且无人员停留的机械式汽车库，应符合下列规定：

1 当停车数量超过 100 辆时，应采用无门、窗、洞口的防火墙分隔为多个停车数量不大于 100 辆的区域，但当采用防火隔墙和耐火极限不低于 1.00h 的不燃性楼板分隔成多个停车单元，且停车单元内的停车数量不大于 3 辆时，应分隔为停车数量不大于 300 辆的区域；

2 汽车库内应设置火灾自动报警系统和自动喷水灭火系统，自动喷水灭火系统应选用快速响应喷头；

3 楼梯间及停车区的检修通道上应设置室内消火栓；

4 汽车库内应设置排烟设施，排烟口应设置在运输车辆的通道顶部。

5.1.4 甲、乙类物品运输车的汽车库、修车库，每个防火分区的最大允许建筑面积不应大于 500m²。

5.1.5 修车库每个防火分区的最大允许建筑面积不应大于

2000m², 当修车部位与相邻使用有机溶剂的清洗和喷漆工段采用防火墙分隔时，每个防火分区的最大允许建筑面积不应大于4000m²。

5.2.1 防火墙应直接设置在建筑的基础或框架、梁等承重结构上，框架、梁等承重结构的耐火极限不应低于防火墙的耐火极限。防火墙、防火隔墙应从楼地面基层隔断至梁、楼板或屋面结构层的底面。

5.3.1 电梯井、管道井、电缆井和楼梯间应分别独立设置。管道井、电缆井的井壁应采用不燃材料，且耐火极限不应低于1.00h；电梯井的井壁应采用不燃材料，且耐火极限不应低于2.00h。

5.3.2 电缆井、管道井应在每层楼板处采用不燃材料或防火封堵材料进行分隔，且分隔后的耐火极限不应低于楼板的耐火极限，井壁上的检查门应采用丙级防火门。

6.0.1 汽车库、修车库的人员安全出口和汽车疏散出口应分开设置。设置在工业与民用建筑内的汽车库，其车辆疏散出口应与其他场所的人员安全出口分开设置。

6.0.3 汽车库、修车库的疏散楼梯应符合下列规定：

1 建筑高度大于32m的高层汽车库、室内地面与室外出入口地坪的高差大于10m的地下汽车库应采用防烟楼梯间，其他汽车库、修车库应采用封闭楼梯间；

2 楼梯间和前室的门应采用乙级防火门，并应向疏散方向开启；

3 疏散楼梯的宽度不应小于1.1m。

6.0.6 汽车库室内任一点至最近人员安全出口的疏散距离不应大于45m，当设置自动灭火系统时，其距离不应大于60m。对于单层或设置在建筑首层的汽车库，室内任一点至室外最近出口的疏散距离不应大于60m。

6.0.9 除本规范另有规定外，汽车库、修车库的汽车疏散出口总数不应少于2个，且应分散布置。

7.1.4 汽车库、修车库的消防用水量应按室内、外消防用水量之和计算。其中，汽车库、修车库内设置消火栓、自动喷水、泡沫等灭火系统时，其室内消防用水量应按需要同时开启的灭火系统用水量之和计算。

7.1.5 除本规范另有规定外，汽车库、修车库、停车场应设置室外消火栓系统，其室外消防用水量应按消防用水量最大的一座计算，并应符合下列规定：

 1 Ⅰ、Ⅱ类汽车库、修车库、停车场，不应小于 20L/s；

 2 Ⅲ类汽车库、修车库、停车场，不应小于 15L/s；

 3 Ⅳ类汽车库、修车库、停车场，不应小于 10L/s。

7.1.8 除本规范另有规定外，汽车库、修车库应设置室内消火栓系统，其消防用水量应符合下列规定：

 1 Ⅰ、Ⅱ、Ⅲ类汽车库及Ⅰ、Ⅱ类修车库的用水量不应小于 10L/s，系统管道内的压力应保证相邻两个消火栓的水枪充实水柱同时到达室内任何部位；

 2 Ⅳ类汽车库及Ⅲ、Ⅳ类修车库的用水量不应小于 5L/s，系统管道内的压力应保证一个消火栓的水枪充实水柱到达室内任何部位。

7.1.15 采用消防水池作为消防水源时，其有效容量应满足火灾延续时间内室内、外消防用水量之和的要求。

7.2.1 除敞开式汽车库、屋面停车场外，下列汽车库、修车库应设置自动灭火系统：

 1 Ⅰ、Ⅱ、Ⅲ类地上汽车库；

 2 停车数大于 10 辆的地下、半地下汽车库；

 3 机械式汽车库；

 4 采用汽车专用升降机作汽车疏散出口的汽车库；

 5 Ⅰ类修车库。

8.2.1 除敞开式汽车库、建筑面积小于 1000m^2 的地下一层汽车库和修车库外，汽车库、修车库应设置排烟系统，并应划分防烟分区。

9.0.7 除敞开式汽车库、屋面停车场外，下列汽车库、修车库应设置火灾自动报警系统：

1　Ⅰ类汽车库、修车库；
2　Ⅱ类地下、半地下汽车库、修车库；
3　Ⅱ类高层汽车库、修车库；
4　机械式汽车库；
5　采用汽车专用升降机作汽车疏散出口的汽车库。

七、《防火卷帘、防火门、防火窗施工及验收规范》GB 50877—2014

3.0.7　系统竣工后，必须进行工程验收，验收不合格不得投入使用。

4.1.1　防火卷帘，防火门，防火窗主、配件进场应进行检验。检验应由施工单位负责，并应由监理单位监督。需要抽样复验时，应由监理工程师抽样，并应送市场准入制度规定的法定检验机构进行复检检验，不合格者不应安装。

4.2.1　防火卷帘及与其配套的感烟和感温火灾探测器等应具有出厂合格证和符合市场准入制度规定的有效证明文件，其型号、规格及耐火性能等应符合设计要求。

4.3.1　防火门应具有出厂合格证和符合市场准入制度规定的有效证明文件，其型号、规格及耐火性能应符合设计要求。

4.4.1　防火窗应具有出厂合格证和符合市场准入制度规定的有效证明文件，其型号、规格及耐火性能应符合设计要求。

5.1.2　防火卷帘、防火门、防火窗的安装过程应进行质量控制。每道工序结束后应进行质量检查，检查应由施工单位负责，并应由监理单位监督。隐蔽工程在隐蔽前应由施工单位通知有关单位进行验收。

5.2.9　防火卷帘、防护罩等与楼板、梁和墙、柱之间的空隙，应采用防火封堵材料等封堵，封堵部位的耐火极限不应低于防火卷帘的耐火极限。

7.1.1 防火卷帘、防火门、防火窗调试完毕后,应在施工单位自行检查评定合格的基础上进行工程质量验收。验收应由施工单位提出申请,并应由建设单位组织监理、设计、施工等单位共同实施。

八、《建筑外墙外保温防火隔离带技术规程》JGJ 289—2012

3.0.4 防火隔离带应与基层墙体可靠连接,应能适应外保温系统的正常变形而不产生渗透、裂缝和空鼓;应能承受自重、风荷载和室外气候的反复作用而不产生破坏。

3.0.6 建筑外墙外保温防火隔离带保温材料的燃烧性能等级应为 A 级。

4.0.1 防火隔离带应进行耐候性能试验,且耐候性能指标应符合表 4.0.1 的规定。

表 4.0.1 防火隔离带耐候性能指标

项　目	性能指标
外观	无裂缝、无粉化、空鼓、剥落现象
抗风压性	无断裂、分层、脱开、拉出现象
防护层与保温层拉伸粘结强度(kPa)	≥80

九、《灾区过渡安置点防火标准》GB 51324—2019

3.0.2 灾区应急避难场所与次生灾害源的距离应符合国家现行有关危险化学品重大危险源和防火标准的规定。

灾区应急避难场所与易燃建筑区、可燃堆场等一般次生火灾危险源之间应设置宽度不小于 30m 的防火隔离带;与甲、乙类火灾危险性厂房、仓库、储气站以及可燃液体、可燃气体储罐(区)等重大次生火灾或爆炸危险源的距离不应小于 1000m。

4.1.2 临时聚居点的选定应符合下列要求:

1 应避开地震活动断层和可能发生洪涝、山体滑坡和崩塌、泥石流、地面塌陷等次生灾害区域以及生产、储存易燃易爆危险品的工厂、仓库；

  2 应避开水库和堰塞湖泄洪区、濒险水库下游地段；

  3 应避开现状危房、高大建筑物、重大污染源、高压输电走廊、高压燃气管道、可燃材料堆场及其影响范围；

  4 应远离大树、铁塔和高压电杆等易受雷击的物体。

5.1.3 Ⅰ类灾区应急避难场所和过渡安置房数量在1000间（套）及以上的临时聚居点应设置消防执勤室。Ⅱ类灾区应急避难场所和过渡安置房数量在50至999间（套）之间的临时聚居点，应设置消防执勤点。

5.2.4 市政供水水量或水压不能满足消防用水要求的临时聚居点，应设置消防水池，并应配备2台以上手抬机动消防泵和相应的水带、水枪。

5.2.5 无市政供水管网或设置消防给水管网确有困难的过渡安置点，应利用天然水源作为消防水源或设置消防水池，并应配备2台以上手抬机动消防泵和相应的水带、水枪。

5.2.9 严寒、寒冷及其他有冰冻可能的灾区过渡安置点，消防给水系统应采取防冻措施。

5.3.1 过渡安置房数量在1000间（套）及以上的临时聚居点应设置消防站。消防站用房防火性能不应低于本标准有关过渡安置房的要求。

5.3.6 消防站的消防车配备标准不应低于表5.3.6的规定。

表5.3.6 消防车配备标准

临时聚居点规模	消防车（辆）
过渡安置房≥10000间（套）	2
其他	1

  注：消防车含随车器材及相关抢险救援装备。

5.3.7 消防站的装备器材配备标准不应低于表5.3.7的规定。仅设消防执勤点的临时聚居点，应配备手抬机动消防泵、手动破拆工具、水枪、水带和消防员基本防护装备。

表 5.3.7 装备器材配备标准

装备器材	单位	过渡安置房≥10000间(套)	1000间(套)≤过渡安置房<10000间(套)	其他
手抬机动消防泵	台	2	1	1
背负式细水雾灭火装置	台	2	2	1
金属切割器	台	2	2	1
消防斧	柄/人	1	1	1
消防员基本防护装备	项	18	18	18
备用水带	m	1000	600	600
移动照明灯组	组	1	1	1
便携式强光照明灯	只/人	1	1	1
车载台	部/车	1	1	1
手持对讲机	部/车	4	2	2
手持扩音器	只	2	1	1
MF/ABC5 灭火器	具	10	6	6

注：1 18项消防员基本防护装备同《城市消防站建设标准》（建标152）附录二附表2-1中的二级普通消防站配备标准。
  2 通讯设施应与消防站无线联网。

十、《农村防火规范》GB 50039—2010

1.0.4 农村的消防规划应根据其区划类别，分别纳入镇总体规划、镇详细规划、乡规划和村庄规划，并应与其他基础设施统一规划、同步实施。

3.0.2 甲、乙、丙类生产、储存场所应布置在相对独立的安全区域，并应布置在集中居住区全年最小频率风向的上风侧。

可燃气体和可燃液体的充装站、供应站、调压站和汽车加油加气站等应根据当地的环境条件和风向等因素合理布置，与其他建（构）筑物等的防火间距应符合国家现行有关标准的要求。

3.0.4 甲、乙、丙类生产、储存场所不应布置在学校、幼儿园、托儿所、影剧院、体育馆、医院、养老院、居住区等附近。

3.0.9 既有的厂（库）房和堆场、储罐等，不满足消防安全要求的，应采取隔离、改造、搬迁或改变使用性质等防火保护措施。

3.0.13 消防车道应保持畅通，供消防车通行的道路严禁设置隔离桩、栏杆等障碍设施，不得堆放土石、柴草等影响消防车通行的障碍物。

5.0.5 农村应设置消防水源。消防水源应由给水管网、天然水源或消防水池供给。

5.0.11 农村应根据给水管网、消防水池或天然水源等消防水源的形式，配备相应的消防车、机动消防泵、水带、水枪等消防设施。

5.0.13 农村应设火灾报警电话。农村消防站与城市消防指挥中心、供水、供电、供气等部门应有可靠的通信联络方式。

6.1.12 燃放烟花爆竹、吸烟、动用明火应当远离易燃易爆危险品存放地和柴草、饲草、农作物等可燃物堆放地。

6.2.1 电气线路的选型与敷设应符合下列要求：

  2 架空电力线路不应跨越易燃易爆危险品仓库、有爆炸危险的场所、可燃液体储罐、可燃、助燃气体储罐和易燃、可燃材料堆场等，与这些场所的间距不应小于电杆高度的1.5倍；1kV及1kV以上的架空电力线路不应跨越可燃屋面的建筑；

6.2.2 用电设备的使用应符合下列要求：

  3 严禁使用铜丝、铁丝等代替保险丝，且不得随意增加保险丝的截面积；

6.3.2 瓶装液化石油气的使用应符合下列要求：

  1 严禁在地下室存放和使用；

  4 严禁使用超量罐装的液化石油气钢瓶，严禁敲打、倒置、碰撞钢瓶，严禁随意倾倒残液和私自灌气；

6.4.1 汽油、煤油、柴油、酒精等可燃液体不应存放在居室内，且应远离火源、热源。

6.4.2 使用油类等可燃液体燃料的炉灶、取暖炉等设备必须在熄火降温后充装燃料。

6.4.3 严禁对盛装或盛装过可燃液体且未采取安全置换措施的存储容器进行电焊等明火作业。

十一、《建筑防烟排烟系统技术标准》GB 51251—2017

3.1.2 建筑高度大于 50m 的公共建筑、工业建筑和建筑高度大于 100m 的住宅建筑，其防烟楼梯间、独立前室、共用前室、合用前室及消防电梯前室应采用机械加压送风系统。

3.1.5 防烟楼梯间及其前室的机械加压送风系统的设置应符合下列规定：

  2 当采用合用前室时，楼梯间、合用前室应分别独立设置机械加压送风系统。

  3 当采用剪刀楼梯时，其两个楼梯间及其前室的机械加压送风系统应分别独立设置。

3.2.1 采用自然通风方式的封闭楼梯间、防烟楼梯间，应在最高部位设置面积不小于 $1.0m^2$ 的可开启外窗或开口；当建筑高度大于 10m 时，尚应在楼梯间的外墙上每 5 层内设置总面积不小于 $2.0m^2$ 的可开启外窗或开口，且布置间隔不大于 3 层。

3.2.2 前室采用自然通风方式时，独立前室、消防电梯前室可开启外窗或开口的面积不应小于 $2.0m^2$，共用前室、合用前室不应小于 $3.0m^2$。

3.2.3 采用自然通风方式的避难层（间）应设有不同朝向的可开启外窗，其有效面积不应小于该避难层（间）地面面积的 2%，且每个朝向的面积不应小于 $2.0m^2$。

3.3.1 建筑高度大于 100m 的建筑，其机械加压送风系统应竖向分段独立设置，且每段高度不应超过 100m。

3.3.7 机械加压送风系统应采用管道送风，且不应采用土建风道。送风管道应采用不燃材料制作且内壁应光滑。当送风管道内壁为金属时，设计风速不应大于 20m/s；当送风管道内壁为非金属时，设计风速不应大于 15m/s；送风管道的厚度应符合现行国家标准《通风与空调工程施工质量验收规范》GB 50243 的规定。

3.3.11 设置机械加压送风系统的封闭楼梯间、防烟楼梯间，尚应在其顶部设置不小于 $1m^2$ 的固定窗。靠外墙的防烟楼梯间，尚应在其外墙上每 5 层内设置总面积不小于 $2m^2$ 的固定窗。

3.4.1 机械加压送风系统的设计风量不应小于计算风量的 1.2 倍。

4.4.1 当建筑的机械排烟系统沿水平方向布置时，每个防火分区的机械排烟系统应独立设置。

4.4.2 建筑高度超过 50m 的公共建筑和建筑高度超过 100m 的住宅，其排烟系统应竖向分段独立设置，且公共建筑每段高度不应超过 50m，住宅建筑每段高度不应超过 100m。

4.4.7 机械排烟系统应采用管道排烟，且不应采用土建风道。排烟管道应采用不燃材料制作且内壁应光滑。当排烟管道内壁为金属时，管道设计风速不应大于 20m/s；当排烟管道内壁为非金属时，管道设计风速不应大于 15m/s；排烟管道的厚度应按现行国家标准《通风与空调工程施工质量验收规范》GB 50243 的有关规定执行。

4.4.10 排烟管道下列部位应设置排烟防火阀：
    1 垂直风管与每层水平风管交接处的水平管段上；
    2 一个排烟系统负担多个防烟分区的排烟支管上；
    3 排烟风机入口处；
    4 穿越防火分区处。

4.5.1 除地上建筑的走道或建筑面积小于 $500m^2$ 的房间外，设置排烟系统的场所应设置补风系统。

4.5.2 补风系统应直接从室外引入空气，且补风量不应小于排烟量的 50%。

4.6.1 排烟系统的设计风量不应小于该系统计算风量的 1.2 倍。
5.1.2 加压送风机的启动应符合下列规定：

  1 现场手动启动；
  2 通过火灾自动报警系统自动启动；
  3 消防控制室手动启动；
  4 系统中任一常闭加压送风口开启时，加压风机应能自动启动。

5.1.3 当防火分区内火灾确认后，应能在 15s 内联动开启常闭加压送风口和加压送风机，并应符合下列规定：
  1 应开启该防火分区楼梯间的全部加压送风机；
  2 应开启该防火分区内着火层及其相邻上下层前室及合用前室的常闭送风口，同时开启加压送风机。

5.2.2 排烟风机、补风机的控制方式应符合下列规定：
  1 现场手动启动；
  2 火灾自动报警系统自动启动；
  3 消防控制室手动启动；
  4 系统中任一排烟阀或排烟口开启时，排烟风机、补风机自动启动；
  5 排烟防火阀在 280℃ 时应自行关闭，并应连锁关闭排烟风机和补风机。

8.1.1 系统竣工后，应进行工程验收，验收不合格不得投入使用。

十二、《火灾自动报警系统设计规范》GB 50116—2013

3.1.6 系统总线上应设置总线短路隔离器，每只总线短路隔离器保护的火灾探测器、手动火灾报警按钮和模块等消防设备的总数不应超过 32 点；总线穿越防火分区时，应在穿越处设置总线短路隔离器。

3.1.7 高度超过 100m 的建筑中，除消防控制室内设置的控制器外，每台控制器直接控制的火灾探测器、手动报警按钮和模块等设备不应跨越避难层。

3.4.1 具有消防联动功能的火灾自动报警系统的保护对象中应

设置消防控制室。

3.4.4 消防控制室应有相应的竣工图纸、各分系统控制逻辑关系说明、设备使用说明书、系统操作规程、应急预案、值班制度、维护保养制度及值班记录等文件资料。

3.4.6 消防控制室内严禁穿过与消防设施无关的电气线路及管路。

4.1.1 消防联动控制器应能按设定的控制逻辑向各相关的受控设备发出联动控制信号,并接受相关设备的联动反馈信号。

4.1.3 各受控设备接口的特性参数应与消防联动控制器发出的联动控制信号相匹配。

4.1.4 消防水泵、防烟和排烟风机的控制设备,除应采用联动控制方式外,还应在消防控制室设置手动直接控制装置。

4.1.6 需要火灾自动报警系统联动控制的消防设备,其联动触发信号应采用两个独立的报警触发装置报警信号的"与"逻辑组合。

4.8.1 火灾自动报警系统应设置火灾声光警报器,并应在确认火灾后启动建筑内的所有火灾声光警报器。

4.8.4 火灾声警报器设置带有语音提示功能时,应同时设置语音同步器。

4.8.5 同一建筑内设置多个火灾声警报器时,火灾自动报警系统应能同时启动和停止所有火灾声警报器工作。

4.8.7 集中报警系统和控制中心报警系统应设置消防应急广播。

4.8.12 消防应急广播与普通广播或背景音乐广播合用时,应具有强制切入消防应急广播的功能。

6.5.2 每个报警区域内应均匀设置火灾警报器,其声压级不应小于60dB;在环境噪声大于60dB的场所,其声压级应高于背景噪声15dB。

6.7.1 消防专用电话网络应为独立的消防通信系统。

6.7.5 消防控制室、消防值班室或企业消防站等处,应设置可直接报警的外线电话。

6.8.2 模块严禁设置在配电（控制）柜（箱）内。

6.8.3 本报警区域内的模块不应控制其他报警区域的设备。

10.1.1 火灾自动报警系统应设置交流电源和蓄电池备用电源。

11.2.2 火灾自动报警系统的供电线路、消防联动控制线路应采用耐火铜芯电线电缆，报警总线、消防应急广播和消防专用电话等传输线路应采用阻燃或阻燃耐火电线电缆。

11.2.5 不同电压等级的线缆不应穿入同一根保护管内，当合用同一线槽时，线槽内应有隔板分隔。

12.1.11 隧道内设置的消防设备的防护等级不应低于IP65。

12.2.3 采用光栅光纤感温火灾探测器保护外浮顶油罐时，两个相邻光栅间距离不应大于3m。

十三、《火灾自动报警系统施工及验收标准》GB 50166—2019

5.0.6 系统检测、验收结果判定准则应符合下列规定：

1 A类项目不合格数量为0、B类项目不合格数量小于或等于2、B类项目不合格数量与C类项目不合格数量之和小于或等于检查项目数量5%的，系统检测、验收结果应为合格；

2 不符合本条第1款合格判定准则的，系统检测、验收结果应为不合格。

第三篇 其他防火

一、《有色金属工程设计防火规范》GB 50630—2010

4.2.3 地下开采矿山工程的防火设计应符合下列规定：

2 采用燃油为动力的凿岩、装载、运输机械（含油压装置）等移动设备，应配备车载式灭火装置；工作现场应有良好通风和减少环境中粉尘的技术措施；

4.5.5 冶炼（含熔炼、吹炼、精炼等类型）生产工艺的防火设计应符合下列规定：

7 冶炼（喷吹）炉应在工程设计（含生产操作）中采取防止泡沫渣溢出事故的技术措施；对冶炼（喷吹）炉的控制（操作、值班）室和炉体周围设施，应采取有效的安全防范措施，并应符合本规范第4.5.6条、第6.2.2条的有关规定；

9 用于吊运熔融体或进行浇铸作业的厂房起重机（吊车）应采用冶金专用的铸造桥式起重机；

11 运输熔融体物料（含金属或炉渣）装置出入厂房，应采用专用的铁路运输线；如采用无轨运输时，应设置安全专用通道；

4.5.6 冶炼生产厂房内具有熔融体作业区的防火设计应符合下列规定：

1 作业区范围内（含地下、上空）严禁设置车间生活间；

2 应采取防止雨雪飘淋室内的措施，严禁地面积水；不应在场地内设置水沟和给、排水管道，当必需设置时，应有避免水沟中积存水和防止渗漏的可靠构造措施；

4.6.5 使用（产生）硫化氢、氨气（液氨）、液氯等介质的厂房（场所），其防火设计应符合下列规定：

1 必须设置气体浓度监测及报警装置；

2 使用的生产设备及电气应选择防爆型；

3 应有良好的通风条件；

4.6.6 溶剂萃取工艺生产的防火设计应符合下列规定：

3 溶剂制备、储存、使用区域不得设置高温、明火的加热装置；

5　厂房内电缆应采取防潮、防油、防腐蚀的相关措施，防止作业区内电气短路电弧发生；

4.8.7　冷轧及冷加工系统的防火设计应符合下列规定：

　　1　用于涂层、着色的溶剂及黏合剂配制间，应设置机械通风净化装置，并严禁设置明火装置；

　　2　应对涂着设备设置消除静电聚集的装置。

5.3.1　甲、乙类液体管道和可燃气体管道，不应穿越（含地上、下）与该管道无关的厂房（仓库）、贮罐区以及可燃材料堆场，并严禁穿越控制室、配电室、车间生活间等场所。

5.3.4　可燃、助燃气体管道、可燃液体管道宜架空敷设，当架空敷设确有困难时，可采用管沟敷设且应符合下列的规定：

　　2　氧气管道不应与电缆、电线和可燃液体管道以及腐蚀性介质管道共沟敷设；

6.2.2　受炽热烘烤、熔体喷溅、明火作用的区域，不应设置控制（操作、值班）室，当确需设置时，其构件应采用不燃烧体，并应对门、窗和结构构件采取防火保护措施；当具有爆炸危险时，尚应设置有效的防爆设施。

　　控制（操作、值班）室的安全出口（含通道）应便捷通畅，避开炽热、喷溅、明火直接作用的区域；对于疏散难度较大或者建筑面积大于 $60m^2$ 的控制（操作、值班）室，其安全出口不应少于 2 个。

8.4.2　处理有爆炸危险性粉尘的干式除尘器应设置在负压段，并应符合下列规定：

　　1　应采用防爆型布袋除尘器，且应采用抗静电并阻燃滤料；

　　2　应设置泄压装置；

　　3　应设置安全联锁装置或遥控装置，当发生爆炸危险时应切断所有电机的电源。

10.3.6　在电缆隧（廊）道或电缆沟内，严禁穿越和敷设可燃、助燃气（液）体管道。

10.4.3　露天设置的可燃气（液）体的钢质储罐，必须设置防雷接地装置，并应符合下列规定：

    1 避雷针、线的保护范围应包括整个罐体；

    2 装有阻火器的甲、乙类液体地上固定顶罐，当顶板厚度小于4mm时，应装设避雷针、线；

    3 可燃气体储罐、丙类液体储罐可不另设避雷针、线，但必须设防感应雷接地设施；

    4 罐顶设有放散管的可燃气体储罐应设避雷针。

二、《钢铁冶金企业设计防火标准》GB 50414—2018

4.3.3 高炉煤气、发生炉煤气、转炉煤气和铁合金电炉煤气的管道不应埋地敷设。

4.3.4 氧气管道不应与燃油管道、腐蚀性介质管道和电缆、电线同沟敷设，动力电缆不应与可燃、助燃气体和燃油管道同沟敷设。

5.2.1 甲、乙类液体管道和可燃气体管道严禁穿过防火墙。

5.3.1 存放、运输液体金属和熔渣的场所，不应设置积水的沟、坑等。当生产确需设置地面沟或坑等时，应有严密的防渗漏措施，且车间地面标高应高出厂区地面标高 0.3m 及以上。

6.1.6 选矿焙烧厂房应符合下列规定：

    1 焙烧竖炉进料口及两侧排料口附近应设置固定式一氧化碳监测报警装置；

    2 输送冷却后焙烧产品的带式输送机，当焙烧产品高于80℃、低于150℃时，应选用耐热型输送带；焙烧产品高于150℃、低于200℃时，应选用耐灼烧型输送带；

    3 还原窑排烟管路应设置在线烟气成分分析装置和一氧化碳超限报警装置，电除尘器应设置防爆装置。

6.4.1 生产中使用的易燃、易爆类添加剂应符合下列规定：

    3 铝粉(镁铝合金粉)仓库必须采取隔潮和防止水浸渍的措施；

6.7.3 严禁利用城市道路运输铁水、钢水、液渣等高温冶金溶液。

6.7.6 增碳剂等易燃物料的粉料加工间必须设置防爆型粉尘收集装置。

6.10.3 退火炉（含罩式退火炉）地坑应设可燃气体浓度监测报警装置。

6.13.1 煤气加压站应在地面上建造，站房下方禁止设置地下室或半地下室。

9.0.5 建筑物内设有储存易燃易爆物品的单独房间或有防火防爆要求的单独房间应设置独立排风系统。

10.5.4 可燃气体管道、可燃液体管道严禁穿越和敷设于电缆隧道或电缆沟。

三、《石油化工企业设计防火标准》GB 50160—2008（2018年版）

4.1.6 公路和地区架空电力线路严禁穿越生产区。

4.1.8 地区输油（输气）管道不应穿越厂区。

4.1.9 石油化工企业与相邻工厂或设施的防火间距不应小于表4.1.9的规定。

高架火炬的防火间距应根据人或设备允许的辐射热强度计算确定，对可能携带可燃液体的高架火炬的防火间距不应小于表4.1.9的规定。

表4.1.9 石油化工企业与相邻工厂或设施的防火间距

设施	防火间距（m）				
	液化烃罐组（罐外壁）	甲、乙类液体罐组（罐外壁）	可能携带可燃液体的高架火炬（火炬筒中心）	甲、乙类工艺装置或设施（最外侧设备外缘或建筑物的最外侧轴线）	全厂性或区域性重要设施（最外侧设备外缘或建筑物的最外侧轴线）
居民区、公共福利设施、村庄	300	100	120	100	25
相邻工厂（围墙或用地边界线）	120	70	120	50	70

续表 4.1.9

设施		防火间距（m）				
		液化烃罐组（罐外壁）	甲、乙类液体罐组（罐外壁）	可能携带可燃液体的高架火炬（火炬筒中心）	甲、乙类工艺装置或设施（最外侧设备外缘或建筑物的最外侧轴线）	全厂性或区域性重要设施（最外侧设备外缘或建筑物的最外侧轴线）
厂外铁路	国家铁路线（中心线）	55	45	80	35	—
	厂外企业铁路线（中心线）	45	35	80	30	—
国家或工业区铁路编组站（铁路中心线或建筑物）		55	45	80	35	25
厂外公路	高速公路、一级公路（路边）	35	30	80	30	—
	其他公路（路边）	25	20	60	20	—
变配电站（围墙）		80	50	120	40	25
架空电力线路（中心线）		1.5倍塔杆高度且不小于40m	1.5倍塔杆高度	80	1.5倍塔杆高度	—
Ⅰ、Ⅱ级国家架空通信线路（中心线）		50	40	80	40	—
通航江、河、海岸边		25	25	80	20	—
地区埋地输油管道	原油及成品油（管道中心）	30	30	60	30	30
	液化烃（管道中心）	60	60	80	60	60

续表 4.1.9

设施	防火间距（m）				
	液化烃罐组（罐外壁）	甲、乙类液体罐组（罐外壁）	可能携带可燃液体的高架火炬（火炬筒中心）	甲、乙类工艺装置或设施（最外侧设备外缘或建筑物的最外侧轴线）	全厂性或区域性重要设施（最外侧设备外缘或建筑物的最外侧轴线）
地区埋地输气管道（管道中心）	30	30	60	30	30
装卸油品码头（码头前言）	70	60	120	60	60

注：1 本表中相邻工厂指除石油化工企业和油库以外的工厂；
  2 括号内指防火间距起止点；
  3 当相邻设施为港区陆域、重要物品仓库和堆场、军事设施、机场等，对石油化工企业的安全距离有特殊要求时，应按有关规定执行；
  3A 液化烃罐组与电压等级 330kV～1000kV 的架空电力线路的防火间距不应小于 100m；
  3B 单罐容积大于等于 50000m³ 的甲、乙类液体储罐与居民区、公共福利设施、村庄的防火间距不应小于 120m；
  4 丙类可燃液体罐组的防火间距，可按甲、乙类可燃液体罐组的规定减少 25%；
  5 丙类工艺装置或设施的防火间距，可按甲、乙类工艺装置或设施的规定减少 25%；
  6 地面敷设的地区输油（输气）管道的防火间距，可按地区埋地输油（输气）管道的规定增加 50%；
  7 当相邻工厂围墙内为非火灾危险性设施时，其与全厂性或区域性重要设施防火间距最小可为 25m；
  8 表中"—"表示无防火间距要求或执行相关规范。

4.2.12 石油化工企业总平面布置的防火间距除本标准另有规定外，不应小于表 4.2.12 的规定。工艺装置或设施（罐组除外）之间的防火间距应按相邻最近的设备、建筑物确定，其防火间距起止点应符合本标准附录 A 的规定。高架火炬的防火间距应根据人或设备允许的安全辐射热强度计算确定，对可能携带可燃液体的高架火炬的防火间距不应小于表 4.2.12 的规定（表 4.2.12 略）。

4.4.6 液化烃、可燃液体的铁路装卸线不得兼作走行线。

5.1.3 在使用或产生甲类气体或甲、乙A类液体的工艺装置、系统单元和储运设施区内，应按区域控制和重点控制相结合的原则，设置可燃气体报警系统。

5.2.1 设备、建筑物平面布置的防火间距，除本标准另有规定外，不应小于表5.2.1的规定。

表 5.2.1 设备、建筑物平面布置的防火间距（m）

项目	明火设备	可燃气体压缩机房或压缩设备 甲	可燃气体压缩机房或压缩设备 乙	装置储罐（总容积）可燃气体 200m³~1000m³ 甲	装置储罐 液化烃 50m³~100m³ 甲A	装置储罐 可燃液体 100m³~1000m³ 甲B、乙A／丙A	其他工艺设备或房间 可燃气体 甲	其他工艺设备或房间 可燃气体 乙	其他工艺设备或房间 液化烃 甲A	其他工艺设备或房间 可燃液体 甲B、乙A／丙A	操作温度高于自燃点的工艺设备	含可燃液体的污水池、隔油池、酸性污水设备、含油污水罐	丙类物品仓库、乙类物品储存间	备注
控制室、机柜间、变配电所、化验室、办公室	—	15												
明火设备	15	—	22.5	15	15	9	9	15	22.5	15	9	15	4.5	15	—

第三篇 其他防火

续表 5.2.1

项目		控制室、机柜间、变配电所、化验室、办公室	明火设备	可燃气体压缩机或压缩机房		装置储罐（总容积）					其他工艺设备或房间					操作温度等于或高于自燃点的工艺设备	含可燃液体的污水池、隔油池、酸性污水罐、含油污水罐	丙类物品仓库、乙类物品储存间	备注
						可燃气体 200m³~1000m³		液化烃 50m³~100m³	可燃液体 100m³~1000m³		可燃气体		液化烃	可燃液体					
				甲	乙	甲	乙	甲	甲B、乙A	乙B、丙A	甲	乙	甲A	甲B、乙A	乙B、丙A				
操作温度低于自燃点的工艺设备	可燃气体压缩机或压缩机房 甲	15	22.5	—	—	9	7.5	15	9	7.5	9	7.5	9	9	7.5	9	9	15	注1
	可燃气体压缩机或压缩机房 乙	9	9	—	—	7.5	—	7.5	—	—	7.5	—	7.5	—	—	4.5	—	9	
	装置储罐 可燃气体 200m³~1000m³ 甲	15	15	9	7.5	—	—	—	—	—	9	7.5	9	9	7.5	9	9	15	注2
	装置储罐 可燃气体 200m³~1000m³ 乙	9	9	7.5	9	—	—	—	—	—	7.5	—	7.5	7.5	—	9	7.5	9	
	装置储罐 液化烃 50m³~100m³ 甲A	22.5	22.5	15	9	—	—	—	—	—	9	7.5	9	9	7.5	15	9	15	
	装置储罐 可燃液体 100m³~1000m³ 甲B、乙A	15	15	9	7.5	—	—	—	—	—	9	7.5	7.5	9	7.5	9	9	15	
	装置储罐 可燃液体 100m³~1000m³ 乙B、丙A	9	9	7.5	7.5	—	—	—	—	—	7.5	—	7.5	7.5	—	9	7.5	9	

112　第三篇　其他防火

续表 5.2.1

项目		控制室、机柜间、变配电所、化验室、办公室	明火设备	可燃气体压缩机或压缩机房		装置储罐（总容积）					其他工艺设备或房间				操作温度高于或等于自燃点的工艺设备	含可燃液体的污水池、隔油池、酸性污水罐、含油污水罐	备注
						可燃气体 200m³～1000m³		液化烃 50m³～100m³	可燃液体 100m³～1000m³		可燃气体		液化烃	可燃液体			
				甲	乙	甲	乙	甲A	甲B、乙A	乙B、丙A	甲	乙	甲A	甲B、乙A、乙B、丙A			
其他工艺设备或房间	可燃气体 甲	15	15	9	—	9	7.5	9	9	7.5	—	—	—	—	4.5	—	9
	可燃气体 乙	9	9	7.5	—	7.5	—	7.5	7.5	—	—	—	—	—	—	—	9
	液化烃 甲A	15	22.5	9	7.5	9	7.5	9	9	7.5	—	—	—	—	7.5	—	15
	可燃液体 甲B、乙A	15	15	9	—	9	—	9	9	7.5	—	—	—	—	4.5	—	9
	可燃液体 乙B、丙A	9	9	7.5	—	7.5	—	7.5	7.5	—	—	—	—	—	—	—	9
操作温度低于自燃点的工艺设备																	—

第三篇 其他防火　113

续表 5.2.1

项目	控制室、机柜间、变配电所、化验室、办公室	明火设备	可燃气体压缩机或压缩机房		装置储罐（总容积）					其他工艺设备或房间					操作温度等于或高于自燃点的工艺设备	含可燃液体的污水池、隔油池、酸性污水罐、含油污水罐	丙类物品仓库、乙类物品储存间	备注
					可燃气体 200m³~1000m³		液化烃 50m³~100m³	可燃液体 100m³~1000m³		可燃气体		液化烃	可燃液体					
			甲	乙	甲	乙	甲	甲B、乙A	乙B、丙A	甲	乙	甲	甲B、乙A	乙B、丙A				
操作温度等于或高于自燃点的工艺设备	15	4.5	9	4.5	9	9	15	9	7.5	4.5	—	—	4.5	—	—	4.5	15	注3
含可燃液体的污水池、隔油池、酸性污水罐、含油污水罐	15	15	9	—	9	7.5	9	9	9	—	9	15	9	9	4.5	—	9	—
丙类物品仓库、乙类物品储存间	15	15	15	9	15	9	15	15	15	9	15	15	15	15	15	9	—	—
装置储罐组（总容积） >1000m³~5000m³ 可燃气体 甲、乙	20	20	15	15	*	*	20	15	15	15	15	20	15	15	15	15	15	注4

续表 5.2.1

项目		控制室、机柜间、变配电所、化验室、办公室	明火设备	可燃气体压缩机或压缩机房	装置储罐（总容积）					其他工艺设备或房间					操作温度等于或高于自燃点的工艺设备	含可燃液体的污水池、隔油池、酸性污水罐、含油污水罐	备注（丙类物品仓库、乙类物品储存间）注4
					可燃气体 200m³~1000m³		液化烃 50m³~100m³	可燃液体 100m³~1000m³		可燃气体		液化烃	可燃液体				
					甲	乙	甲A	甲B、乙A	乙B、丙A	甲	乙	甲A	甲B、乙A	乙B、丙A			
液化烃 >100m³~500m³	甲A	30	30	30	25	20	*	25	20	25	20	30	25	20	30	25	25
可燃液体 >1000m³~5000m³	甲B、乙A	25	25	25	20	15	25	*	20	15	25	*	20	15	25	20	20
	乙B、丙A	20	20	20	15	15	20	25	*	15	15	20	25	*	20	15	15

注：
1 单机驱动功率小于150kW的可燃气体压缩机，可按操作温度低于自燃点的"其他工艺设备"确定其防火间距；
2 装置储罐（组）的总容积符合本标准第5.2.22条的规定：可燃气体储罐小于50m³、液化烃储罐小于100m³、可燃液体储罐小于200m³时，可按装置储罐低于自燃点的"其他工艺设备"确定其防火间距；
3 查不到自燃点时，火灾危险性取250℃；
4 装置储罐组的防火设备应符合本标准第6章的有关规定；
5 丙B类液体设备的防火间距不限；
6 散发火花地点与其他设备防火间距同明火设备；
7 表中"—"表示无防火间距要求或执行相关规范，"*"表示装置储罐集中成组布置。

5.2.7 布置在爆炸危险区的在线分析仪表间内设备为非防爆型时，在线分析仪表间应正压通风。

5.2.16 装置的控制室、机柜间、变配电所、化验室、办公室等不得与设有甲、乙$_A$类设备的房间布置在同一建筑物内。装置的控制室与其他建筑物合建时，应设置独立的防火分区。

5.2.18 布置在装置内的控制室、机柜间、变配电所、化验室、办公室等的布置应符合下列规定：

　　2 平面布置位于附加2区的办公室、化验室室内地面及控制室、机柜间、变配电所的设备层地面应高于室外地面，且高差不应小于0.6m；

　　3 控制室、机柜间面向有火灾危险性设备侧的外墙应为无门窗洞口、耐火极限不低于3h的不燃烧材料实体墙；

　　5 控制室或化验室的室内不得安装可燃气体、液化烃和可燃液体的在线分析仪器。

5.3.3 液化烃泵、可燃液体泵在泵房内布置时，应符合下列规定：

　　1 液化烃泵、操作温度等于或高于自燃点的可燃液体泵、操作温度低于自燃点的可燃液体泵应分别布置在不同房间内，各房间之间的隔墙应为防火墙；

　　2 操作温度等于或高于自燃点的可燃液体泵房的门窗与操作温度低于自燃点的甲$_B$、乙$_A$类液体泵房的门窗或液化烃泵房的门窗距离不应小于4.5m。

5.3.4 气柜、半冷冻或全冷冻式液化烃储存设施的工艺设备之间的防火间距应按本标准表5.2.1执行；机泵区与储罐的防火间距不应小于15m；半冷冻或全冷冻式液化烃储存设施的附属工艺设备应布置在防火堤外。

5.5.1 在非正常条件下，可能超压的下列设备应设安全阀：

　　1 顶部最高操作压力大于等于0.1MPa的压力容器；

　　2 顶部最高操作压力大于0.03MPa的蒸馏塔、蒸发塔和汽提塔（汽提塔顶蒸汽通入另一蒸馏塔者除外）；

　　3 往复式压缩机各段出口或电动往复泵、齿轮泵、螺杆泵等容积式泵的出口（设备本身已有安全阀者除外）；

4 凡与鼓风机、离心式压缩机、离心泵或蒸汽往复泵出口连接的设备不能承受其最高压力时，鼓风机、离心式压缩机、离心泵或蒸汽往复泵的出口；

5 可燃气体或液体受热膨胀，可能超过设计压力的设备；

6 顶部最高操作压力为 0.03MPa～0.1MPa 的设备应根据工艺要求设置。

5.5.2 单个安全阀的开启压力（定压），不应大于设备的设计压力。当一台设备安装多个安全阀时，其中一个安全阀的开启压力（定压）不应大于设备的设计压力；其他安全阀的开启压力可以提高，但不应大于设备设计压力的 1.05 倍。

5.5.12 有突然超压或发生瞬时分解爆炸危险物料的反应设备如设安全阀不能满足要求时，应装爆破片或爆破片和导爆管，导爆管口必须朝向无火源的安全方向；必要时应采取防止二次爆炸、火灾的措施。

5.5.13 因物料爆聚、分解造成超温、超压，可能引起火灾、爆炸的反应设备应设报警信号和泄压排放设施，以及自动或手动遥控的紧急切断进料设施。

5.5.14 严禁将混合后可能发生化学反应并形成爆炸性混合气体的几种气体混合排放。

5.5.17 可燃气体放空管道内的凝结液应密闭回收，不得随地排放。

5.5.21 装置内高架火炬的设置应符合下列规定：

1 严禁排入火炬的可燃气体携带可燃液体；

2 火炬的辐射热不应影响人身及设备的安全；

5.6.1 下列承重钢结构，应采取耐火保护措施：

1 单个容积等于或大于 $5m^3$ 的甲、乙$_A$ 类液体设备的承重钢构架、支架、裙座；

2 在爆炸危险区范围内，且毒性为极度和高度危害的物料设备的承重钢构架、支架裙座；

3 操作温度等于或高于自燃点的单个容积等于或大于 $5m^3$ 的乙$_B$、丙类液体设备承重钢构架、支架、裙座；

4 加热炉炉底钢支架；

5 在爆炸危险区范围内的钢管架，跨越装置区、罐区消防车道的钢管架；

6 在爆炸危险区范围内的高径比等于或大于 8，且总重量等于或大于 25t 的非可燃介质设备的承重钢构架、支架和裙座。

6.2.6 罐组的总容积应符合下列规定：

1 浮顶罐组的总容积不应大于 $600000m^3$；

2 内浮顶罐组的总容积：采用钢制单盘或双盘时不应大于 $360000m^3$；采用易熔材料制作的内浮顶及其与采用钢制单盘或双盘内浮顶的混合罐组不应大于 $240000m^3$；

3 固定顶罐组的总容积不应大于 $120000m^3$；

4 固定顶罐和浮顶、内浮顶罐的混合罐组的总容积不应大于 $120000m^3$；

6.2.8 罐组内相邻可燃液体地上储罐的防火间距不应小于表 6.2.8 的规定。

表 6.2.8 罐组内相邻可燃液体地上储罐的防火间距

液体类别	储罐形式			
	固定顶罐		浮顶、内浮顶罐	卧罐
	≤$1000m^3$	>$1000m^3$		
甲$_B$、乙类	0.75D	0.6D	0.4D	0.8m
丙$_A$ 类	0.4D			
丙$_B$ 类	2m	5m		

注：1 表中 D 为相邻较大罐的直径，单罐容积大于 $1000m^3$ 的储罐取直径或高度的较大值；

2 储存不同类别液体的或不同形式的相邻储罐的防火间距应采用本表规定的较大值；

3 现有浅盘式内浮顶罐的防火间距同固定顶罐；

4 可燃液体的低压储罐，其防火间距按固定顶罐考虑；

5 储存丙$_B$ 类可燃液体的浮顶、内浮顶罐，其防火间距大于 15m 时，可取 15m。

6.3.2 液化烃储罐成组布置时应符合下列规定：
  1 液化烃罐组内的储罐不应超过2排；
  2 每组全压力式或半冷冻式储罐的个数不应多于12个；
  4 全冷冻式储罐应单独成组布置；

6.3.3 液化烃、可燃气体、助燃气体的罐组内，储罐的防火间距不应小于表6.3.3的规定。

表6.3.3 液化烃、可燃气体、助燃气体的罐组内储罐的防火间距

介质	储存方式或储罐形式		球罐	卧（立）罐	全冷冻式储罐		水槽式气柜	干式气柜
					≤100m³	>100m³		
液化烃	全压力式或半冷冻式储罐	有事故排放至火炬的措施	0.5D	1.0D	*	*	*	*
		无事故排放到火炬的措施	1.0D		*	*	*	*
	全冷冻式储罐	≤100m³	*	*	1.5m	0.5D	*	*
		>100m³	*	*	0.5D	0.5D	—	—
助燃气体	球罐		0.5D	0.65D	*	*	*	*
	卧（立）罐		0.65D	0.65D	*	*	*	*
可燃气体	水槽式气柜		*	*	*	*	0.5D	0.65D
	干式气柜		*	*	*	*	0.65D	0.65D
	球罐		0.5D	*	*	*	0.65D	0.65D

注：1 D为相邻较大储罐的直径；
  2 液氨储罐的防火间距要求应与液化烃储罐相同；液氧储罐间的防火间距应按现行国家标准《建筑设计防火规范》GB 50016的要求执行；
  3 沸点低于45℃的甲B类液体压力储罐，按全压力式液化烃储罐的防火间距执行；
  4 液化烃单罐容积≤200m³的卧（立）罐之间的防火间距超过1.5m时，可取1.5m；
  5 助燃气体卧（立）罐之间的防火间距超过1.5m时，可取1.5m；
  6 "*"表示不应同组布置。

6.4.1 可燃液体的铁路装卸设施应符合下列规定：

　　2 甲$_B$、乙、丙$_A$类的液体严禁采用沟槽卸车系统；

　　3 顶部敞口装车的甲$_B$、乙、丙$_A$类的液体应采用液下装车鹤管；

6.4.2 可燃液体的汽车装卸站应符合下列规定：

　　6 甲$_B$、乙、丙$_A$类液体的装卸车应采用液下装卸车鹤管；

6.4.3 液化烃铁路和汽车的装卸设施应符合下列规定：

　　1 液化烃严禁就地排放；

　　2 低温液化烃装卸鹤位应单独装置；

6.4.4 可燃液体码头、液化烃码头应符合下列规定：

　　1 除船舶在码头泊位内外档停靠外，码头相邻泊位船舶间的防火间距不应小于表 6.4.4 的规定：

表 6.4.4 码头相邻泊位船舶间的防火间距（m）

船长（m）	279～236	235～183	182～151	150～110	＜110
防火间距	55	50	40	35	25

6.5.1 液化石油气的灌装站应符合下列规定：

　　2 液化石油气的残液应密闭回收，严禁就地排放；

6.6.3 合成纤维、合成树脂及塑料等产品的高架仓库应符合下列规定：

　　1 仓库的耐火等级不应低于二级；

　　2 货架应采用不燃烧材料。

6.6.5 袋装硝酸铵仓库的耐火等级不应低于二级。仓库内严禁存放其他物品。

7.1.4 永久性地上、地下管道不得穿越或跨越与其无关的工艺装置、系统单元或储罐组；在跨越罐区泵房的可燃气体、液化烃和可燃液体的管道上不应设置阀门及易发生泄漏的管道附件。

7.2.2 可燃气体、液化烃和可燃液体的管道不得穿过与其无关的建筑物。

7.2.16 进、出装置的可燃气体、液化烃和可燃液体的管道，在装置的边界处应设隔断阀和 8 字盲板，在隔断阀处应设平台，长度等于或大于 8m 的平台应在两个方向设梯子。

7.3.3 生产污水管道的下列部位应设水封，水封高度不得小于 250mm：

  1 工艺装置内的塔、加热炉、泵、冷换设备等区围堰的排水出口；

  2 工艺装置、罐组或其他设施及建筑物、构筑物、管沟等的排水出口；

  3 全厂性的支干管与干管交汇处的支干管上；

  4 全厂性支干管、干管的管段长度超过 300m 时，应用水封井隔开。

8.3.1 当消防用水由工厂水源直接供给时，工厂给水管网的进水管不应少于 2 条。当其中 1 条发生事故时，另 1 条应能满足 100%的消防用水和 70%的生产、生活用水总量的要求。消防用水由消防水池（罐）供给时，工厂给水管网的进水管，应能满足消防水池（罐）的补充水和 100%的生产、生活用水总量的要求。

8.3.8 消防水泵的主泵应采用电动泵，备用泵应采用柴油机泵，且应按 100%备用能力设置，柴油机的油料储备量应能满足机组连续运转 6h 的要求；柴油机的安装、布置、通风、散热等条件应满足柴油机组的要求。

8.4.5 可燃液体地上立式储罐应设固定或移动式消防冷却水系统，其供水范围、供水强度和设置方式应符合下列规定：

  1 供水范围、供水强度不应小于表 8.4.5 的规定；

表 8.4.5 消防冷却水的供水范围和供水强度

项目	储罐型式		供水范围	供水强度	附注
移动式水枪冷却	着火罐	固定顶罐	罐周全长	0.8L/(s·m)	—
		浮顶罐、内浮顶罐	罐周全长	0.6L/(s·m)	注 1、2
		邻近罐	罐周全长	0.7L/(s·m)	—

续表 8.4.5

项目	储罐型式		供水范围	供水强度	附注
固定式冷却罐	着火罐	固定顶罐	罐壁表面积	2.5L/(min·m²)	—
		浮顶罐、内浮顶罐	罐壁表面积	2.0L/(min·m²)	注1、2
	邻近罐		罐壁表面积的1/2	2.5L/(min·m²)	注3

注：1 浮盘用易熔材料制作的内浮顶罐按固定顶罐计算；
  2 浅盘式内浮顶罐按固定顶罐计算；
  3 按实际冷却面积计算，但不得小于罐壁表面积的1/2。

8.7.2 下列场所应采用固定式泡沫灭火系统：

1 甲、乙类和闪点等于或小于90℃的丙类可燃液体的固定顶罐及浮盘为易熔材料的内浮顶罐：

  1) 单罐容积等于或大于10000m³的非水溶性可燃液体储罐；

  2) 单罐容积等于或大于500m³的水溶性可燃液体储罐。

2 甲、乙类和闪点等于或小于90℃的丙类可燃液体的浮顶罐及浮盘为非易熔材料的内浮顶罐：

  1) 单罐容积等于或大于50000m³的非水溶性可燃液体储罐；

  2) 单罐容积等于或大于1000m³的水溶性可燃液体储罐。

8.10.1 液化烃罐区应设置消防冷却水系统，并应配置移动式干粉等灭火设施。

8.10.4 全压力式及半冷冻式液化烃储罐固定式消防冷却水系统的用水量计算应符合下列规定：

1 着火罐冷却水供给强度不应小于9L/(min·m²)；

2 距着火罐罐壁1.5倍着火罐直径范围内的邻近罐冷却水供给强度不应小于9L/(min·m²)；

3 着火罐冷却面积应按其罐体表面积计算；邻近罐冷却面积应按其半个罐体表面积计算；

8.12.1 石油化工企业的生产区、公用及辅助生产设施、全厂性重要设施和区域性重要设施的火灾危险场所应设置火灾自动报警系统和火灾电话报警。

8.12.2 火灾电话报警的设计应符合下列规定：

1 消防站应设置可受理不少于2处同时报警的火灾受警录音电话，且应设置无线通信设备；

9.1.4 装置内的电缆沟应有防止可燃气体积聚或含有可燃液体的污水进入沟内的措施。电缆沟通入变配电所、控制室的墙洞处应填实、密封。

9.2.3 可燃气体、液化烃、可燃液体的钢罐必须设防雷接地，并应符合下列规定：

1 甲$_B$、乙类可燃液体地上固定顶罐，当顶板厚度小于4mm时，应装设避雷针、线，其保护范围应包括整个储罐；

9.3.1 对爆炸、火灾危险场所内可能产生静电危险的设备和管道，均应采取静电接地措施。

四、《石油天然气工程设计防火规范》GB 50183—2004

3.1.1 石油天然气火灾危险性分类应符合下列规定：

1 石油天然气火灾危险性应按表3.1.1分类。

表3.1.1　石油天然气火灾危险性分类

类	别	特　征
甲	A	37.8℃时蒸汽压力>200kPa的液态烃
甲	B	1. 闪点<28℃的液体（甲$_A$类和液化天然气除外） 2. 爆炸下限<10%（体积百分比）的气体
乙	A	1. 闪点≥28℃至<45℃的液体 2. 爆炸下限≥10%的气体
乙	B	闪点≥45℃至<60℃的液体
丙	A	闪点≥60℃至≤120℃的液体
丙	B	闪点>120℃的液体

2 操作温度超过其闪点的乙类液体应视为甲$_B$类液体。

3 操作温度超过其闪点的丙类液体应视为乙$_A$类液体。

3.2.2 油品、液化石油气、天然气凝液站场按储罐总容量划分等级时，应符合表3.2.2的规定。

表 3.2.2 油品、液化石油气、天然气凝液站场分级

等级	油品储存总容量 V_p（m^3）	液化石油气、天然气凝液储存总容量 V_l（m^3）
一级	$V_p \geqslant 100000$	$V_l > 5000$
二级	$30000 \leqslant V_p < 100000$	$2500 < V_l \leqslant 5000$
三级	$4000 \leqslant V_p < 30000$	$1000 < V_l \leqslant 2500$
四级	$500 < V_p \leqslant 4000$	$200 < V_l \leqslant 1000$
五级	$V_p \leqslant 500$	$V_l \leqslant 200$

注：油品储存总容量包括油品储罐、不稳定原油作业罐和原油事故罐的容量，不包括零位罐、污油罐、自用油罐以及污水沉降罐的容量。

3.2.3 天然气站场按生产规模划分等级时，应符合下列规定：

1 生产规模大于或等于 $100 \times 10^4 m^3/d$ 的天然气净化厂、天然气处理厂和生产规模大于或等于 $400 \times 10^4 m^3/d$ 的天然气脱硫站脱水站定为三级站场。

2 生产规模小于 $100 \times 10^4 m^3/d$，大于或等于 $50 \times 10^4 m^3/d$ 的天然气净化厂、天然气处理厂和生产规模小于 $400 \times 10^4 m^3/d$ 大于或等于 $200 \times 10^4 m^3/d$ 的天然气脱硫站、脱水站及生产规模大于 $50 \times 10^4 m^3/d$ 的天然气压气站、注气站定为四级站场。

3 生产规模小于 $50 \times 10^4 m^3/d$ 的天然气净化厂、天然气处理厂和生产规模小于 $200 \times 10^4 m^3/d$ 的天然气脱硫站、脱水站及生产规模小于或等于 $50 \times 10^4 m^3/d$ 的天然气压气站、注气站定为五级站场。

集气、输气工程中任何生产规模的集气站、计量站、输气站（压气站除外）、清管站、配气站等定为五级站场。

4.0.4 石油天然气站场与周围居住区、相邻厂矿企业、交通线等的防火间距，不应小于表 4.0.4 的规定。

火炬的防火间距应经辐射热计算确定，对可能携带可燃液体的火炬的防火间距，尚不应小于表 4.0.4 的规定。

5.1.8 石油天然气站场内的绿化，应符合下列规定：

4 液化石油气罐组防火堤或防护墙内严禁绿化。

表4.0.4 石油天然气站场区域布置防火间距（m）

序号		1	2	3	4	5	6	7	8	9	10	11	12	13
					铁路		公路			架空电力线路		架空通信线路		
名称		100人以上的居住区、村镇、公共福利设施	100人以下的散居房屋	相邻厂矿企业	国家铁路线	工业企业铁路线	高速公路	其他公路	35kV及以上独立变电所	35kV及以上	35kV以下	国家Ⅰ、Ⅱ级	其他通信线路	爆炸作业场地（如采石场）
油品站场、天然气站场	一级	100	75	70	50	40	35	25	60	1.5倍杆高且不小于30m	1.5倍杆高	40	1.5倍杆高	300
	二级	80	60	60	45	35	30	20	50					
	三级	60	45	50	40	30	25	15	40					
	四级	40	35	40	35	25	20	15	40					
	五级	30	30	30	30	20	20	10	30					
液化石油气和天然气凝液站场	一级	120	90	120	60	55	40	30	80	40		40	1.5倍杆高	300
	二级	100	75	100	60	50	40	30	80					
	三级	80	60	80	50	45	35	25	70					
	四级	60	50	60	50	40	35	25	60	1.5倍杆高且不小于30m	1.5倍杆高			
	五级	50	45	50	40	35	30	20	50	1.5倍杆高				

第三篇 其他防火 125

续表 4.0.4

序号	1	2	3	4	5	6	7	8	9	10	11	12	13
名称	100人以上的居住区、村镇、公共福利设施	100人以下的散居房屋	相邻厂矿企业	铁路		公路		35kV及以上独立变电所	架空电力线路		架空通信线路		爆炸作业场地（如采石场）
				国家铁路线	工业企业铁路线	高速公路	其他公路		35kV及以上	35kV以下	国家Ⅰ、Ⅱ级	其他通信线路	
可能携带可燃液体的火炬	120	120	120	80	80	80	60	120	80	80	80	60	300

注：
1 表中数值系指石油天然气站场内甲、乙类储罐外壁与周围居住区、相邻厂矿企业、交通线等的防火间距，油气处理设备、装卸区、容器、厂房与序号1～8的防火间距可按本表减少25%，单罐容量小于或等于50m³的直埋卧式储罐与序号1～12的防火间距可减少50%，厂房与序号1～8的防火间距小于15m，但不得小于15m（五级油品站场与其他公路的距离除外）。
2 油品站场当仅储存丙A或丙B类油品时，序号1、2、3的距离可减少25%，当仅储存丙B类油品时，可不受本表限制。
3 表中35kV及以上独立变电所系变电所内单台变压器容量在10000kVA及以上的变电所，小于10000kVA的35kV变电所防火间距可按本表减少25%。
4 注1～注3所述折减不得迭加。
5 放空管可按本表中可能携带可燃液体的火炬间距减少50%。
6 当油罐区按本规范8.4.10规定采用烟雾灭火时，四级油品站场的油罐区与100人以上的居住区、村镇、公共福利设施的防火间距不应小于50m。
7 防火间距的起算点应按本规范附录B执行。

5.2.1 一、二、三、四级石油天然气站场内总平面布置的防火间距除另有规定外，应不小于表 5.2.1 的规定。火炬的防火间距

表 5.2.1 一、二、三、四级油气站场总平面

名　称			地上油罐单罐容量（m³）							
			甲B、乙类固定顶				浮顶或丙类固定顶			
			>10000	≤10000	≤1000	≤500或卧式罐	≥50000	<50000	≤10000	≤500或卧式罐
全压力式天然气凝液、液化石油气储罐单罐容量（m³）		>1000	60	50	40	30	45	37	30	22
		≤1000	55	45	35	25	41	34	26	19
		≤400	50	40	30	25	*	37	30	22	19
		≤100	40	30	25	20		30	22	19	15
		≤50	35	25	20	20		26	19	15	15
全冷冻式液化石油气储罐			30	30	30	30	*	30	30	30	30
天然气储罐总容量（m³）		≤10000	30	25	20	15	35	30	25	20	15
		≤50000	35	30	25	20	40	35	30	25	20
甲、乙类厂房和密闭工艺装置（设备）			25	20	15	15/12	25	20	15	15/12
有明火的密闭工艺设备及加热炉			40	35	30	30	40	35	26	22	19
有明火或散发火花地点（含锅炉房）			45	40	35	30	40	35	30	26	22
敞口容器和除油池（m³）		≤30	28	24	20	16	24	20	18	16	12
		>30	35	30	25	20	30	26	22	20	15
全厂性重要设施			40	35	30	30	35	30	26	22	20
液化石油气灌装站			35	30	25	20	35	30	26	22	20
火车装卸鹤管			30	25	20	20	30	25	20	15	15
汽车装卸鹤管			25	20	15	15	25	20	15	15	12
码头装卸油臂及泊位			50	40	35	30	45	40	35	30	25
辅助生产厂房及辅助生产设施			30	25	20	15	30	25	22	18	15
10kV 及以下户外变压器										
仓库	硫磺及其他甲、乙类物品		35	30	25	20	40	35	30	25	20
	丙类物品		30	25	20	15	35	30	25	20	15
可能携带可燃液体的高架火炬			90	90	90	90	90	90	90	90	90

注：1 两个丙类液体生产设施之间的防火间距，可按甲、乙类生产设施的防火间距减少 25%。
    2 油田采出水处理设施内除油罐（沉降罐）、污油罐可按小于或等于 500m³ 的甲B、乙类固定顶地上油罐的防火间距减少 25%，污油泵（或泵房）的防火间距可按甲、乙类厂房和密闭工艺装置（设备）减少 25%。
    3 缓冲罐与泵、零位罐与泵、除igene池与污油提升泵，塔与塔底泵、回流泵、压缩机与其直接相关的附属设备，泵与密封漏油回收容器的防火间距不限。
    4 全厂性重要设施系指集中控制室、马达控制中心、消防泵房和消防器材间、35kV 及以上的变电所、自备电站、化验室、总机房和厂部办公室，空压站和空分装置。
    5 辅助生产厂房及辅助生产设施系指维修间、车间办公室、工具间、换热站、供注水泵房、深井泵房、排涝泵房、仪表控制间、应急发电设施、阴极保护间、循环水泵房、给水处理与污水处理等使用非防爆电气设备的厂房和设施。

应经辐射热计算确定，对可能携带可燃液体的高架火炬还应满足表 5.2.1 的规定。

布置防火间距（m）

全压力式天然气凝液、液化石油气储罐单罐容量（m³）					全冷冻式液化石油气储罐	天然气储罐总容量（m³）		甲、乙类厂房和密闭工艺装置（设备）	有明火的散发火花地点（含锅炉房）	敞口容器和除油池（m³）		全厂性重要设施	液化石油气灌装站	火车装卸鹤管	汽车装卸鹤管	码头装卸油臂及泊位	辅助生产厂房及辅助生产设施	10kV及以下户外变压器
>1000	≤1000	≤400	≤100	≤50		≤10000	≤50000			≤30	>30							
30	30	30	30	30	见6.6节													
55	50	45	40	35		40												
65	60	55	50	45		50												
60	50	45	40	35		60	25	30										
85	75	65	55	45		60	30	35	20									
100	80	70	60	50		60	30	35	25/20	20								
44	40	36	32	30		40	30	—	25	25								
55	50	45	40	30		40	20	30	20	35								
85	75	65	55	45		70	30	35	25	—	25	30						
50	40	30	25	20		45	20	25	25	30	30	50						
45	40	35	30	25		50	20	25	20	25	30	30						
40	35	30	25	20		45	15	20	25/15	20	25	25	20					
55	50	45	35	35		55	20	35	35	35	30	40	30	25	20			
60	50	45	30	25		60	30	15	15	25	25	30	20	30				
65	60	50	45	35		60	25	25	25	25	20	30	20	30	—	30		
60	50	45	40	30		50	20	25	25	25	25	20	20	30	20	25		
50	40	30	25	20		30	15	20	25	15	25	20	15	20	15	20		
90	90	90	90	90		90	90	90	60	60	90	90	90	90	90	90		

6　天然气储罐总容量按标准体积计算。大于 50000m³ 时，防火间距应按本表增加 25%。
7　可能携带可燃液体的高架火炬与相关设施的防火间距不得折减。
8　表中数字分子表示甲 A 类，分母表示甲 B、乙类厂房和密闭工艺装置（设备）防火间距。
9　液化石油气灌装站系指进行液化石油气灌瓶、加压及其有关的附属生产设施；灌装站内部防火间距应按本规范 6.7 节执行；灌装站防火间距起算点，按灌装站内相邻面的设备、容器、建（构）筑物外缘算起。
10　事故存液池的防火间距，可按敞口容器和除油池的规定执行。
11　表中"—"表示设施之间的防火间距应符合现行国家标准《建筑设计防火规范》的规定或设施间距只需满足安装、操作及维修要求；表中"*"表示本规范未涉及的内容。

5.2.2 石油天然气站场内的甲、乙类工艺装置、联合工艺装置的防火间距，应符合下列规定：

1 装置与其外部的防火间距应按本规范表 5.2.1 中甲、乙类厂房和密闭工艺设备的规定执行。

2 装置间的防火间距应符合表 5.2.2-1 的规定。

3 装置内部的设备、建（构）筑物间的防火间距，应符合表 5.2.2-2 的规定。

表 5.2.2-1 装置间的防火间距（m）

火灾危险类别	甲$_A$类	甲$_B$、乙$_A$类	乙$_B$、丙类
甲$_A$类	25		
甲$_B$、乙$_A$类	20	20	
乙$_B$、丙类	15	15	10

注：表中数字为装置相邻面工艺设备或建（构）筑物的净距，工艺装置与工艺装置的明火加热炉相邻布置时，其防火间距应按与明火的防火间距确定。

表 5.2.2-2 装置内部的防火间距（m）

名称		明火或散发火花的设备或场所	仪表控制间、10kV及以下的变配电室、化验室、办公室	可燃气体压缩机或其厂房	中间储罐		
					甲$_A$类	甲$_B$、乙$_A$类	乙$_B$、丙类
仪表控制间、10kV及以下的变配电室、化验室、办公室		15					
可燃气体压缩机或其厂房		15	15				
其他工艺设备及厂房	甲$_A$类	22.5	15	9	9	9	7.5
	甲$_B$、乙$_A$类	15	15	9	9	9	7.5
	乙$_B$、丙类	9	9	7.5	7.5	7.5	

续表 5.2.2-2

名 称		明火或散发火花的设备或场所	仪表控制间、10kV及以下的变配电室、化验室、办公室	可燃气体压缩机或其厂房	中间储罐		
					甲$_A$类	甲$_B$、乙$_A$类	乙$_B$、丙类
中间储罐	甲$_A$类	22.5	22.5	15			
	甲$_B$、乙$_A$类	15	15	9			
	乙$_B$、丙类	9	9	7.5			

注：1 由燃气轮机或天然气发动机直接拖动的天然气压缩机对明火或散发火花的设备或场所、仪表控制间等的防火间距按本表可燃气体压缩机或其厂房确定；对其他工艺设备及厂房、中间储罐的防火间距按本表明火或散发火花的设备或场所确定。
2 加热炉与分离器组成的合一设备、三甘醇火焰加热再生釜、溶液脱硫的直接火焰加热重沸器等带有直接火焰加热的设备，应按明火或散发火花的设备或场所确定防火间距。
3 克劳斯硫磺回收工艺的燃烧炉、再热炉、在线燃烧器等正压燃烧炉，其防火间距按其他工艺设备和厂房确定。
4 表中的中间储罐的总容量：全压力式天然气凝液、液化石油气储罐应小于或等于100m³；甲$_B$、乙类液体储罐应小于或等于1000m³。当单个全压力式天然气凝液、液化石油气储罐小于50m³、甲$_B$、乙类液体储罐小于100m³时，可按其他工艺设备对待。
5 含可燃液体的水池、隔油池等，可按本表其他工艺设备对待。
6 缓冲罐与泵、零位罐与泵、除油池与污油提升泵、塔与塔底泵、回流泵，压缩机与其直接相关的附属设备，泵与密封漏油回收容器的防火间距可不受本表限制。

5.2.3 五级石油天然气站场总平面布置的防火间距，不应小于表5.2.3的规定。

5.2.4 五级油品站场和天然气站场值班休息室（宿舍、厨房、餐厅）距甲、乙类油品储罐不应小于30m，距甲、乙类工艺设备、容器、厂房、汽车装卸设施不应小于22.5m；当值班休息室朝向甲、乙类工艺设备、容器、厂房、汽车装卸设施的墙壁为耐火等级不低于二级的防火墙时，防火间距可减少（储罐除外），但不应小于15m，并应方便人员在紧急情况下安全疏散。

表 5.2.3 五级油气站场防火间距 (m)

名称	油气井	露天油气密闭设备及阀组	可燃气体压缩机及压缩机房	天然气凝液泵、油泵及其泵房、阀组间	水套炉	加热炉、锅炉房	10kV及以下户外变压器、配电间	隔油池、事故污油池（罐）、卸油池(m³) ≤30	隔油池、事故污油池（罐）、卸油池(m³) >30	≤500m³油罐(除甲A类外)及装卸车鹤管	天然气凝液、液化石油气储罐(m³) 单罐目罐容量<50时	天然气凝液、液化石油气储罐(m³) 总容量≤100	天然气凝液、液化石油气储罐(m³) 100<总容量≤200, 单罐容量≤100
油气井	5												
露天油气密闭设备及阀组	20												
可燃气体压缩机及压缩机房	20												
天然气凝液泵、油泵及其泵房、阀组间	20												
水套炉	9	5	15	15/10	—								
加热炉、锅炉房	20	10	15	22.5/15	15	22.5							
10kV及以下户外变压器、配电间	15	10	12	22.5/15	—	22.5	15						
隔油池、事故污油池（罐）、卸油池(m³) ≤30	20	—	9	—	15	22.5	15	15					
隔油池、事故污油池（罐）、卸油池(m³) >30	15	12	15	15	20	22.5	15	15					
≤500m³油罐(除甲A类外)及装卸车鹤管	15	10	15	10	15	30	22.5	30	30	25			
天然气凝液、液化石油气储罐(m³) 单罐目罐容量<50时	*												
天然气凝液、液化石油气储罐(m³) 总容量≤100		10	15	10	22.5	30	22.5	15	15	25			
天然气凝液、液化石油气储罐(m³) 100<总容量≤200, 单罐容量≤100			30	30	30	40	40	30	30	30			

计量仪表间、值班室或配水间；辅助生产厂房及辅助生产设施；硫磺仓库

续表 5.2.3

名称	露天油气密闭设备及井组	可燃气体压缩机及压缩机房阀组间	天然气凝液泵油泵及其泵房阀组间	水套炉	加热炉锅炉房	10kV及以下户外变压器配电间	隔油池、事故污油池(罐)、卸油池 (m³) ≤30	隔油池 >30	≤500m³油罐(除甲A类外)及装卸车鹤管	天然气、液化石油气储罐 单罐目容量<50时	单罐容量≤100 总容量≤100	100<总容量≤200,单罐容量≤100	计量仪表间、值班室或配水间	辅助生产厂房及辅助生产设施	硫磺仓库
计量仪表间、值班室或配水间	9	5	10	10	10	—	10	15	15	22.5	22.5	40	—	—	5
辅助生产厂房及辅助生产设施	20	12	15	15/10	—	—	15	22.5	15	22.5	30	40	—	15	10
硫磺仓库	15	10	15	15	15	10	15	15	15	*	*	*	10	15	5
污水池	5	5	5	5	5	5	5	5	5	5	5	5	5	10	5

注：
1 油罐与装车鹤管之间的防火间距，当采用自流式装车时不受本表的限制，当采用压力装车时不应小于15m。
2 加热炉与分离器组成的合一设备、三甘醇火焰加热重烧炉等，溶液脱硫的直接火焰加热的设备，应按水套炉确定防火间距。
3 无芳斯硫磺回收工艺的燃烧炉、再热炉、在线燃烧器等正压燃烧炉，其防火间距可按重沸天然油气密闭设备确定。
4 35kV及以上的变配电所应按本规范表 5.2.1 的规定执行。
5 辅助生产厂房指发配电机房及使用非燃爆电气的厂房和设施，如：站内附设的维修间、化验间、工具间、供注水泵房、办公室、会议室、仪表控制间、药剂泵房、掺水泵房及掺水计量间、注汽装置、库房、空压机房、循环水泵房、污水泵房、卸药台等。
6 计量仪表间与油气井分并计量间用计量仪表间。
7 缓冲罐与泵、零位罐与泵、除油池与污油提升泵、压缩机与直接相关的附属设备、泵与密封漏油回收容器的防火间距不限。
8 表格数字分子表示甲A类，分母表示甲B、乙类设施的防火间距。
9 油田采出水处理设施内除油罐(沉降罐)、污油罐及污水泵房及泵房之间防火间距减少25%，但不应小于9m。
10 "—"表示该设施之间的防火间距应符合现行国家标准《建筑设计防火规范》的规定或者设施间距仅需满足安装、操作及维修要求；表中"*"表示本规范未涉及的内容。

5.3.1 一、二、三级油气站场,至少应有两个通向外部道路的出入口。

6.1.1 进出天然气站场的天然气管道应设截断阀,并应能在事故状况下易于接近且便于操作。三、四级站场的截断阀应有自动切断功能。当站场内有两套及两套以上天然气处理装置时,每套装置的天然气进出口管道均应设置截断阀。进站场天然气管道上的截断阀前应设泄压放空阀。

6.4.1 沉降罐顶部积油厚度不应超过0.8m。

6.4.8 采用天然气密封的罐应满足下列规定:

    1 罐顶必须设置液压安全阀,同时配备阻火器。

    2 罐顶部透光孔不得采用活动盖板,气体置换孔必须加设阀门。

    3 储罐应设高、低液位报警和液位显示装置,并将报警及液位显示信号传至值班室。

    4 罐上经常与大气相通的管道应设阻火器及水封装置,水封高度应根据密闭系统工作压力确定,不得小于250mm。水封装置应有补水设施。

    5 多座水罐共用一条干管调压时,每座罐的支管上应设截断阀和阻火器。

6.5.7 油罐之间的防火距离不应小于表6.5.7的规定。

表6.5.7 油罐之间的防火距离

油品类别	固定顶油罐	浮顶油罐	卧式油罐
甲、乙类	1000m³ 以上的罐:0.6D	0.4D	0.8m
	1000m³ 及以下的罐,当采用固定式消防冷却时:0.6D,采用移动式消防冷却时:0.75D		

续表 6.5.7

油品类别		固定顶油罐	浮顶油罐	卧式油罐
丙类	A	0.4D	—	0.8m
	B	>1000m³ 的罐：5m ≤1000m³ 的罐：2m		

注：1 浅盘式和浮舱用易熔材料制作的内浮顶油罐按固定顶油罐确定罐间距。
　　2 表中 D 为相邻较大罐的直径，单罐容积大于 1000m³ 的油罐取直径或高度的较大值。
　　3 储存不同油品的油罐、不同型式的油罐之间的防火间距、应采用较大值。
　　4 高架（位）罐的防火间距，不应小于 0.6m。
　　5 单罐容量不大于 300m³，罐组总容量不大于 1500m³ 的立式油罐间距，可按施工和操作要求确定。
　　6 丙$_A$ 类油品固定顶油罐之间的防火距离按 0.4D 计算大于 15m 时，最小可取 15m。

6.5.8 地上立式油罐组应设防火堤，位于丘陵地区的油罐组，当有可利用地形条件设置导油沟和事故存油池时可不设防火堤。卧式油罐组应设防护墙。

6.7.1 油品的铁路装卸设施应符合下列要求：

1 装卸栈桥两端和沿栈桥每隔 60～80m，应设安全斜梯。

2 顶部敞口装车的甲 B、乙类油品，应采用液下装车鹤管。

3 装卸泵房至铁路装卸线的距离，不应小于 8m。

4 在距装车栈桥边缘 10m 以外的油品输入管道上，应设便于操作的紧急切断阀。

5 零位油罐不应采用敞口容器，零位罐至铁路装卸线距离，不应小于 6m。

6.8.7 火炬设置应符合下列要求：

1 火炬的高度，应经辐射热计算确定，确保火炬下部及周围人员和设备的安全。

  2 进入火炬的可燃气体应经凝液分离罐分离出气体中直径大于 300μm 的液滴；分离出的凝液应密闭回收或送至焚烧坑焚烧。

  3 应有防止回火的措施。

  4 火炬应有可靠的点火设施。

  5 距火炬筒 30m 范围内，严禁可燃气体放空。

  6 液体、低热值可燃气体、空气和惰性气体，不得排入火炬系统。

7.3.2 天然气集输管道输送湿天然气，天然气中的硫化氢分压等于或大于 0.0003MPa（绝压）或输送其他酸性天然气时，集输管道及相应的系统设施必须采取防腐蚀措施。

7.3.3 天然气集输管道输送酸性干天然气时，集输管道建成投产前的干燥及管输气质的脱水深度必须达到现行国家标准《输气管道工程设计规范》GB 50251 中的相关规定。

8.3.1 消防用水可由给水管道、消防水池或天然水源供给，应满足水质、水量、水压、水温要求。当利用天然水源时，应确保枯水期最低水位时消防用水量的要求，并设置可靠的取水设施。处理达标的油田采出水能满足消防水质、水温的要求时，可用于消防给水。

8.4.2 油罐区低倍数泡沫灭火系统的设置，应符合下列规定：

  1 单罐容量不小于 10000m³ 的固定顶罐、单罐容量不小于 50000m³ 的浮顶罐、机动消防设施不能进行保护或地形复杂消防车扑救困难的储罐区，应设置固定式低倍数泡沫灭火系统。

  2 罐壁高度小于 7m 或容积不大于 200m³ 的立式油罐、卧式油罐可采用移动式泡沫灭火系统。

  3 除 1 与 2 款规定外的油罐区宜采用半固定式泡沫灭火系统。

8.4.3 单罐容量不小于20000m³的固定顶油罐，其泡沫灭火系统与消防冷却水系统应具备连锁程序操纵功能。单罐容量不小于50000m³的浮顶油罐应设置火灾自动报警系统。单罐容量不小于100000m³的浮顶油罐，其泡沫灭火系统与消防冷却水系统应具备自动操纵功能。

8.4.5 油罐区消防冷却水系统设置形式应符合下列规定：

1 单罐容量不小于10000m³的固定顶油罐、单罐容量不小于50000m³的浮顶油罐，应设置固定式消防冷却水系统。

2 单罐容量小于10000m³、大于500m³的固定顶油罐与单罐容量小于50000m³的浮顶油罐，可设置半固定式消防冷却水系统。

3 单罐容量不大于500m³的固定顶油罐、卧式油罐，可设置移动式消防冷却水系统。

8.4.6 油罐区消防水冷却范围应符合下列规定：

1 着火的地上固定顶油罐及距着火油罐罐壁1.5倍直径范围内的相邻地上油罐，应同时冷却；当相邻地上油罐超过3座时，可按3座较大的相邻油罐计算消防冷却水用量。

2 着火的浮顶罐应冷却，其相邻油罐可不冷却。

3 着火的地上卧式油罐及距着火油罐直径与长度之和的一半范围内的相邻油罐应冷却。

8.4.7 油罐的消防冷却水供给范围和供给强度应符合下列规定：

1 地上立式油罐消防冷却水供给范围和供给强度不应小于表8.4.7的规定。

2 着火的地上卧式油罐冷却水供给强度不应小于6.0L/(min·m²)，相邻油罐冷却水供给强度不应小于3.0L/(min·m²)。冷却面积应按油罐投影面积计算。总消防水量不应小于50m³/h。

3 设置固定式消防冷却水系统时，相邻罐的冷却面积可按实际需要冷却部位的面积计算，但不得小于罐壁表面积的1/2。油罐消防冷却水供给强度应根据设计所选的设备进行校核。

表 8.4.7 消防冷却水供给范围和供给强度

油罐形式			供给范围	供给强度	
				$\phi16mm$ 水枪	$\phi19mm$ 水枪
移动、半固定式冷却	着火罐	固定顶罐	罐周全长	0.6L/(s·m)	0.8L/(s·m)
		浮顶罐	罐周全长	0.45L/(s·m)	0.6L/(s·m)
	相邻罐	不保温罐	罐周半长	0.35L/(s·m)	0.5L/(s·m)
		保温罐	罐周半长	0.2L/(s·m)	
固定式冷却	着火罐	固定顶罐	罐壁表面	2.5L/(min·m²)	
		浮顶罐	罐壁表面	2.0L/(min·m²)	
	相邻罐		罐壁表面积的1/2	2.0L/(min·m²)	

注：$\phi16mm$ 水枪保护范围为 8~10m，$\phi19mm$ 水枪保护范围为 9~11m。

8.4.8 直径大于 20m 的地上固定顶油罐的消防冷却水连续供给时间，不应小于 6h；其他立式油罐的消防冷却水连续供给时间，不应小于 4h；地上卧式油罐的消防冷却水连续供给时间不应小于 1h。

8.5.4 固定式消防冷却水系统的用水量计算，应符合下列规定：

1 着火罐冷却水供给强度不应小于 0.15L/(s·m²)，保护面积按其表面积计算。

2 距着火罐直径（卧式罐按罐直径和长度之和的一半）1.5 倍范围内的邻近罐冷却水供给强度不应小于 0.15L/(s·m²)，保护面积按其表面积的一半计算。

8.5.6 辅助水枪或水炮用水量应按罐区内最大一个储罐用水量确定，且不应小于表 8.5.6 的规定。

表 8.5.6 水枪用水量

罐区总容量（m³）	<500	500~2500	>2500
单罐容量（m³）	≤100	<400	≥400
水量（L/s）	20	30	45

注：水枪用水量应按本表罐区总容量和单罐容量较大者确定。

8.6.1 石油天然气生产装置区的消防用水量应根据油气、站场设计规模、火灾危险类别及固定消防设施的设置情况等综合考虑确定,但不应小于表 8.6.1 的规定。火灾延续供水时间按 3h 计算。

表 8.6.1 装置区的消防用水量

场站等级	消防用水量(L/s)
三级	45
四级	30
五级	20

注:五级站场专指生产规模小于 $50\times 10^4\,\mathrm{m^3/d}$ 的天然气净化厂和五级天然气处理厂。

9.1.1 石油天然气工程一、二、三级站场消防泵房用电设备的电源、宜满足现行国家标准《供配电系统设计规范》GB 50052 所规定的一级负荷供电要求。当只能采用二级负荷供电时,应设柴油机或其他内燃机直接驱动的备用消防泵,并应设蓄电池满足自控通讯要求。当条件受限制或技术、经济合理时,也可全部采用柴油机或其他内燃机直接驱动消防泵。

9.2.2 工艺装置内露天布置的塔、容器等,当顶板厚度等于或大于 4mm 时,可不设避雷针保护,但必须设防雷接地。

9.2.3 可燃气体、油品、液化石油气、天然气凝液的钢罐,必须设防雷接地,并应符合下列规定:

1 避雷针(线)的保护范围,应包括整个储罐。

2 装有阻火器的甲$_B$、乙类油品地上固定顶罐,当顶板厚度等于或大于 4mm 时,不应装设避雷针(线),但必须设防雷接地。

3 压力储罐、丙类油品钢制储罐不应装设避雷针(线),但必须设防感应雷接地。

4 浮顶罐、内浮顶罐不应装设避雷针(线),但应将浮顶与罐体用 2 根导线作电气连接。浮顶罐连接导线应选用截面积不小于 25mm² 的软铜复绞线。对于内浮顶罐，钢质浮盘的连接导线应选用截面积不小于 16mm² 的软铜复绞线；铝质浮盘的连接导线应选用直径不小于 1.8mm 的不锈钢钢丝绳。

10.2.2 站址应远离下列设施：
    1 大型危险设施（例如，化学品、炸药生产厂及仓库等）；
    2 大型机场（包括军用机场、空中实弹靶场等）；
    3 与本工程无关的输送易燃气体或其他危险流体的管线；
    4 运载危险物品的运输线路（水路、陆路和空路）。

五、《储罐区防火堤设计规范》GB 50351—2014

3.1.2 防火堤、防护墙应采用不燃烧材料建造，且必须密实、闭合、不泄漏。

3.1.7 每一储罐组的防火堤、防护墙应设置不少于 2 处越堤人行踏步或坡道，并应设置在不同方位上。隔堤、隔墙应设置人行踏步或坡道。

六、《人民防空工程设计防火规范》GB 50098—2009

3.1.2 人防工程内不得使用和储存液化石油气、相对密度（与空气密度比值）大于或等于 0.75 的可燃气体和闪点小于 60℃ 的液体燃料。

3.1.6 地下商店应符合下列规定：
    1 不应经营和储存火灾危险性为甲、乙类储存物品属性的商品；
    2 营业厅不应设置在地下三层及三层以下；

3.1.10 柴油发电机房和燃油或燃气锅炉房的设置除应符合现行国家标准《建筑设计防火规范》GB 50016 的有关规定外，尚应符合下列规定：
    1 防火分区的划分应符合本规范第 4.1.1 条第 3 款的规定；
    2 柴油发电机房与电站控制室之间的密闭观察窗除应符合

密闭要求外，还应达到甲级防火窗的性能；

  3 柴油发电机房与电站控制室之间的连接通道处，应设置一道具有甲级防火门耐火性能的门，并应常闭；

  4 储油间的设置应符合本规范第 4.2.4 条的规定。

4.1.1 人防工程内应采用防火墙划分防火分区，当采用防火墙确有困难时，可采用防火卷帘等防火分隔设施分隔，防火分区划分应符合下列要求：

  5 工程内设置有旅店、病房、员工宿舍时，不得设置在地下二层及以下层，并应划分为独立的防火分区，且疏散楼梯不得与其他防火分区的疏散楼梯共用。

4.1.6 当人防工程地面建有建筑物，且与地下一、二层有中庭相通或地下一、二层有中庭相通时，防火分区面积应按上下多层相连通的面积叠加计算；当超过本规范规定的防火分区最大允许建筑面积时，应符合下列规定：

  1 房间与中庭相通的开口部位应设置火灾时能自行关闭的甲级防火门窗；

  2 与中庭相通的过厅、通道等处，应设置甲级防火门或耐火极限不低于 3h 的防火卷帘；防火门或防火卷帘应能在火灾时自动关闭或降落；

  3 中庭应按本规范第 6.3.1 条的规定设置排烟设施。

4.3.3 本规范允许使用的可燃气体和丙类液体管道，除可穿过柴油发电机房、燃油锅炉房的储油间与机房间的防火墙外，严禁穿过防火分区之间的防火墙；当其他管道需要穿过防火墙时，应采用防火封堵材料将管道周围的空隙紧密填塞，通风和空气调节系统的风管还应符合本规范第 6.7.6 条的规定。

4.3.4 通过防火墙或设置有防火门的隔墙处的管道和管线沟，应采用不燃材料将通过处的空隙紧密填塞。

4.4.2 防火门的设置应符合下列规定：

  1 位于防火分区分隔处安全出口的门应为甲级防火门；当使用功能上确实需要采用防火卷帘分隔时，应在其旁设置与相邻防火分区的疏散走道相通的甲级防火门；

　　2　公共场所的疏散门应向疏散方向开启，并在关闭后能从任何一侧手动开启；

　　4　用防护门、防护密闭门、密闭门代替甲级防火门时，其耐火性能应符合甲级防火门的要求；且不得用于平战结合公共场所的安全出口处；

　　5　常开的防火门应具有信号反馈的功能。

5.2.1　设有下列公共活动场所的人防工程，当底层室内地面与室外出入口地坪高差大于10m时，应设置防烟楼梯间；当地下为两层，且地下第二层的室内地面与室外出入口地坪高差不大于10m时，应设置封闭楼梯间。

　　1　电影院、礼堂；

　　2　建筑面积大于500m^2的医院、旅馆；

　　3　建筑面积大于1000m^2的商场、餐厅、展览厅、公共娱乐场所、健身体育场所。

6.1.1　人防工程下列部位应设置机械加压送风防烟设施：

　　1　防烟楼梯间及其前室或合用前室；

　　2　避难走道的前室。

6.4.1　每个防烟分区内必须设置排烟口，排烟口应设置在顶棚或墙面的上部。

6.5.2　机械加压送风防烟管道、排烟管道、排烟口和排烟阀等必须采用不燃材料制作。排烟管道与可燃物的距离不应小于0.15m，或应采取隔热防火措施。

7.2.6　人防工程应配置灭火器，灭火器的配置设计应符合现行国家标准《建筑灭火器配置设计规范》GB 50140的有关规定。

7.8.1　设置有消防给水的人防工程，必须设置消防排水设施。

8.1.2　消防控制室、消防水泵、消防电梯、防烟风机、排烟风机等消防用电设备应采用两路电源或两回路供电线路供电，并应在最末一级配电箱处自动切换。

　　当采用柴油发电机组作备用电源时，应设置自动启动装置，并应能在 30s 内供电。

8.1.5 消防用电设备的配电线路应符合下列规定：

1 当采用暗敷设时，应穿在金属管中，并应敷设在不燃烧体结构内，且保护层厚度不应小于 30mm；

2 当采用明敷设时，应敷设在金属管或封闭式金属线槽内，并应采取防火保护措施；

8.1.6 消防用电设备、消防配电柜、消防控制箱等应设置有明显标志。

8.2.6 消防疏散照明和消防备用照明在工作电源断电后，应能自动投合备用电源。

七、《民用机场航站楼设计防火规范》GB 51236—2017

3.2.1 航站楼的耐火等级应符合下列规定：

1 一层式、一层半式航站楼，不应低于二级；

2 其他航站楼，应为一级；

3 航站楼的地下或半地下室，应为一级。

3.3.9 除白酒、香水类化妆品等类似火灾危险性的商品外，航站楼内不应布置存放其他甲、乙类物品的房间。存放白酒、香水类化妆品等类似商品的房间应避开人员经常停留的区域，并应靠近航站楼的外墙布置。

3.3.10 航站楼内不应设置使用液化石油气的场所，使用天然气的场所应靠近航站楼的外墙布置，使用相对密度（与空气密度的比值）大于或等于 0.75 的燃气的场所不应设置在地下或半地下。燃气管道的布置应符合现行国家标准《城镇燃气设计规范》GB 50028 的规定。

3.4.1 航站楼内每个防火分区应至少设置 1 个直通室外或避难走道的安全出口，或设置 1 部直通室外的疏散楼梯。

3.4.8 下列区域或部位应设置疏散照明：

1 公共区、工作区、疏散走道；

2 登机桥、疏散楼梯间及其前室或合用前室、消防电梯前室或合用前室；

  3 建筑面积大于 100m² 的地下或半地下房间；

  4 避难走道、与城市公共交通设施相连通的部位。

3.5.5 行李处理用房与公共区之间应设置防火墙。行李传送带穿越防火墙处的洞口应采用耐火极限不低于 3.00h 的防火卷帘等进行分隔。

3.5.6 吊顶内的行李传输通道应采用耐火极限不低于 2.00h 的防火板等封闭，行李传输夹层应采用耐火极限均不低于 2.00h 的防火隔墙和楼板与其他空间分隔。

3.5.7 下列部位应采用耐火极限不低于 2.00h 的防火隔墙和耐火极限不低于 1.00h 的顶板与其他部位分隔，防火隔墙上的门、窗和直接通向公共区的房间门应采用乙级防火门、窗：

  1 有明火作业的厨房及其他热加工区；

  2 库房、设备间、贵宾室或头等舱休息室、公共区内的办公室等用房。

八、《火力发电厂与变电站设计防火标准》GB 50229—2019

3.0.1 生产的火灾危险性应根据生产中使用或产生的物质性质及其数量等因素分类，储存物品的火灾危险性应根据储存物品的性质和储存物品中的可燃物数量等因素分类，并均应符合表 3.0.1 的规定。

表 3.0.1 建（构）筑物的火灾危险性分类及其耐火等级

建（构）筑物名称	火灾危险性分类	耐火等级
主厂房（汽机房、除氧间、集中控制楼、煤仓间、锅炉房）	丁	二级
吸风机室	丁	二级
除尘构筑物	丁	二级
烟囱	丁	二级
空冷平台	戊	二级

续表 3.0.1

建（构）筑物名称	火灾危险性分类	耐火等级
脱硫工艺楼、石灰石制浆楼、石灰石制粉楼、石膏库	戊	二级
脱硫控制楼	丁	二级
吸收塔	戊	三级
增压风机室	戊	二级
屋内卸煤装置	丙	二级
碎煤机室、运煤转运站及配煤楼	丙	二级
封闭式运煤栈桥、运煤隧道	丙	二级
筒仓、干煤棚、解冻室、室内贮煤场	丙	二级
输送不燃烧材料的转运站	戊	二级
输送不燃烧材料的栈桥	戊	二级
供、卸油泵房及栈台（柴油、重油、渣油）	丙	二级
油处理室	丙	二级
主控制楼、网络控制楼、微波楼、网络继电器室	丙	一级
屋内配电装置楼（内有每台充油量>60kg 的设备）	丙	二级
屋内配电装置楼（内有每台充油量≤60kg 的设备）	丁	二级
油浸变压器室	丙	一级
岸边水泵房、循环水泵房	戊	二级
灰浆、灰渣泵房	戊	二级
灰库	戊	三级
生活、消防水泵房，综合水泵房	戊	二级
稳定剂室、加药设备室	戊	二级
取水建（构）筑物	戊	二级
冷却塔	戊	三级
化学水处理室、循环水处理室	戊	二级
供氢站、制氢站	甲	二级

续表 3.0.1

建（构）筑物名称	火灾危险性分类	耐火等级
启动锅炉房	丁	二级
空气压缩机室（无润滑油或不喷油螺杆式）	戊	二级
空气压缩机室（有润滑油）	丁	二级
热工、电气、金属试验室	丁	二级
天桥	戊	二级
变压器检修间	丙	二级
雨水、污（废）水泵房	戊	二级
检修车间	戊	二级
污（废）水处理构筑物	戊	二级
给水处理构筑物	戊	二级
电缆隧道	丙	二级
柴油发电机房	丙	二级
氨区控制室	丁	二级
卸氨压缩机室	乙	二级
液氨气化间	乙	二级
特种材料库	丙	二级
一般材料库	戊	二级
材料棚库	戊	二级
推煤机库	丁	二级

注：当特种材料库储存氢、氧、乙炔等气瓶时，火灾危险性应按储存火灾危险性较大的物品确定。

3.0.9 发电厂建筑物内电缆夹层的内墙应采用耐火极限不小于1.00h的不燃烧体。

4.0.15 厂区内建（构）筑物、设备之间的防火间距不应小于表4.0.15的规定；高层厂房之间及与其他厂房之间的防火间距，应在表4.0.15规定的基础上增加3m。

第三篇 其他防火

表 4.0.15 建(构)筑物之间的防火间距 (m)

建(构)筑物、设备名称		乙类建筑耐火等级	丙、丁、戊类建筑耐火等级		屋外配电装置	露天卸煤装置或贮煤场	制氢站或供氢站	氢气罐总容量 (m³)	
		一、二级	一、二级	三级				V≤1000	1000<V ≤10000
乙类建筑耐火等级	一、二级	10	10	12	25	8	12	12	15
丙、丁、戊类建筑耐火等级	一、二级	10	10	12	10	8	12	12	15
	三级	12	12	14	12	10	14	15	20
屋外配电装置		25	10	12	—	—	—	—	—
主变压器或屋外厂用变压器单台油量(t)	≥5,≤10	25	15	15	—	15	25	25	30
	>10,≤50			20		25(褐煤)	25(褐煤)	25(褐煤)	
	>50			25					
露天卸煤装置或贮煤场		8	8	10	—	—	15	20	—
制氢站或供氢站		12	12	14	25(褐煤)	25	12	15	25(褐煤)
氢气罐总容量 (m³)	V≤1000	12	12	15	25	25(褐煤)	15	15	—
	1000<V≤10000	15	15	20	30	25	15	—	—

续表 4.0.15

建(构)筑物、设备名称		乙类建筑耐火等级		丙、丁、戊类建筑耐火等级		屋外配电装置	露天卸煤装置或贮煤场	制氢站或供氢站	氢气罐总容量(m³)	
		一、二级	三级	一、二级	三级				V≤1000	1000<V≤10000
点火油罐区储罐总容量V(m³)	V≤1000	15(20)	20(25)	15(20)	20(25)	25	25(30)	20(25)	20	25
	1000<V≤5000	20(25)	25(30)	20(25)	25(30)		30(40)	25(30)		
液氨罐总容积V(m³)	单罐容积V(m³) V≤20	30		24(丙、丁类)	14	34	25	30	24	
	V≤50	34		27(丙、丁类)	15	38	25	34	27	
	V≤100	38		30(丙、丁类)	17	42	27	38	30	
	V≤200	42		34(丙、丁类)	19	45	30	42	34	
办公、生活建筑(单层或多层)耐火等级	一、二级	25		10	12(丁类)	10	8	25	25	30
	三级	25		12	14(丁类)	12	10	25(褐煤)		

续表 4.0.15

建(构)筑物、设备名称		点火油罐区储油罐区总容量V (m³)		办公、生活建筑(单层或多层)耐火等级		铁路中心线		厂外道路(路边)	厂内道路(路边)	
		V≤1000	1000<V≤5000	一、二级	三级	厂外	厂内		主要	次要
乙类建筑耐火等级	一、二级	15(20)	20(25)	25	25	—	—	—	—	—
丙、丁、戊类建筑耐火等级	一、二级	15(20)	20(25)	10	12	—	—	—	—	—
	三级	20(25)	25(30)	12	14	—	—	—	—	—
屋外配电装置		25	25	10	12	—	—	—	—	—
主变压器或屋外厂用变压器单台油量(t)	≥5,≤10	28(40)	32(50)	15	20	—	—	—	—	—
	>10,≤50			20	25	—	—	—	—	—
	>50			25	30	—	—	—	—	—
露天卸煤装置或贮煤场		25(30)	30(40)	8	10	—	—	—	—	—
				25(褐煤)						
制氢站或供氢站 氢气罐总容量(m³)	V≤1000	20(25)	25(30)	25	25	30	20	15	10	5
	1000<V≤10000	20	25	25	30	25	20	15	10	5

续表 4.0.15

建(构)筑物、设备名称		点火油区储油罐区总容量 V (m³)		办公、生活建筑(单层或多层) 耐火等级		铁路中心线		厂外道路(路边)	厂内道路(路边)	
		V≤1000	1000<V≤5000	一、二级	三级	厂外	厂内		主要	次要
点火油区储油罐 V(m³)	V≤50	20(25)	25(32)	30	25(32)	30(35)	20(25)	15(20)	10(15)	5(10)
	50<V≤200	24(30)	27(34)	34	32(38)				15	10
	200<V≤500	27(34)	30(38)	38			25			
	500<V≤1000	30(38)	34(42)	42			30			
液氢罐 单罐容积 V (m³)	V≤20	20(25)	25(32)				20				
	V≤50						25			15	10
	V≤100						25				
	V≤200						30				
办公、生活建筑(单层或多层)耐火等级	一、二级	20(25)	25(32)			6	7				
	三级	35(32)	32(38)			7	8				

注：
1 防火间距应按相邻建(构)筑物外墙的最近距离计算，当外墙有凸出的燃烧构件时，应从其凸出部分外缘算起；建(构)筑物与屋外配电装置变压器之间的防火间距应从变压器外轮廓算起；屋外油浸变压器之间的防火间距由工艺确定；
2 表中油浸变压器外轮廓同丙、丁、戊类建(构)筑物的防火间距，不包括汽车机房、屋内配电装置楼、主控制楼、集中控制楼及网络控制楼；
3 氢气罐与氢气罐之间的防火间距按其水容积(m³)和工作压力(绝对压力)的乘积计算，不应小于邻近氢气罐的直径；
4 氢气罐总容积按建筑物内各氢气罐总容积计算；
5 点火油罐之间、点火油罐按丙类可燃液体储罐总容积不大于 $5000m^3$ 确定，点火油罐按现行国家标准《石油库设计规范》GB 50074 的规定。点火油罐与建(构)筑物的防火间距按丙类可燃液体储罐容积和单罐容积较大者确定；当点火油罐储存乙类可燃液体时，其防火间距应采用括号内数值；
6 液氢储罐与建(构)筑物防火间距按本表液氢罐容积和单罐容积较大者确定；
7 液氢储罐与厂外铁路和厂内铁路按企业专用线，厂外道路系指三级、四级公路。

5.1.1 汽机房、除氧间、煤仓间、锅炉房、集中控制楼的安全出口均不应少于2个。上述安全出口可利用通向相邻车间的乙级防火门作为第二安全出口，但每个车间地面层至少必须有1个直通室外的安全出口。

5.1.2 汽机房、除氧间、煤仓间锅炉房最远工作地点到直通室外的安全出口或疏散楼梯的距离不应大于75m；集中控制楼最远工作地点到直通室外的安全出口或楼梯间的距离不应大于50m。

5.1.3 主厂房至少应有1个能通至各层和屋面且能直接通向室外的封闭楼梯间，其他疏散楼梯可为敞开式楼梯；集中控制楼至少应设置1个通至各层的封闭楼梯间。

5.2.5 配电装置室房间内任一点到房间疏散门的直线距离不应大于15m。

5.3.7 主厂房疏散楼梯间内部不应穿越可燃气体管道，蒸汽管道，甲、乙丙类液体的管道和电缆或电缆槽盒。

6.2.4 煤粉系统的设备保温材料、管道保温材料及在煤仓间穿过的汽、水、油管道保温材料均应采用不燃烧材料。

6.4.8 油罐区卸油总管和供油总管应布置在油罐防火堤外。油罐的进、出口管道，在靠近油罐处和防火堤外面应分别设置隔离阀。油罐区的排水管在防火堤外应设置隔离阀。

6.4.17 油系统的设备及管道的保温材料应采用不燃烧材料。

6.5.2 发电厂氢系统的设计应符合下列规定：

　1　汽机房内的氢管道应布置在通风良好的区域；

　2　发电机的排氢阀和气体控制站（氢置换设施），应布置在能使氢气直接排往厂房外部的安全处，排氢管必须接至厂房外安全处；排氢管的排氢能力应与汽轮机破坏真空停机的惰走时间相配合，排氢管管口应设阻火器；

　3　除必须用法兰与设备和其他部件相连接外，氢气管道管段应采用焊接连接；与发电机相接的氢管道，应采用带法兰的短管连接；

　4　氢管道应有防静电的接地措施；

9 发电机氢气管道应设置检漏装置。在发电机工作氢压高于冷却水压时,冷却水侧也应设置氢气监测和报警器。

6.7.3 油量为 2500kg 及以上的户外油浸变压器或油浸高压并联电抗器之间的最小间距,应符合表 6.7.3 的规定。

表 6.7.3 户外油浸变压器或油浸高压并联电抗器之间的最小间距

电压等级	最小间距(m)	电压等级	最小间距(m)
35kV 及以下	5	220kV 及 330kV	10
66kV	6	500kV 及以上	15
110kV	8		

6.7.6 35kV 及以下户内配电装置当未采用金属封闭开关设备时,其油断路器、油浸电流互感器和电压互感器,应设置在两侧有不燃烧实体墙的间隔内;35kV 以上户内配电装置应安装在有不燃烧实体墙的间隔内,不燃烧实体墙的高度不应低于配电装置中带油设备的高度。

总油量超过 100kg 的户内油浸变压器,应设置单独的变压器室。

6.8.4 防火墙上的电缆孔洞应采用耐火极限为 3.00h 的电缆防火封堵材料或防火封堵组件进行封堵。

6.8.7 对主厂房内易受外部火灾影响的汽轮机头部、汽轮机油系统、锅炉防爆门、煤粉系统防爆门、排渣孔朝向的邻近部位的电缆区段,应采取防火措施。

6.8.8 当电缆明敷时,在电缆中间接头两侧各 2m~3m 长的区段以及沿该电缆并行敷设的其他电缆同一长度范围内,应采取防火措施。

6.8.11 在电缆隧道和电缆沟道中,严禁有可燃气、油管路穿越。

6.8.12 在敷设电缆的电缆夹层内,不得布置热力管道、油气管以及其他可能引起着火的管道和设备。

7.1.4 厂区内消防给水水量应按同一时间内发生火灾的次数及一次最大灭火用水量计算。建筑物一次灭火用水量应为室外和室内消防用水量之和。

7.3.1 下列建筑物或场所应设置室内消火栓：

1 主厂房（包括汽机房和锅炉房的底层、运转层、煤仓间各层、除氧器层，锅炉燃器各层平台，集中控制楼）

2 主控制楼，网络控制楼，微波楼，屋内高压配电装置（有充油设备），脱硫控制楼，吸收塔的检修维护平台；

3 屋内卸煤装置、碎煤机室、转运站、筒仓运煤皮带层；

4 柴油发电机房；

5 一般材料库，特殊材料库。

7.5.3 设有自动喷水灭火系统或水喷雾灭火系统的建筑物与设备的设计基本参数不应低于表 7.5.3 的规定。

7.6.4 消防水泵房应有不少于 2 条出水管与环状管网连接，当其中 1 条出水管检修时，其余的出水管应能满足全部用水量。消防泵组应设试验回水管，并配装检查用的放水阀门、水锤消除、安全泄压及压力、流量测量装置。

7.13.7 点火油罐区的火灾探测器及相关连接件应符合现行国家标准《爆炸危险环境电力装置设计规范》GB 50058 的有关规定。

8.1.2 甲、乙类厂房或甲、乙类仓库严禁采用明火和电热散热器供暖；蓄电池室、供（卸）油泵房、油处理室、汽车库及运煤（煤粉）系统等产生易燃易爆气体或物料的建筑物或房间，严禁采用明火取暖。

9.1.1 自动灭火系统、与消防有关的电动阀门及交流控制负荷应按保安负荷供电。当机组无保安电源时，应按Ⅰ类负荷供电。

9.1.2 单机容量为 25MW 以上的发电厂，消防水泵及主厂房电梯应按Ⅰ类负荷供电。单机容量为 25MW 及以下的发电厂，消防水泵及主厂房电梯应按不低于Ⅰ类负荷供电。单台发电机容量为 200MW 及以上时，主厂房电梯应按保安负荷供电。

9.1.4 单机容量为 200MW 及以上燃煤电厂的主控室或集控室及柴油发电机房的应急照明，应采用蓄电池直流系统供电。当难以从蓄电池或保安电源取得应急照明电源时，主厂房出入口、通道、楼梯间及远离主厂房的重要工作场所的应急照明,应采用自带电源的应急灯。

其他场所的应急照明,应按保安负荷供电。

9.1.5 单机容量为 200MW 以下燃煤电厂的应急照明,应采用蓄电池直流系统供电。

9.2.1 当正常照明因故障熄灭时,应按表 9.2.1 中所列的工作场所装设继续工作或人员疏散用的应急照明。

表 9.2.1 发电厂装设应急照明的工作场所

工作场所		应急照明	
		继续工作	人员疏散
锅炉房及其辅助车间	锅炉房运转层	√	
	锅炉房底层的磨煤机、送风机处	√	
	除灰间		√
	引风机室	√	
	燃油泵房	√	
	给粉机平台	√	
	锅炉本体楼梯	√	
	司水平台		√
	回转式空气预热器处	√	
	燃油控制台	√	
	给煤机处	√	
	带式输送机层		√
	除灰控制室	√	
汽机房及其辅助车间	汽机房运转层	√	
	汽机房底层的凝汽器、凝结水泵、给水泵、循环水泵、备用励磁机等处	√	
	加热器平台	√	
	发电机出线小室	√	
	除氧间除氧器层	√	
	除氧间管道层	√	
	供氢站	√	

续表 9.2.1

工作场所		应急照明	
		继续工作	人员疏散
运煤系统	碎煤机室	✓	
	转运站	✓	
	运煤栈桥		✓
	运煤隧道		✓
	运煤控制室		✓
	筒仓	✓	
	室内贮煤场	✓	
	翻车机室	✓	
供水系统	岸边水泵房、循环水泵房	✓	
	生活、消防水泵房	✓	
化学水处理室	化学水处理控制室	✓	
电气车间	主控制室	✓	
	网络控制室	✓	
	集中控制室	✓	
	单元控制室	✓	
	继电器室及电子设备间	✓	
	屋内配电装置	✓	
	电气配电间	✓	
	蓄电池室	✓	
	工程师室	✓	
	通信转接室、交换机室、载波机室、微波机室、特高频室、电源室	✓	
	保安电源、不停电电源、柴油发电机房及其配电室	✓	
	直流配电室	✓	
脱硫系统	脱硫控制室	✓	

续表 9.2.1

工作场所		应急照明	
		继续工作	人员疏散
通道楼梯及其他	控制楼至主厂房天桥		√
	生产办公楼至主厂房天桥		√
	运行总负责人值班室	√	
	汽车库、消防车库	√	
	主要楼梯间		√
	电缆夹层		√
	空冷平台		√

10.1.1 生产的火灾危险性应根据生产中使用或产生的物质性质及其数量等因素分类，储存物品的火灾危险性应根据储存物品的性质和储存物品中的可燃物数量等因素分类，二者均应符合表 10.1.1 的规定。

表 10.1.1 建（构）筑物的火灾危险性分类及其耐火等级

建（构）筑物名称	火灾危险性分类	耐火等级
主厂房（汽机房、燃机厂房、余热锅炉、集中控制室）	丁	二级
网络控制楼、微波楼、继电器室	丁	二级
屋内配电装置楼（内有每台充油量>60kg 的设备）	丙	二级
屋内配电装置楼（内有每台充油量≤60kg 的设备）	丁	二级
屋内配电装置楼（无油）	丁	二级
屋外配电装置（内有含油设备）	丙	二级
油浸变压器室	丙	一级
柴油发电机房	丙	二级
岸边水泵房、中央水泵房	戊	二级
生活、消防水泵房	戊	二级
冷却塔	戊	三级
稳定剂室、加药设备室	戊	二级

续表 10.1.1

建（构）筑物名称	火灾危险性分类	耐火等级
油处理室	丙	二级
化学水处理室、循环水处理室	戊	二级
供氢站	甲	二级
天然气调压站	甲	二级
空气压缩机室（无润滑油或不喷油螺杆式）	戊	二级
空气压缩机室（有润滑油）	丁	二级
天桥	戊	二级
天桥（下面设置电缆平层时）	丙	二级
变压器检修间	丙	二级
排水、污水泵房	戊	二级
检修间	戊	二级
取水建（构）筑物	戊	二级
给水处理构筑物	戊	二级
污水处理构筑物	戊	二级
电缆隧道	丙	二级
特种材料库	丙	二级
一般材料库	戊	二级
材料棚库	戊	三级
消防车库	丁	二级

注：1 除本表规定的建（构）筑物外，其他建（构）筑物的火灾危险性及耐火等级应符合现行国家标准《建筑设计防火规范》GB 50016 的有关规定；
   2 当油处理室处理重油及柴油时，火灾危险性应为丙类；当处理原油时，火灾危险性应为甲类；
   3 当特种材料库储存氢、氧、乙炔等气瓶时，火灾危险性应按储存火灾危险性较大的物品确定。

10.2.1 天然气调压站、燃油处理室及供氢站应与其他辅助建筑分开布置。

10.2.2 燃气轮机或主厂房、余热锅炉、天然气调压站及燃油处理室与其他建（构）筑物之间的防火间距，应符合表 10.2.2 的规定。

表 10.2.2 建（构）筑物之间的防火间距 (m)

建（构）筑物、设备名称	丙、丁、戊类建筑耐火等级		燃气轮机(房)或联合循环发电机组(房)、余热锅炉(房)	天然气调压站	燃油处理室		主变压器或屋外厂用变压器单台油量(t)		
	一、二级	三级			原油	重油	≥5,≤10	>10,≤50	>50
燃气轮机(房)或联合循环发电机组(房)、余热锅炉(房)	10	12	—	30	—	—	—	10	—
天然气调压站	12	14	30	—	12	—	—	—	—
燃油处理室 原油	12	14	30	—	—	—	15	25	25
燃油处理室 重油	10	12	10	12	—	—	12	15	20

建（构）筑物、设备名称	屋外配电装置	制氢站或供氢站	氢气罐总容积 (m³)		天然气调压站	办公、生活建筑（单层或多层）耐火等级		铁路中心线		厂外道路（路边）		厂内道路（路边）	
			V≤1000	1000<V≤10000		一、二级	三级	厂外	厂内	主要	次要	主要	次要
燃气轮机(房)或联合循环发电机组(房)、余热锅炉(房)	10	12	12	15	—	10	12	5	5	—	—	—	—
天然气调压站	25	12	12	15	—	—	25	30	20	15	10	10	5
燃油处理室 原油	25	12	12	15	—	25	25	30	20	15	10	10	5
燃油处理室 重油	10	12	15	15	20	12	12	5	5	—	—	—	—

注：1 燃油燃机电厂的油罐的防火间距应执行现行国家标准《石油库设计规范》GB 50074；
  2 氢气罐的相关规定见本标准表 4.0.15 中注 3、注 4。

10.5.3 燃机电厂同一时间的火灾次数应为 1 次。厂区内消防给水水量应按发生火灾时一次最大灭火用水量计算。建筑物一次灭火用水量应为室外和室内消防用水量之和。

11.1.1 建（构）筑物火灾危险性应根据生产中使用或产生的物质性质及其数量等因素分类，并应符合表 11.1.1 的规定。

表 11.1.1 建（构）筑物的火灾危险性分类及其耐火等级

建（构）筑物名称		火灾危险性分类	耐火等级
主控制楼		丁	二级
继电器室		丁	二级
阀厅		丁	二级
户内直流开关场	单台设备油量 60kg 以上	丙	二级
	单台设备油量 60kg 及以下	丁	二级
	无含油电气设备	戊	二级
配电装置楼（室）	单台设备油量 60kg 以上	丙	二级
	单台设备油量 60kg 及以下	丁	二级
	无含油电气设备	戊	二级
油漫变压器室		丙	一级
气体或干式变压器室		丁	二级
电容器室（有可燃介质）		丙	二级
干式电容器室		丁	二级
油浸电抗器室		丙	二级
干式电抗器室		丁	二级
柴油发电机室		丙	二级
空冷器室		戊	二级
检修备品仓库	有含油设备	丁	二级
	无含油设备	戊	二级
事故贮油池		丙	一级
生活、工业、消防水泵房		戊	二级
水处理室		戊	二级
雨淋阀室、泡沫设备室污水、雨水泵房		戊	二级
		戊	二级

11.1.5 变电站内建（构）筑物及设备的防火间距不应小于表 11.1.5 的规定。

表 11.1.5　变电站内建（构）筑物及设备之间的防火间距

建（构）筑物、设备名称		丙、丁、戊类生产建筑耐火等级 一、二级	丙、丁、戊类生产建筑耐火等级 三级	屋外配电装置每组断路器油量（t） <1	屋外配电装置每组断路器油量（t） ≥1	可燃介质电容器（棚）	事故贮油池	生活建筑耐火等级 一、二级	生活建筑耐火等级 三级
丙、丁、戊类生产建筑耐火等级	一、二级	10	12	—	10	10	5	10	12
	三级	12	14	—	—	—	—	12	14
屋外配电装置每组断路器油量（t）	<1	—	—	见第11.1.9条	见第11.1.9条	—	—	10	12
	≥1	10	—	见第11.1.9条	见第11.1.9条	10	5	10	12
油浸变压器、油浸电抗器单台设备油量（t）	≥5，≤10	10	—	—	—	10	5	15	20
	>10，≤50	—	—	—	—	—	—	20	25
	>50	—	—	—	—	—	—	25	30
可燃介质电容器（棚）		10	—	—	10	5	—	15	20
事故贮油池		5	—	—	5	—	—	10	12
生活建筑耐火等级	一、二级	10	12	10	10	15	10	6	7
	三级	12	14	12	12	20	12	7	8

注：1　建（构）筑物防火间距应按相邻建（构）筑物外墙的最近水平距离计算。如外墙有凸出的可燃或难燃构件时，则应从其凸出部分外缘算起；变压器之间的防火间距之间的最近水平距离；变压器与带油电气设备外壁的最近水平距离；变压器与建筑物的防火间距应为变压器外壁与建筑物外壁的最近水平距离；

2　相邻两座建筑物的外墙一面较高一座厂房屋顶无天窗，其屋顶耐火极限不限；两座一、二级耐火等级的建筑，当相邻较高一面外墙为防火墙，或相邻较低一面外墙较低一面外墙的屋顶耐火极限不低于1h，或相邻较高一面外墙，窗等开口部位设置甲级防火门、窗或防火分隔水幕时，其防火间距不应小于4m；

3　符合第11.2.1条规定的生产建筑与油浸变压器或可燃介质电容器除外；

4　屋外配电装置间距应为设备外壁的最近水平距离。

11.1.7 单台油量为 2500kg 及以上的屋外油浸变压器之间、屋外油浸电抗器之间的最小间距应符合表 11.1.7 的规定。

表 11.1.7 屋外油浸变压器之间、屋外油浸电抗器之间的最小间距

电压等级	最小间距（m）	电压等级	最小间距（m）
35kV 及以下	5	220kV 及 330kV	10
66kV	6	500kV 及 750kV	15
110kV	8	1000kV	17

注：换流变压器的电压等级应按交流侧的电压选择。

11.2.8 地下变电站、地上变电站的地下室、半地下室安全出口数量不应少于 2 个。地下室与地上层不应共用楼梯间，当必须共用楼梯间时，应在地上首层采用耐火极限不低于 2h 的不燃烧体隔墙和乙级防火门将地下或半地下部分与地上部分的连通部分完全隔开，并应有明显标志。

11.2.9 地下变电站当地下层数为 3 层及 3 层以上或地下室内地面与室外出入口地坪高差大于 10m 时，应设置防烟楼梯间，楼梯间应设乙级防火门，并向疏散方向开启。防烟楼梯间应符合现行国家标准《建筑设计防火规范》GB 50016 的有关规定。

11.5.11 变电站消防给水量应按火灾时一次最大室内和室外消防用水量之和计算。

11.5.17 消防水泵应有不少于 2 条出水管与环状管网连接，当其中一条出水管检修时，其余的出水管应能满足全部用水量。消防泵组应设试验回水管，并配装检查用的放水阀门、水锤消除、安全泄压及压力、流量测量装置。

11.6.1 地下变电站采暖、通风和空气调节设计应符合下列规定：

　　1　所有采暖区域严禁采用明火取暖；

　　2　电气配电装置室应设置火灾后排风设施，其他房间的排烟设计应符合国家标准《建筑设计防火规范》GB 50016 的规定；

3 当火灾发生时,送排风系统、空调系统应能自动停止运行。当采用气体灭火系统时,穿过防护区的通风或空调风道上的阻断阀应能立即自动关闭。

11.6.2 阀厅应设置火灾后排风设施。

11.7.1 变电站的消防供电应符合下列规定:

1 消防水泵、自动灭火系统、与消防有关的电动阀门及交流控制负荷,户内变电站、地下变电站应按Ⅰ类负荷供电;户外变电站应按Ⅱ类负荷供电;

2 变电站内的火灾自动报警系统和消防联动控制器,当本身带有不停电电源装置时,应由站用电源供电;当本身不带有不停电电源装置时,应由站内不停电电源装置供电;当电源采用站内不停电电源装置供电时,火灾报警控制器和消防联动控制器应采用单独的供电回路,并应保证在系统处于最大负载状态下不影响报警控制器和消防联动控制器的正常工作,不停电电源的输出功率应大于火灾自动报警系统和消防联动控制器全负荷功率的120%,不停电电源的容量应保证火灾自动报警系统和消防联动控制器在火灾状态同时工作负荷条件下连续工作3h以上;

3 消防用电设备采用双电源或双回路供电时,应在最末一级配电箱处自动切换;

4 消防应急照明、疏散指示标志应采用蓄电池直流系统供电,疏散通道应急照明、疏散指示标志的连续供电时间不应少于30min,继续工作应急照明连续供电时间不应少于3h;

九、《水电工程设计防火规范》 GB 50872—2014

3.0.3 地面厂房中油浸式变压器室、油浸式电抗器室、油浸式消弧线圈室、绝缘油油罐室、透平油油罐室及油处理室、柴油发电机室及其储油间耐火等级应为一级,其他建筑的耐火等级均不应低于二级。厂房外地面绝缘油、透平油油罐室的耐火等级不应低于二级。

非地面厂房及封闭厂房耐火等级应为一级。

5.1.2 水电工程中丙类生产场所局部分隔应符合下列要求：

1 油浸式变压器室、油浸式电抗器室、油浸式消弧线圈室、绝缘油油罐室、透平油油罐室及油处理室、柴油发电机室及其储油间等场所应采用耐火极限不低于3.00h的防火隔墙和不低于1.50h的楼板与其他部位隔开，防火隔墙上的门应为甲级防火门。柴油发电机室的储油间门应能自动关闭。

2 继电保护盘室、辅助盘室、自动和远动装置室、电子计算机房、通信室等场所应采用耐火极限不低于2.00h的防火隔墙和不低于1.00h的楼板与其他部位隔开，防火隔墙上的门应为甲级防火门。

3 其他丙类生产场所应采用耐火极限不低于2.00h的防火隔墙和不低于1.00h的楼板与其他场所分隔，防火隔墙上的门应为乙级防火门。

5.1.3 水电工程中部分其他类别生产场所局部分隔应符合下列要求：

1 中央控制室应采用耐火极限不低于2.00h的防火隔墙和不低于1.00h的楼板与其他部位隔开。防火隔墙上的门应为甲级防火门，窗应为固定式甲级防火窗。

2 消防控制室、固定灭火装置室应采用耐火极限不低于2.00h的防火隔墙和不低于1.50h的楼板与其他部位隔开。防火隔墙上的门应为乙级防火门。

3 消防水泵房采用耐火极限不低于2.00h的防火隔墙和不低于1.50h的楼板与其他部位隔开。防火隔墙上的门应为甲级防火门。

4 通风空调机房应采用耐火极限不低于1.00h的防火隔墙和不低于0.50h的楼板与其他部位隔开。防火隔墙上的门应为乙级防火门。

5.2.1 主厂房发电机层的安全出口不应少于两个，且必须有一个直通室外地面。

6.1.2 油浸式变压器室、船厢室、船闸室、坝体内部、非地面以上或封闭部位的耐火等级应为一级，其余部位耐火等级不应低于二级。

大坝与通航建筑物各部位构件燃烧性能和耐火极限应符合现行国家标准《建筑设计防火规范》GB 50016 的有关规定。

6.4.1 在船厢室上、下闸首两侧沿混凝土塔（筒）体高度方向，每隔 6m～10m 应各设置一条水平疏散廊道，疏散廊道靠船厢室一端应设置向疏散方向开启的甲级防火门，防火门附近应设置室内消火栓及手提式灭火器。疏散廊道的另一端应设置疏散楼梯通往室外安全区。

每个室内消火栓的用水量应按 5L/s 计算，一次灭火用水量不应小于 20L/s，火灾延续时间为 2.00h。灭火器应配置磷酸铵盐干粉灭火器，数量不应少于两具。

7.0.4 油浸式变压器的防火隔墙设置应满足下列要求：

　1 高度应高于变压器油枕顶部 0.3m；

　2 长度应超出贮油池（坑）两端各 0.5m；

　3 当防火隔墙顶部设置防火分隔水幕时，水幕高度应比变压器顶面高出 0.5m；

　4 防火隔墙的耐火极限不应低于 2.00h。

8.0.3 油浸式主变压器应设置在专用的房间、洞室内，专用的房间、洞室应满足下列要求：

　1 专用房间、洞室应设向外开启的甲级防火门或耐火极限不低于 3.00h 的防火卷帘，通风口处应设防火阀；

　2 专用房间、洞室的大门不得直接开向主厂房或正对进厂交通道；

　3 专用房间、洞室外墙开口部位上方应设置宽度不小于 1.0m 的防火挑檐或高度不低于 1.2m 的窗槛墙。

8.0.5 油浸式变压器的事故排油阀应设在房间外安全处。

9.0.7 电缆竖井应按下列要求进行防火封堵：

　1 应在竖井的上、下两端，进出电缆的孔口处及竖井的每一楼层处进行防火封堵；

  2 敷设 110kV 及以上电缆的竖井，在同一井道内敷设 2 回路及以上电缆时，不同回路之间应用防火隔板进行分隔；

  3 当竖井内设有水喷雾、细水雾等固定式灭火设施时，竖井内的防火封堵可不受上述要求的限制；

  4 电缆竖井封堵应采用耐火极限不低于 1.00h 的防火封堵材料。封堵层应能承受巡检人员的荷载。活动人孔可采用承重型防火隔板制作。

10.0.9 绝缘油和透平油管路不应和电缆敷设在同一管沟内。

11.2.2 由水库直接供水时取水口不应少于两个；从蜗壳或压力钢管取水时，应至少在两个蜗壳或压力钢管上设取水口，且应结合机组或压力钢管检修时的供水措施。每个取水口均应满足消防用水要求。

11.2.5 消防水池的容量应满足在火灾延续时间内消防给水量的要求，且应符合下列要求：

  1 厂房及用于设备灭火的室内、室外消火栓系统的火灾延续时间应按 2.00h 计算；水轮发电机水喷雾灭火系统的火灾延续时间应按 10min 计算；油浸式变压器及其集油坑、电缆室、电缆隧道和电缆竖井等的水喷雾灭火系统的火灾延续时间应按 0.40h 计算；油罐水喷雾灭火系统的火灾延续时间应按 0.50h 计算。

  泡沫灭火系统和防火分隔水幕的火灾延续时间应按现行国标准《高倍数、中倍数泡沫灭火系统设计规范》GB 50196、《低倍泡沫灭火系统设计规范》GB 50151 和《自动喷水灭火系统设计规范》GB 50084 的有关规定确定。

  2 补水量应经计算确定，且补水管的设计流速不应大于 2.5m/s。

  3 消防水池的补水时间不应超过 48h。

  4 容量大于 500m³ 的消防水池，应分成两个能独立使用的消防水池。

5 供消防车取水的消防水池应设置取水口或取水井,且吸水高度不应大于6m;取水口与建筑物(水泵房除外)的距离不应小于15m,与绝缘油和透平油油罐的距离不应小于40m。

6 供消防车取水的消防水池的保护半径不应大于150m。

7 消防用水与生产、生活用水合并的水池,应采取确保消防用水不作他用的技术措施。

8 严寒和寒冷地区的消防水池应采取防冻保护设施。

11.3.1 室外消火栓用水量应符合下列要求:

1 建筑物的室外消火栓用水量应小于表11.3.1的规定;

表11.3.1 建筑物的室外消火栓用水量(L/s)

耐火等级	建筑物名称及类别\建筑物体积 V (m³)	$V \leqslant 1500$	$1500 < V \leqslant 3000$	$3000 < V \leqslant 5000$	$5000 < V \leqslant 20000$	$20000 < V \leqslant 50000$	$V > 50000$
一、二级	主厂房、副厂房、屋内开关站	10	10	10	15	15	20
一、二级	厂房外油罐室	15	15	25	25	35	45
一、二级	器材库、丁、戊类辅助设备用房	10	10	10	15	15	20

注:1 室外消火栓用水量应按最大的一座地面建筑物的消防用水量计算。
  2 设置自动灭火系统的露天油罐的室外消火栓用水量不应小于15L/s,未设置自动灭火系统的露天油罐的室外消火栓用水量不应小于20L/s;
  3 室外油浸式变压器的室外消火栓用水量不应小于10L/s。

11.3.2 室内消火栓用水量应根据同时使用的水枪数量和充实水柱长度经计算确定,不应小于表11.3.2的规定。

表 11.3.2 室内消火栓用水量

建筑物名称		高度 h、体积 V	消火栓用水量 (L/s)	同时使用水枪数 (支)	每根竖管最小流量 (L/s)
主厂房、副厂房、屋内开关站	地面	$h{\leqslant}24$m、$V{\leqslant}10000$m³	5	2	5
		$h{\leqslant}24$m、$V{>}10000$m³	10	2	10
		24m${<}h{\leqslant}50$m³	15	3	10
		$h{>}50$m	20	4	15
	非地面、封闭	—	20	4	15

12.1.1 经常有人停留的非地面副厂房、封闭副厂房和建筑高度大于32m的高层副厂房的下列场所应设置机械加压送风防烟设施：

1 不具备自然排烟条件的防烟楼梯间；

2 不具备自然排烟条件的消防电梯间前室或合用前室；

3 不具备自然排烟条件的消防疏散电梯间前室或合用前室；

4 设置自然排烟设施的防烟楼梯间的不具备自然排烟条件的前室。

12.1.3 下列场所应设置机械排烟设施：

1 非地面厂房、封闭厂房的发电机层及其厂内主变压器搬运道；

2 经常有人停留的非地面副厂房、封闭副厂房的疏散走道；

3 建筑高度大于32m的高层副厂房中长度大于20m但不具备自然排烟条件的疏散走道。

12.1.10 加压送风机、排烟风机和排烟补风用送风机应在便于操作的地方设置紧急启动按钮，并应具有明显的标志和防止误操作的保护装置。

12.1.11 防烟与排烟系统的管道、风口及阀门等必须采用不燃材料制作。排烟管道应采取隔热防火措施或与可燃物保持不小于 0.15m 的距离。

12.2.1 所有工作场所严禁采用明火采暖，防酸隔爆式蓄电池室、酸室、油罐室、油处理室严禁使用敞开式电热器采暖。

12.2.2 主厂房采用发电机放热风采暖时，发电机放热风口和补风口处应设置防火阀。

12.3.1 空气调节系统的电加热器应符合下列要求：

1 电加热器应与送风机电气联锁，并应设无风断电、超温断电保护装置；

2 电加热器的金属风管应接地；

3 电加热器前后两端各 0.8m 范围内的风管及其绝热层应为不燃材料。

12.3.2 防酸隔爆式蓄电池室、酸室、油罐室、油处理室、厂内油浸式变压器室等房间应符合下列要求：

1 防酸隔爆式蓄电池室、酸室、油罐室、油处理室、厂内油浸式变压器室等房间应设专用的通风、空气调节系统，室内空气不允许再循环；

13.1.1 消防用电设备的电源应按二级负荷供电。

13.1.2 消防用电设备的供电应在配电线路的最末一级配电装置处设置双电源自动切换装置。当发生火灾时，仍应保证消防用电。消防配电设备应有明显标志。

13.2.1 室内主要疏散通道、楼梯间、消防（疏散）电梯、安全出口处和厂房内重要部位，均应设置消防应急照明及疏散指示标志。

十、《水利工程设计防火规范》GB 50987—2014

4.1.1 枢纽内相邻建筑物之间的防火间距不应小于表 4.1.1 的规定。

表 4.1.1 枢纽内相邻建筑物之间的防火间距（m）

建（构）筑物类型		丁类、戊类建筑 耐火等级		厂外油罐室或露天油罐	高层副厂房	办公、生活建筑 耐火等级	
		一级、二级	三级			一级、二级	三级
丁类、戊类建筑	耐火等级 一级、二级	10	12	12	13	10	12
	三级	12	14	15	15	12	14
厂外油罐室或露天油罐		12	15	—	15	15	20
高层副厂房		13	15	15	—	13	15
办公、生活建筑	耐火等级 一级、二级	10	15	15	15	6	7
	三级	12	14	20	15	7	8

注：1 防火间距应按相邻建筑物外墙的最近距离计算，如外墙有凸出的燃烧构件，则应从其凸出部分外缘算起。

2 两座均为一级、二级耐火等级的丁类、戊类建筑物，当相邻较低一面外墙为防火墙，且该建筑物屋盖的耐火极限不低于1h时，其防火间距不应小于4.0m。

3 两座相邻建筑物当较高一面外墙为防火墙时，其防火间距不限。

4.1.2 室外主变压器场与建筑物、厂外油罐室或露天油罐的防火间距不应小于表4.1.2的规定。

表 4.1.2 室外主变压器场与建筑物、厂外油罐室或露天油罐的防火间距（m）

名称		枢纽建筑物 耐火等级		其他建筑 耐火等级			厂外抽罐室或露天油罐 耐火等级
		一级、二级	三级	一级、二级	三级	四级	一级、二级
单台变压器油量（t）	≥5,≤10	12	15	15	20	25	12
	>10,≤50	15	20	20	25	30	15
	>50	20	25	25	30	35	20

注：防火间距应从距建筑物、厂外油罐室或露天油罐最近的变压器外壁算起。

6.1.3 相邻两台油浸式变压器之间或油浸式电抗器之间、油浸式变压器与充油电气设备之间的防火间距不满足本规范第6.1.1条、第6.1.2条规定时，应设置防火墙分隔。防火墙的设置应符合下列规定：

    1 高度应高于变压器油枕或油浸式电抗器油枕顶端0.3m；

    2 长度不应小于贮油坑边长及两端各加1.0m之和；

    3 与油坑外缘的距离不应小于0.5m。

6.1.4 厂房外墙与室外油浸式变压器外缘的距离小于本规范表4.1.2规定时，该外墙应采用防火墙，且与变压器外缘的距离不应小于0.8m。

    距油浸式变压器外缘5.0m以内的防火墙，在变压器总高度加3.0m的水平线以下及两侧外缘各加3.0m的范围内，不应开设门窗和孔洞；在其范围以外需开设门窗时，应设置A1.50防火门或A1.50固定式防火窗。发电机母线或电缆穿越防火墙时，周围空隙应用不燃烧材料封堵，其耐火极限应与防火墙相同。

10.1.2 消防用电设备应采用独立的双回路供电，并应在其末端设置双电源自动切换装置。

十一、《核电厂常规岛设计防火规范》GB 50745—2012

3.0.1 建（构）筑物的火灾危险性分类及耐火等级不应低于表3.0.1的规定。

表3.0.1 建（构）筑物的火灾危险性分类及其耐火等级

类别	建（构）筑物名称	火灾危险性	耐火等级
汽轮发电机厂房	汽轮发电机厂房地上部分	丁	二级
	汽轮发电机厂房地下部分	丁	一级
常规岛配套设施	除盐水生产厂房	戊	二级
	海水淡化厂房	戊	二级
	非放射性检修厂房	丁	二级

续表 3.0.1

类别	建（构）筑物名称	火灾危险性	耐火等级
常规岛配套设施	空压机房	丁	二级
	备品备件库	丁	二级
	工具库	戊	二级
	机电仪器仪表库	丁	一级
	橡胶制品库	丙	二级
	危险品库	甲	二级
	酸碱库	丁	二级
	油脂库	丙	二级
	油处理室	丙	二级
	网络继电器室（采取防止电缆着火后延燃的措施时）	丁	二级
	网络继电器室（未采取防止电缆着火后延燃的措施时）	丙	二级
	主开关站	丁	二级
	辅助开关站	丁	二级
	电缆隧道	丙	一级
	实验室	丁	二级
	供氢站	甲	二级
	化学加药间（含制氯站）	丁	二级
	辅助锅炉房	丁	二级
	油泵房	丙	二级
	循环水泵房	戊	二级
	取水构筑物	戊	二级
	非放射性污水处理构筑物	戊	二级
	冷却塔	戊	三级

5.1.1 汽轮发电机厂房内的下列场所应进行防火分隔：

    1 电缆竖井、电缆夹层；

    2 电子设备间、配电间、蓄电池室；

3 通风设备间；

4 润滑油间、润滑油转运间；

5 疏散楼梯。

5.1.5 甲、乙类库房应单独布置。当需与其他库房合并布置时，应符合下列规定：

1 库房应为单层建筑；

2 存放甲、乙类物品部分应采取防爆措施和设置泄压设施；

3 存放甲、乙类物品部分应采用抗爆防护墙与其他部分分隔，相互间的承重结构应各自独立。

5.3.2 疏散楼梯间内部不应穿越可燃气体管道、蒸汽管道、甲、乙、丙类液体管道。

6.3.2 油量为2500kg及以上屋外油浸变压器之间的最小间距应符合表6.3.2的规定。

表6.3.2 屋外油浸变压器之间的最小间距（m）

电压等级	最小间距
35kV及以下	5
66kV	6
110kV	8
220kV及以上	10

7.1.2 消防给水系统应满足常规岛最大一次灭火用水量、流量及最大压力要求。

注：1 在计算水压时，应采用喷嘴口径19mm的水枪和直径65mm、长度25m的有衬里消防水带，每支水枪的计算流量不应小于5L/s。

2 消火栓给水管道设计流速不宜大于2.5m/s，消火栓与水喷雾灭火系统或自动喷水灭火系统合用管道的流速不宜超过5m/s。

7.2.1 建（构）筑物室外消火栓设计流量的计算应符合表7.2.1的规定：

表 7.2.1 建（构）筑物室外消火栓设计流量（L/s）

耐火等级	建（构）筑物名称及类别		建（构）筑物体积（m³）				
			≤1500	1501～3000	3001～5000	5001～20000	20001～50000	>50000
一、二级	厂房	甲、乙类	10	15	20	25	30	35
		丙类						40
		丁、戊类	10			15		20
	仓库	甲、乙类	15	15	25	25	—	—
		丙类	15	15	25	25	35	45
		丁、戊类	10			15		20
三级	厂房、仓库	乙、丙类	15	20	30	40	45	—
		丁、戊类	10		15	20	25	35

注：1 消防设计流量应按消火栓设计流量最大的一座建筑物计算，成组布置的建筑物应按消火栓设计流量较大的相邻两座建筑物的体积之和计算。
  2 室外油浸变压器的消火栓用水量不应小于10L/s。

7.3.3 室内消火栓的设计流量应根据同时使用水枪数量和充实水柱长度由计算确定，但不应小于表7.3.3 的规定。

表 7.3.3 室内消火栓系统设计流量

建筑物名称	高度 H、体积 V	消火栓设计流量（L/s）	同时使用水枪数量（支）	每根竖管最小流量（L/s）
汽轮发电机厂房	$H≤24m$	10	2	10
	$24m<H≤50m$	25	5	15
	$H>50m$	30	6	15
其他工业建筑	$H≤24m$，$V≤10000m^3$	10	2	10
	$H≤24m$，$V>10000m^3$	15	3	
仓库	$H≤24m$	10	2	10
	$24m<H≤50m$	30	6	15
	$H>50m$	40	8	15

注：消防软管卷盘的消防用水量可不计入室内消防用水量。

7.5.5 设有自动喷水灭火系统或水喷雾灭火系统的建（构）筑物、设备的灭火强度及作用面积不应低于表7.5.5的规定。

表7.5.5 建（构）筑物、设备的灭火强度及作用面积

火灾类别	建（构）筑物，设备	自动喷水强度[L/(min·m²)]/作用面积(m²)	水喷雾强度[L/(min·m²)]	闭式泡沫·水喷淋强度[L/(min·m²)]/作用面积(m²)
液体	汽轮发电机运转层下	12/260	液体闪点 60℃～120℃：20 液体闪点 >120℃：13	≥6.5/465
	润滑油设备间			
	给水泵油箱			
	汽轮机、发电机及励磁机轴承			
	电液装置（抗燃油除外）			
	氢密封油装置			≥6.5/465
	燃油辅助锅炉房			
固体与液体	危险品库	15/260	15	—
电气	电缆夹层	12/260	13	
	油浸变压器	—	20	
	油浸变压器的集油坑	—	6	

注：仓库类的自动喷水灭火强度应符合现行国家标准《自动喷水灭火系统设计规范》GB 50084的有关规定。

8.1.1 供氢站、危险品库、橡胶制品库、油脂库、蓄电池室、油泵房等，室内严禁采用明火和易引发火灾的电热散热器采暖。

8.1.6 室内采暖系统的管道、管件及保温材料应采用不燃料。

8.2.15 燃油辅助锅炉房应设置自然通风或机械通风设施。当设置机械通风设施时，应采用防爆型并设置导除静电的接地装置。

燃油辅助锅炉房的正常通风量应按换气次数不少于 3 次/h 确定。

8.4.4 下列情况之一的通风、空调系统的风管上应设置防火阀：

1 穿越防火分隔、防火分区处；

2 穿越通风、空调机房的房间隔墙和楼板处；

3 穿越重要的设备房间或火灾危险性大的房间隔墙和楼板处；

4 穿越变形缝处的两侧；

5 每层水平干管同垂直总管交接处的水平管段上；

6 穿越管道竖井（防火）的水平管段上。

十二、《酒厂设计防火规范》GB 50694—2011

3.0.1 酒厂生产、储存的火灾危险性分类及建（构）筑物的最低耐火等级应符合表 3.0.1 的规定。本规范未作规定者，应符合现行国家标准《建筑设计防火规范》GB 50016 的有关规定。

表 3.0.1 生产、储存的火灾危险性分类及建（构）筑物的最低耐火等级

火灾危险性分类	最低耐火等级	白酒厂、食用酒精厂	葡萄酒厂、白兰地酒厂	黄酒厂	啤酒厂	其他建（构）筑物
甲	二级	液态法酿酒车间、酒精蒸馏塔、勾兑车间、灌装车间、酒泵房；酒精度大于或等于 38 度的白酒库、人工洞白酒库、食用酒精库，白酒储罐区、食用酒精储罐区	白兰地蒸馏车间、白兰地勾兑车间、白兰地酒泵房；白兰地陈酿库	采用糟烧白酒、高粱酒等代替酿造用水的发酵车间	—	燃气调压站、乙炔间

续表 3.0.1

火灾危险性分类	最低耐火等级	白酒厂、食用酒精厂	葡萄酒厂、白兰地酒厂	黄酒厂	啤酒厂	其他建（构）筑物
乙	二级	粮食筒仓的工作塔、制酒原料粉碎车间、制曲原料粉碎车间	白兰地灌装车间、葡萄酒灌装车间、葡萄酒泵房；葡萄酒陈酿库、葡萄酒储罐区	粮食筒仓的工作塔、制曲原料粉碎车间、压榨车间、煎酒车间、灌装车间；储罐区	粮食筒仓的工作塔、大麦清选车间、麦芽粉碎车间	氨压缩机房
丙	二级	固态制曲车间、包装车间；成品库、粮食仓库	白兰地包装车间；白兰地成品库	原料筛选车间、制曲车间；粮食仓库	粮食仓库	自备发电机房；包装材料库、塑料瓶库
丁	三级	蒸煮、糖化、发酵车间，固态法、半固态法酿酒车间，制酒母车间，液态制曲车间，酒糟利用车间	原料分选、破碎除梗、浸提压榨车间，发酵车间，SO_2 储瓶间，葡萄酒包装车间；原料库房、葡萄酒成品库	制酒母车间，原料浸渍、蒸煮车间，发酵车间，包装车间，酒糟利用车间；陶坛等陶制容器酒库、成品库	大麦浸渍车间、发芽车间、发酵车间，麦芽干燥车间、原料糊化、糖化、过滤、煮沸、冷却车间，灌装、包装车间；成品库	排水、污水泵房，空气压缩机房；洗瓶车间，机修车间，仪表、电修车间；玻璃瓶库、陶瓷瓶库

注：1 采用增湿粉碎、湿法粉碎的原料粉碎车间，其火灾危险性可划分为丁类；采用密闭型粉碎设备的原料粉碎车间，其火灾危险性可划分为丙类。

2 黄酒厂采用黄酒糟生产白酒时，其生产、储存的火灾危险性分类及建（构）筑物的耐火等级应按白酒厂的要求确定。

4.1.4 除人工洞白酒库、葡萄酒陈酿库外，酒厂的其他甲、乙类生产、储存场所不应设置在地下或半地下。

4.1.5 厂房内严禁设置员工宿舍，并应符合下列规定：

1 甲、乙类厂房内不应设置办公室、休息室等用房。当必须与厂房贴邻建造时，其耐火等级不应低于二级，应采用耐火极限不低于3.00h的不燃烧体防爆墙隔开，并应设置独立的安全出口。

2 丙类厂房内设置的办公室、休息室，应采用耐火极限不低于2.50h的不燃烧体隔墙和不低于1.00h的楼板与厂房隔开，并应至少设置1个独立的安全出口。当隔墙上需要开设门窗时，应采用乙级防火门窗。

4.1.6 仓库内严禁设置员工宿舍，并应符合下列规定：

1 甲、乙类仓库内严禁设置办公室、休息室等用房，并不应贴邻建造。

2 丙、丁类仓库内设置的办公室、休息室以及贴邻建造的管理用房，应采用耐火极限不低于2.50h的不燃烧体隔墙和不低于1.00h的楼板与库房隔开，并应设置独立的安全出口。如隔墙上需要开设门窗时，应采用乙级防火门窗。

4.1.9 消防控制室、消防水泵房、自备发电机房和变、配电房等不应设置在白酒储罐区、食用酒精储罐区、白酒库、人工洞白酒库、食用酒精库、葡萄酒陈酿库、白兰地陈酿库内或贴邻建造。设置在其他建筑物内时，应采用耐火极限不低于2.00h的不燃烧体隔墙和不低于1.50h的楼板与其他部位隔开，隔墙上的门应采用甲级防火门。消防控制室应设置直通室外的安全出口，门上应有明显标识。消防水泵房的疏散门应直通室外或靠近安全出口。

4.1.11 供白酒库、人工洞白酒库、白兰地陈酿库专用的酒泵房和空气压缩机房贴邻仓库建造时，应设置独立的安全出口，与仓库间应采用无门窗洞口且耐火极限不低于3.00h的不燃烧体隔墙分隔。

4.2.1 白酒库、食用酒精库、白兰地陈酿库之间及其与其他建筑、明火或散发火花地点、道路等之间的防火间距不应小于表4.2.1的规定。

表 4.2.1 白酒库、食用酒精库、白兰地陈酿库之间及其与其他建筑物、明火或散发火花地点、道路等之间的防火间距（m）

名称		白酒库、食用酒精库、白兰地陈酿库
重要公共建筑		50
白酒库、食用酒精库、白兰地陈酿库及其他甲类仓库		20
高层仓库		13
民用建筑、明火或散发火花地点		30
其他建筑	一、二级耐火等级	15
	三级耐火等级	20
	四级耐火等级	25
室外变、配电站以及工业企业的变压器总油量大于5t的室外变电站		30
厂外道路路边		20
厂内道路	主要道路路边	10
	次要道路路边	5

注：设置在山地的白酒库、白兰地陈酿库，当相邻较高一面外墙为防火墙时，防火间距可按本表的规定减少25%。

4.2.2 白酒储罐区、食用酒精储罐区与建筑物、变配电站之间的防火间距不应小于表4.2.2的规定。

表 4.2.2 白酒储罐区、食用酒精储罐区与建筑物、变配电站之间的防火间距（m）

项目		建筑物的耐火等级			室外变配电站以及工业企业的变压器总油量大于5t的室外变电站
		一、二级	三级	四级	
一个储罐区的总储量 V (m³)	50≤V<200	15	20	25	35
	200≤V<1000	20	25	30	40
	1000≤V<5000	25	30	40	50
	5000≤V≤10000	30	35	50	60

注：1 防火间距应从距建筑物最近的储罐外壁算起，但储罐防火堤外侧基脚线至建筑物的距离不应小于10m。
  2 固定顶储罐区与甲类厂房（仓库）、民用建筑的防火间距，应按本表的规定增加25%，且不应小于25m。
  3 储罐区与明火或散发火花地点的防火间距，应按本表四级耐火等级建筑的规定增加25%。
  4 浮顶储罐区与建筑物的防火间距，可按本表的规定减少25%。
  5 数个储罐区布置在同一库区内时，储罐区之间的防火间距不应小于本表相应储量的储罐区与四级耐火等级建筑之间防火间距的较大值。
  6 设置在山地的储罐区，当设置事故存液池和自动灭火系统时，防火间距可按本表的规定减少25%。

4.3.3 生产区、仓库区和白酒储罐区、食用酒精储罐区应设置环形消防车道。当受地形条件限制时，应设置有回车场的尽头式消防车道。白酒储罐区、食用酒精储罐区相邻防火堤的外堤脚线之间，应留有净宽不小于7m的消防通道。

5.0.1 酒厂具有爆炸危险性的甲、乙类生产、储存场所应进行防爆设计。

5.0.11 甲、乙类生产、储存场所应采用不发火花地面。采用绝缘材料作整体面层时，应采取防静电措施。粮食仓库、原料粉碎车间的内表面应平整、光滑，并易于清扫。

6.1.1 白酒库、食用酒精库的耐火等级、层数和面积应符合表6.1.1的规定。

表6.1.1 白酒库、食用酒精库的耐火等级、层数和面积（m²）

储存类别	耐火等级	允许层数（层）	每座仓库的最大允许占地面积和每个防火分区的最大允许建筑面积				
			单层		多层		地下、半地下
			每座仓库	防火分区	每座仓库	防火分区	防火分区
酒精度大于或等于60度的白酒库、食用酒精库	一、二级	1	750	250	—	—	—
酒精度大于或等于38度、小于60度的白酒库		3	2000	250	900	150	—

注：半敞开式的白酒库、食用酒精库的最大允许占地面积和每个防火分区的最大允许建筑面积可增加至本表规定的1.5倍。

6.1.2 全部采用陶坛等陶制容器存放白酒的白酒库，其耐火等级、层数和面积应符合表6.1.2的规定。

表6.1.2 陶坛等陶制容器白酒库的耐火等级、层数和面积（m²）

储存类别	耐火等级	允许层数（层）	每座仓库的最大允许占地面积和每个防火分区的最大允许建筑面积				
			单层		多层		地下、半地下
			每座仓库	防火分区	每座仓库	防火分区	防火分区
酒精度大于或等于60度	一、二级	3	4000	250	1800	150	—
酒精度大于或等于52度、小于60度		5	4000	350	1800	200	—

6.1.3 白兰地陈酿库、葡萄酒陈酿库的耐火等级、层数和面积应符合表 6.1.3 的规定。

表 6.1.3 白兰地陈酿库、葡萄酒陈酿库的耐火等级、层数和面积（m²）

储存类别	耐火等级	允许层数（层）	每座仓库的最大允许占地面积和每个防火分区的最大允许建筑面积				
			单层		多层		地下、半地下
			每座仓库	防火分区	每座仓库	防火分区	防火分区
白兰地	一、二级	3	2000	250	900	150	—
葡萄酒		3	4000	250	1800	150	250

6.1.4 白酒库、食用酒精库、白兰地陈酿库、葡萄酒陈酿库及白酒、白兰地的成品库严禁设置在高层建筑内。

6.1.6 白酒库、食用酒精库内的储罐，单罐容量不应大于 1000m³，储罐之间的防火间距不应小于相邻较大立式储罐直径的 50%；单罐容量小于或等于 100m³、一组罐容量小于或等于 500m³ 时，储罐可成组布置，储罐之间的防火间距不应小于 0.5m，储罐组之间的防火间距不应小于 2m。当白酒库、食用酒精库内的储罐总容量大于 5000m³ 时，应采用不开设门窗洞口的防火墙分隔。

6.1.8 人工洞白酒库的设置应符合下列规定：

1 人工洞白酒库应由巷道和洞室构成。

2 一个人工洞白酒库总储量不应大于 5000m³，每个洞室的净面积不应大于 500m²。

3 巷道直通洞外的安全出口不应少于两个。每个洞室通向巷道的出口不应少于两个，相邻出口最近边缘之间的水平距离不应小于 5m。洞室内最远点距出口的距离不超过 30m 时可只设一个出口。

4 巷道的净宽不应小于 3m，净高不应小于 2.2m。相邻洞室通向巷道的出口最近边缘之间的水平距离不应小于 10m。

5 当两个洞室相通时,洞室之间应设置防火隔间。隔间的墙应为防火墙,隔间的净面积不应小于6m²,其短边长度不应小于2m。

6 巷道与洞室之间、洞室与防火隔间之间应设置不燃烧体隔堤和甲级防火门。防火门应满足防锈、防腐的要求,且应具有火灾时能自动关闭和洞外控制关闭的功能。

7 巷道地面坡向洞口和边沟的坡度均不应小于0.5%。

6.1.11 白酒库、人工洞白酒库、食用酒精库、白兰地陈酿库应设置防止液体流散的设施。

6.2.1 白酒储罐区、食用酒精储罐区内储罐之间的防火间距不应小于表6.2.1的规定。

表6.2.1 白酒储罐区、食用酒精储罐区储罐之间的防火间距

类别		储罐形式			
		固定顶罐		浮顶罐	卧式罐
		地上式	半地下式		
单罐容量 V (m³)	$V \leqslant 1000$	0.75D	0.5D	0.4D	$\geqslant$0.8m
	$V > 1000$	0.6D			

注:1 D为相邻较大立式储罐的直径(m)。
  2 不同形式储罐之间的防火间距不应小于本表规定的较大值。
  3 两排卧式储罐之间的防火间距不应小于3m。
  4 单罐容量小于或等于1000m³且采用固定式消防冷却水系统时,地上式固定顶罐之间的防火间距不应小于0.6D。

6.2.2 白酒储罐区、食用酒精储罐区单罐容量小于或等于200m³、一组罐容量小于或等于1000m³时,储罐可成组布置。但组内储罐的布置不应超过两排,立式储罐之间的防火间距不应小于2m,卧式储罐之间的防火间距不应小于0.8m。储罐组之间的防火间距应根据组内储罐的形式和总储量折算为相同类别的标

准单罐，并应按本规范第6.2.1条的规定确定。

6.2.3 白酒储罐区、食用酒精储罐区的四周应设置不燃烧体防火堤等防止液体流散的设施。

7.1.1 酒厂应设计消防给水系统。厂房、仓库、储存区应设置室外消火栓系统。

7.3.3 含酒液的污水排放应符合下列规定：

1 含酒液的污水应采用管道单独排放，不得与其他污水混排。

2 排放出口应设置水封装置，水封装置与围墙之间的排水通道必须采用暗渠或暗管。水封井的水封高度不应小于0.25m。水封井应设沉泥段，沉泥段自最低的管底算起，其深度不应小于0.25m。水封装置出口应设易于开关的隔断阀门。

8.0.1 甲、乙类生产、储存场所不应采用循环热风采暖，严禁采用明火采暖和电热散热器采暖。原料粉碎车间采暖散热器表面温度不应超过82℃。

8.0.2 甲、乙类生产、储存场所应有良好的自然通风或独立的负压机械通风设施。机械通风的空气不应循环使用。

8.0.5 甲、乙类生产、储存场所的通风管道及设备应符合下列规定：

1 排风管道严禁穿越防火墙和有爆炸危险场所的隔墙。

2 排风管道应采用金属管道，并应直接通往室外或洞外的安全处，不应暗设。

3 通风管道及设备均应采取防静电接地措施。

4 送风机及排风机应选用防爆型。

5 送风机及排风机不应布置在地下、半地下，且不应布置在同一通风机房内。

8.0.6 输送白酒、食用酒精、葡萄酒、白兰地、黄酒的管道，不应穿过通风机房和通风管道，且不应沿通风管道的外壁敷设。

8.0.7 下列情况之一的通风、空气调节系统的风管上应设置防火阀：

1　穿越防火分区处。
　　2　穿越通风、空气调节机房的房间隔墙和楼板处。
　　3　穿越防火分隔处的变形缝两侧。

9.1.3　消防用电设备应采用专用供电回路，其配电设备应有明显标识。当生产、生活用电被切断时，仍应保证消防用电。

9.1.5　甲、乙类生产、储存场所与架空电力线的最近水平距离不应小于电杆（塔）高度的1.5倍。

9.1.7　厂房和仓库的下列部位，应设置消防应急照明，且疏散应急照明的地面水平照度不应小于5.0lx：
　　1　封闭楼梯间、防烟楼梯间及其前室、消防电梯间的前室或合用前室。
　　2　消防控制室、消防水泵房、自备发电机房、变、配电房以及发生火灾时仍需正常工作的其他房间。
　　3　人工洞白酒库内的巷道。
　　4　参观走道、疏散走道。

9.1.8　液态法酿酒车间、酒精蒸馏塔、白兰地蒸馏车间、酒精度大于或等于38度的白酒库、人工洞白酒库、食用酒精库、白兰地陈酿库、白酒、白兰地勾兑车间、灌装车间、酒泵房，采用糟烧白酒、高粱酒等代替酿造用水的黄酒发酵车间的电气设计应符合爆炸性气体环境2区的有关规定；机械化程度高、年周转量较大的散装粮房式仓，粮食筒仓及工作塔，原料粉碎车间的电气设计应符合可燃性非导电粉尘11区的有关规定。

十三、《纺织工程设计防火规范》GB 50565—2010

4.1.4　化纤厂和化纤原料厂的厂区、可燃液体罐区邻近江、河、湖、海岸布置时，应采取防止泄漏的可燃液体和灭火时含有可燃液体或粉尘（包括纤维和飞絮等固体微小颗粒）的污水流入水域的措施。

4.1.7　纺织工程中的设施与厂外建筑物或其他设施的防火间距，不应小于表4.1.7的规定。

表 4.1.7 纺织工程中的设施与厂外建筑物或其他设施的防火间距

防火间距（m） 厂外建筑物或其他设施	可燃液体罐区		生产、辅助生产设施及公用工程站（建筑物或露天装置）		
	甲、乙类（总储量 ≤5000m³）	丙类（总储量 ≤25000m³）	甲、乙类仓库	甲、乙类（甲、乙类仓库除外）	丙类
1. 厂外民用建筑	注1	注1		25	17
2. 厂外铁路	35	30	40	30	25
3. 高速公路、一级公路	30	22		30	22
4. 厂外其他公路	20	15	20	15	12
5. 室外变、配电站（变压器总油量>10t, ≤50t）	50	40		25	15
6. 架空电力线路	1.5倍杆（塔）高度	1.2倍杆（塔）高度		1.5倍杆（塔）高度	—
7. Ⅰ、Ⅱ级国家架空通信线路	40	30		40	30
8. 通航江、河、海岸边	25	20		20	15
9. 地区地面敷设输油（气）管道（管道中心）	45	34		45	34
10. 地区埋地敷设输油（气）管道（管道中心）	30	22		30	22

注：1　标明"注1"栏中的防火间距应符合现行国家标准《建筑设计防火规范》GB 50016 的有关规定；
　　2　纺织工程中的建筑物、构筑物与相邻工厂内建筑物、构筑物之间的防火间距应符合本规范表 4.2.10 的规定；
　　3　露天或有棚的可燃材料堆场与厂外建筑物、构筑物、厂外铁路、厂外公路等设施之间的防火间距应符合本规范表 4.2.9 的规定；
　　4　当纺织工程中甲、乙类可燃液体罐区的总储量大于 5000m³ 或丙类可燃液体罐区的总储量大于 25000m³ 时，与厂外建筑物或其他设施之间的防火间距应符合现行国家标准《石油化工企业设计防火规范》GB 50160 的规定；
　　5　当甲、乙类液体和丙类液体储罐布置在同一罐区时，其总量可按 1m³ 甲、乙类液体相当于 5m³ 丙类液体折算；
　　6　表中甲类仓库的储存物品为现行国家标准《建筑设计防火规范》GB 50016 中储存物品的火灾危险性分类表内甲类 1、2、5、6项。一座甲类仓库中物品的储量小于或等于 10t；
　　7　纺织工程中的甲、乙类厂房及甲、乙类仓库与重要公共建筑的防火间距不应小于 50m；
　　8　当一座建筑物内存在不同火灾危险性的防火分区时，应依据其中火灾危险性最大防火分区的类别确定该座建筑物与相邻建筑物或其他设施之间的防火间距；
　　9　当相邻公路为高架路时，以高架路水平投影的边线计算防火间距；
　　10　表中"—"表示执行相关规范；
　　11　表中防火间距按本规范附录 C 所规定的起止点计算。

4.2.10　工厂总平面布置的防火间距不应小于表 4.2.10 的规定。

表 4.2.10 纺织工业工厂总平面布置的防火间距（m）

项目名称			生产厂房、辅助生产建筑（甲类仓库除外）、公用工程站					行政、生活建筑		明火及散发火花地点	甲类仓库（储量≤10t）	罐区甲、乙类泵或泵房	甲、乙类液体			厂内铁路（中心线）	厂内主要道路
			耐火等级					耐火等级					码头装卸区	汽车装卸站	铁路装卸设施、槽车洗罐站		
			一、二级				三级	一、二级	三级								
			甲类	乙类	丙类	丁、戊类	丁、戊类										
生产厂房、辅助生产建筑（甲类仓库除外）、公用工程站	耐火等级	一、二级	甲类	12	12	12	12	14	25	25	30	12	20	35	25	30	20	10
			乙类	12	10	10	10	12	25	25	30	12	15	30	20	25	10	10
			丙类	12	10	10	10	12	10	12	20	12	12	25	15	20	10	—
			丁、戊类	12	10	10	10	12	10	10	15	12	12	20	12	15	10	—
		三级	丁、戊类	14	12	12	12	14	12	14	20	15	14	25	15	20	—	—
行政、生活建筑	耐火等级	一、二级		25	25	10	10	12	6	7	15	25	25	40	30	35	—	10
		三级		25	25	12	12	14	7	8	20	25	25	40	30	35	—	10
明火及散发火花地点				30	30	20	15	20	15	20	—	30	30	35	25	30	20	10
甲类仓库（储量≤10t）				12	12	12	12	15	25	25	30	—	20	35	25	30	30	10
罐区甲、乙类泵或泵房				20	15	12	12	14	25	25	30	20	—	15	10	12	20	10

续表 4.2.10

项目名称	生产厂房、辅助生产建筑（甲类仓库除外）、公用工程站 耐火等级				行政、生活建筑 耐火等级		明火及散发火花地点	甲类仓库（储量≤10t）	罐区甲、乙类泵或泵房	甲、乙类液体			厂内铁路（中心线）	厂内主要道路
	一、二级			三级	一、二级	三级				码头装卸区	汽车装卸站	铁路装卸设施、槽车洗罐站		
	甲类	乙类	丙类	丁、戊类	丁、戊类										
地上可燃液体储罐														
甲、乙类固定顶罐 1000m³<V≤5000m³	40	35	30	25	30	30	35	38	35	30	15	40	20	20	15	15
500m³<V≤1000m³	30	25	20	15	20	25	25	30	30	25	12	35	15	15	12	12
V≤500m³ 或卧式罐	25	20	15	12	15	20	20	25	25	20	10	30	10	10	10	10
浮顶、内浮顶或丙类（闪点60℃~120℃）5000m³<V≤25000m³	35	30	25	20	25	30	30	38	30	25	15	40	20	20	15	15
1000m³<V≤5000m³	30	25	20	15	20	25	25	30	25	20	12	35	15	15	12	12
500m³<V≤1000m³	25	20	15	12	15	20	20	25	20	15	10	30	10	10	10	10
固定顶罐 V≤500m³ 或卧式罐	20	15	10	10	10	15	15	20	15	10	8	25	10	10	10	10

注：1 表中生产厂房、辅助生产建筑、公用工程站、行政生活建筑均指单层或多层建筑。高层建筑之间或高层建筑与其他建筑之间的防火间距，按本表规定增加3m；

2 两座建筑物相邻较高一面的外墙为防火墙时，其防火间距不限，但两座厂房之间不应小于4m。两座丁、戊类生产厂房，当符合以下各项条件时其防火间距可按本表规定减少25%：相邻两面的外墙均为不燃烧体，无外露的燃烧体屋檐，每面外墙上的门窗洞口面积之和不大于该外墙面积的5%，且门窗洞口不正对开设；

3 两座一、二级耐火等级的厂房，当相邻较低一面外墙为防火墙，且较低一座厂房的屋顶耐火极限不低于1.00h时，其防火间距可减少为：甲、乙类生产厂房之间不应小于6m，丙、丁、戊类生产厂房之间不应小于4m；

4 当一座建筑物内存在不同火灾危险性的防火分区时，应依据其中火灾危险性最大的类别确定该座建筑物与相邻建筑物或其他设施的防火间距；

5 丙类泵房或泵房、防火堤或储罐与其他设施中丙类、乙类泵或泵房与其他设施的防火间距减少25%，但不小于8m。丙类闪点大于120℃可燃液体储罐与其他储罐之间的防火间距可按表中丙类（闪点60℃～120℃）固定顶罐减少25%，但不应小于8m；

6 表中"V"为储罐公称容积；

7 罐区与其他设施的防火间距按相邻最大罐容积确定，埋地储罐可减少50%；

8 当纺织工程中甲、乙类可燃液体罐区的储量大于表中数字时，与相邻设施之间的防火间距应符合现行国家标准《石油化工企业设计防火规范》GB 50160的规定；

9 除甲类仓库外，其余类别的仓库包含在辅助生产建筑中。甲类仓库中的储存物品为现行国家标准《建筑设计防火规范》GB 50016储存物品的火灾危险性分类表内甲类1、2、5、6项；

10 厂区围墙与厂内建筑物之间的防火间距不应小于5m，且围墙两侧的建筑物或其他设施之间还应满足相应的防火间距要求；

11 表中"—"表示无防火间距要求或执行相关规范；

12 表中防火间距按本规范附录C所规定的起止点计算。

5.1.3 丙、丁、戊类厂房中具有甲、乙类火灾危险性的生产部位,应设置在单独房间内,且应靠外墙或在顶层布置。

5.1.4 控制室、变配电室、电动机控制中心、化验室、物检室、办公室、休息室不得设置在爆炸性气体环境、爆炸性粉尘环境的危险区域内。

5.1.5 对生产中使用或产生甲、乙类可燃物而出现爆炸性气体环境的场所,应采取有效的通风措施。

5.1.6 对存在爆炸性粉尘环境的场所,应采取防止产生粉尘云的措施。

5.1.8 存在爆炸性气体环境或爆炸性粉尘环境的厂房、露天装置和仓库,应根据现行国家标准《爆炸性气体环境用电气设备 第14部分:危险场所分类》GB 3836.14、《可燃性粉尘环境用电气设备 第3部分:存在或可能存在可燃性粉尘的场所分类》GB 12476.3等相关标准划分爆炸危险区域。

5.2.1 操作压力大于 0.1MPa 的甲、乙类可燃物质和丙类可燃液体的设备,应设安全阀。安全阀出口的泄放管应接入储槽或其他容器。

5.2.2 甲、乙类可燃物质和闪点小于120℃的丙类可燃液体设备上的视镜,必须采用能承受设计温度、压力的材料。

5.2.5 化纤厂采用湿法、干法纺丝工艺时,对浴液或溶剂中有甲、乙类可燃物质和闪点小于120℃丙类可燃液体的蒸气逸出的设备,应采取有效的排气、通风措施。

5.2.9 棉纺厂开清棉和废棉处理的输棉管道系统中应安装火星探除器。

5.2.12 印染厂、毛纺织厂、麻纺织厂等放置液化石油气钢瓶的房间应远离明火设备。

5.4.2 可燃气体和甲、乙类液体的管道严禁穿过防火墙。

6.1.1 甲、乙类生产和甲、乙类物品储存,丙类麻原料储存不应设置在地下或半地下场所。

6.2.2 在生产厂房中,下列支承设备的钢结构应采取防火保护措施：

  1 爆炸危险区范围内支承设备的钢构架（钢支架）、钢裙座；

  2 支承单个容积等于或大于 $5m^3$ 甲类物质设备及闪点小于或等于 45℃ 乙类物质设备的钢构架（钢支架）、钢裙座；

  3 支承操作温度等于或大于自燃点且单个容积等于或大于 $5m^3$ 的闪点在 45℃～60℃ 之间的乙类可燃液体设备及丙类可燃液体设备的钢构架（钢支架）、钢裙座。

  当上述钢结构设置在厂房的梁、楼板上时，其耐火极限不应低于所在厂房梁的耐火极限；当上述钢结构独立设置在地面上时，其耐火极限不应低于所在厂房柱的耐火极限。

6.4.1 当有爆炸危险的甲、乙类生产部位必须与其他类别的厂房贴邻布置或设置在其他类别的厂房内时，该部位与相邻部位之间应采用防爆墙分隔，该部位所在的房间应设置泄压设施，且应采用不发生火花的楼地面。

6.5.2 一座多层或高层厂房中，疏散楼梯的形式应按其中火灾危险性最大防火分区的要求确定。

6.6.2 防火墙设计应按现行国家标准《建筑设计防火规范》GB 50016 执行，并应符合下列规定：

  1 敞开式厂房、半敞开式或封闭式厂房的敞开部分设置防火墙时，防火墙应凸出厂房外侧柱的外表面 1m，或在防火墙两侧设置总宽度不小于 4m、耐火极限不低于 2.00h 的不燃烧体外墙。

7.3.1 下列纺织工程建筑物应设置室内消火栓：

  1 甲、乙、丙类厂房、仓库；

  2 丁、戊类高层厂房、仓库；

  3 耐火等级为三级且建筑体积大于或等于 $3000m^3$ 的丁类厂房、仓库和建筑体积大于或等于 $5000m^3$ 的戊类厂房、仓库。

  注：棉纺厂的开包、清花车间及麻纺厂的分级、梳麻车间，服装加工厂、针织服装工厂的生产车间及纺织厂的除尘室，除设置消火栓外，还应

在消火栓箱内设置消防软管卷盘。

7.4.1 下列场所应设置闭式自动喷水灭火系统：

1 大于或等于 50000 纱锭棉纺厂的开包、清花车间及除尘器室；

2 大于或等于 5000 锭麻纺厂的分级、梳麻车间；

3 亚麻纺织厂的除尘器室；

4 占地面积大于 1500m² 或总建筑面积大于 3000m² 的服装加工厂和针织服装工厂生产厂房；

5 甲、乙类生产厂房，高层丙类厂房；

6 每座占地面积大于 1000m² 的棉、毛、麻、丝、化纤、毛皮及其制品仓库；

7 建筑面积大于 500m² 的棉、毛、丝、化纤、毛皮及制品和麻纺制品的地下仓库；

8 合成纤维厂中建筑面积大于 3000m² 的丙类原料仓库和切片仓库，化纤厂中建筑面积大于 1000m² 的成品库、中间库；

9 化纤厂的可燃、难燃物品高架仓库和高层仓库。

自动喷水灭火系统的设计应符合现行国家标准《自动喷水灭火系统设计规范》GB 50084 的有关规定。

7.4.3 可燃液体储罐泡沫灭火系统设置应符合下列规定：

2 单罐储量大于或等于 500m³ 的水溶性可燃液体储罐、单罐储量大于或等于 10000m³ 的非水溶性可燃液体储罐以及移动消防设施不足或地形复杂，消防车扑救困难的可燃液体储罐区应设置泡沫灭火系统。

7.5.1 下列部位应设置消防排水设施：

1 消防电梯井底应设置专用排水井，有效容积不应小于 2m³，排水泵的排水量不应小于 10L/s。

3 消防水泵房。

4 纺织工程的生产装置区、化工物料仓库、储罐区应有火灾事故排水收集措施。火灾事故排水系统的排水能力应按事故排水流量校核。火灾事故排水流量至少应包括物料泄漏量和消防水量。厂区排水管线应设有防止受污染的火灾事故排水直接排出厂区的应急措施。火灾事故排水应处理后排放。

7.5.2 纺织工程含可燃液体的生产污水和被可燃液体严重污染的雨水管道系统的下列部位应设置水封，且水封高度不得小于250mm。

1 工艺装置内的塔、炉、泵、冷换设备等围堰的排水管（渠）出口处。

2 工艺装置、储罐组或其他设施及建筑物、构筑物、管沟等的排水出口处。

3 全厂性的支干管与主干管交汇处的支干管上。

4 全厂性干管、主干管的管段长度超过300m时。

5 建筑物用防火墙分隔成多个房间，每个房间的生产污水管道应有独立的排出口，并应设置水封井。

7.5.3 可燃液体储罐区的生产污水管道应有独立的排出口，并应在防火堤与水封井之间的管道上设置易启闭的隔断阀。防火堤内雨水沟排出管道出防火堤后应设置易启闭的隔断阀，将初期污染雨水与未受到污染的清洁雨水分开，分别排入生产污水系统和雨水系统。

含油污水应在防火堤外隔油处理后再排入生产污水系统。

8.0.3 纺织工程的下列场所应设置排烟设施：

1 服装加工厂的裁剪、缝纫、整烫、包装间；

2 棉纺织厂的分级室、开清棉间、废棉处理间；

3 毛纺织厂的选毛间；

4 缫丝厂的干茧堆放间；

5 丝绸织造厂的坯绸检验间、坯绸修整间及其他纺织工厂的坯布整理间、检验间；

6 绢纺织厂的精干绵选别间、落绵堆放间、开清绵间；

7 麻纺织厂的梳前准备间（含软麻、给油加湿、分束、分磅、堆仓、初梳工序）、梳麻间；

8 针织厂的成衣间。

9.1.1 散发可燃气体、蒸气或粉尘的厂房，散热器采暖热媒温度应符合下列规定：

1 必须低于散发物质的引燃温度。

9.2.3 排除、输送有爆炸危险物质的风管，不应穿过防火墙，且不应穿过人员密集或可燃物较多的房间。

9.2.4 下列情况之一，应采用防爆型设备：

1 甲、乙类厂房或其他厂房爆炸危险区域内的通风、空气调节或热风采暖设备。

2 排除、输送有燃烧或爆炸危险物质的通风设备。

9.2.10 棉、毛、麻纺织工厂处理可燃粉尘的干式除尘器应符合下列规定：

1 应能连续过滤、连续排杂。严禁采用沉降室。

9.2.13 甲、乙类厂房或其他厂房爆炸危险区域内的通风、空气调节或热风采暖系统，以及排除、输送有燃烧或爆炸危险的气体、蒸气或粉尘的通风系统，其设备和风管均应设置导除静电的接地装置，并应采用金属或其他不易积聚静电的材料制作；其防火阀、调节阀等活动部件均应采用防爆型。

10.1.3 当应急照明采用蓄电池组作为备用电源时，其连续供电时间应符合下列规定：

1 疏散通道、安全出口设置的标志灯具及疏散指示标志灯具不应少于30min。

2 厂房内部与消防疏散兼用的运输、操作、检修等通道，其应急照明不应少于30min。

10.1.4 消防泵房、消防控制室、消防值班室、中央控制室、变配电所及空调机房应设置应急照明。操作点所需应急照明的照度不应低于现行国家标准规定的照度标准。

10.1.6 存放可燃物品库房的配电系统应符合下列规定：

2 存放可燃物品的库房，其总电源箱的进线应设置剩余电流保护器。保护器的额定剩余电流动作值不应超过500mA。

3 馈电线路应有过载保护、短路保护和电击保护，保护电器应设在总电源箱内。

10.1.7 存放可燃物品库房，其照明设备的防护等级应满足IP4X。库房内不应设置卤钨灯等高温照明器，灯泡不应大于60W。当确需选用大于60W的灯泡时，应采取隔离、隔热、加大灯具的散热面积等措施确保灯的表面温度不可能引燃附近物质。

10.1.8 服装加工、开棉、并条等易燃生产场所及存放可燃物品的库房严禁采用TN-C接地系统及有PEN线。其电气线路严禁直敷布线，应穿金属导管或可挠金属电线保护管敷设，也可采用封闭式金属线槽敷设。

10.2.1 下列场所应设置火灾自动报警系统：

  1 任一层建筑面积超过1500m² 或总建筑面积大于3000m²的制衣、棉针织品、印染厂成品等生产厂房；

  2 棉花、棉短绒开包等厂房；

  3 麻纺粗加工厂房；

  4 选毛厂房；

  5 纺织、印染、化纤生产的电加热及电烘干部位；

  6 每座占地面积超过1000m²的棉、毛、麻、丝、化纤及其织物的库房；

  7 丙类厂房中的变配电室、电动机控制中心、中央控制室；

  8 需火灾自动报警系统联动启动自动灭火系统的场所。

十四、《风电场设计防火规范》NB 31089—2016

3.0.2 火灾探测及灭火系统的配置应符合以下规定：

  1 风电机组的机舱及机舱平台底板下部、塔架及竖向电缆桥架、塔架底部设备层、各类电气柜应设置火灾自动探测报警系统。

  3 风电机组的机舱及机舱平台底板下部、轮毂、塔架底部设备层、各类电气柜应配置自动灭火装置。

5.2.4 升压站同一时间内的火灾次数按一次考虑。消防用水量按室内和室外消防用水量之和确定。室内消防用水量包含室内消火栓系统、自动喷水灭火系统、水喷雾系统、泡沫灭火系统和固定消防炮灭火系统的消防用水量。室内消防用水量应按需要同时开启的上述系统用水量之和计算;当上述多种消防系统需要同时开启时,室内消火栓用水量可减少50%,但不得小于10L/s。

5.2.6 升压站建筑物的室外消火栓用水量不应小于表5.2.6的规定。

表5.2.6 室外消火栓用水量(L/s)

建筑物耐火等级	建筑物火灾危险性类别	建筑物体积(m^3)				
		≤1500	1501~3000	3001~5000	5001~20000	20001~50000
一、二级	丙类	15	15	20	25	30
	丁、戊类	15	15	15	15	15

注:当变压器采用水喷雾灭火系统时,变压器室外消火栓用水量不应小于15L/s;室外消火栓用水量,应按最大的一座地面建筑物的消防需水量计算。

5.2.12 升压站建筑室内消防用水量应根据水枪充实水柱长度和同时使用水枪数量经计算确定,且不应小于表5.2.12的规定。

表5.2.12 室内消火栓用水量

建筑物名称	高度、层数、体积	消火栓用水量(L/s)	同时使用水枪数量(支)	每支水枪最小流量(L/s)	每根竖管最小流量(L/s)
生产建筑	高度不大于24m,体积不大于5000m^3	10.0	2	5.0	10.0
	高度不大于24m,体积大于5000m^3	20.0	2	10.0	15.0
	高度24m~50m	25.0	5	5.0	15.0
办公生活建筑	高度不小于6层或体积大于10000m^3	15.0	3	5.0	10.0

5.2.18 消防水池的容量，除应满足在火灾延续时间内按本规范第5.2.4条、第5.2.6条、第5.2.12条确定的消防给水量的要求外，尚应符合下列规定：

 1 升压站室内、外消火栓系统的火灾延续时间应按2.00h计算。

 2 当室外给水管网供水充足且在火灾情况下能够连续补水时，消防水池的容量可减去火灾延续时间内补充的水量，补水量应经计算确定，且补水管的平均流速不应大于1.5m/s。

 3 消防水池的补水时间不应超过48h，对于缺水地区不应超过96h。

 4 供消防车取水的消防水池应设置取水口或取水井，且吸水高度不应大于6m；取水口与除水泵房外的其他建筑物的距离不应小于15m，与绝缘油油罐的距离不应小于40m。

 5 供消防车取水的消防水池，其保护半径不应大于150m。

 6 消防用水与生产、生活用水合并的水池，应采取确保消防用水不作他用的技术措施。

 7 严寒和寒冷地区的消防水池应采取防冻保护设施。

5.2.20 消防水泵应保证在火警后30s内启动。消防水泵与动力机械应直接连接。

5.2.22 当消防给水管道为环状布置时，消防水泵房应有不少于两条的出水管直接与环状消防给水管网连接。当其中有一条出水管关闭时，其余的出水管应仍能通过全部用水量。出水管上应设置试验和检查用的压力表和DN65的放水阀门。当存在超压可能时，出水管上应设置防超压设施。

5.3.1 所有工作场所严禁采用明火采暖。

5.3.26 机械排烟系统的设置应符合下列规定：

 2 穿越防火分区的排烟管道应在穿越处设置排烟防火阀。

5.3.29 防烟与排烟系统的管道、风口及阀门等必须采用不燃材料制作。排烟管道应采取隔热防火措施或与可燃物保持不小于150mm的距离。

5.5.5 屋外油浸变压器之间及与其他带油设备之间的距离应满足下列要求：

1 油量在2500kg及以上的油浸式变压器之间或油浸式电抗器之间，防火间距不应小于表5.5.5的规定。

表5.5.5 屋外油浸式变压器或电抗器之间的最小间距

电压等级	最小间距（m）
35kV及以下	5
66kV	6
110kV	8
220kV及以上	10

注：油式消弧线圈也属于油浸设备，故也应采用本条规定的防火净距。

5.5.9 消防供电应符合以下要求：

1 消防水泵、火灾报警系统、灭火系统、防排烟设施与应急照明电源应按Ⅱ类负荷供电。

2 消防用电设备采用双电源或双回路供电时，应在最末一级配电箱处设置双电源自动切换装置。当发生火灾时，仍应保证消防用电。消防配电设备应有明显标志。

5.5.11 升压站应设置火灾自动报警系统。其中无人值班的风电场升压站的火灾报警和消防联动信号应远传至远方监控中心。

5.5.25 蓄电池室应采用防爆型灯具、通风电动机，室内照明线应采用穿管暗敷，室内不得装设开关和插座。

十五、《精细化工企业工程设计防火标准》GB 51283—2020

4.1.5 精细化工企业与相邻工厂或设施的防火间距不应小于表4.1.5的规定。

表 4.1.5 精细化工企业与相邻工厂或设施的防火间距（m）

相邻工厂或设施	液化烃储罐			甲、乙类液体储罐 总容积 $V_总$ (m³)		可燃气体储罐 总容积 $V_总$ (m³)	甲、乙类生产设施	全厂性重要设施（企业消防站除外）
	总容积$V_总$≤50 或单罐容积$V_单$≤20	50<$V_总$≤200 $V_单$≤50	200<$V_总$≤300 $V_单$≤100	$V_总$≤1000	1000<$V_总$≤5000	$V_总$≤5000		
居住区、村镇及重要公共建筑（建筑物最外侧轴线）	90	100	140	50/60	60/70	25/40	50	25
相邻工厂（围墙或用地边界线）	35	35	35	30	35	30	30	40
厂外铁路（中心线） 国家铁路	60	70	70	45	50	35	35	—
厂外铁路（中心线） 企业铁路	25	30	30	30	35	25	30	—
厂外公路（路边） 高速公路、一级公路	25	25	25	25	30	25	30	—
厂外公路（路边） 其他公路	20	20	20	15	20	15	15	—
35kV反以上变配电所或企业的变压器总油量大于5t的室外降压变电站	45	50	55	40	50	30	30	30
架空电力线路（中心线）	1.5倍塔杆高	1.5倍塔杆高	1.5倍塔杆高	1.5倍塔杆高	1.5倍塔杆高	1.5倍塔杆高	1.5倍塔杆高	—
Ⅰ、Ⅱ级国家架空通信线（中心线）	30	30	30	40	40	1.5倍塔杆高	1.5倍塔杆高	—

注： 1 居住区、村镇指1000人或300户及以上者；与居住区、村镇及公共建筑物之间的间距，除应符合本规定外，尚应符合现行国家有关标准的规定。
2 相邻工厂指除精细化工企业以外的不同类工厂。若相邻工厂有相关的国家标准规定时，应按严格要求执行。企业消防站与相邻工厂的间距应符合国家有关标准的规定。
3 分母为高层居民用建筑的防火间距。分子为与其他建筑的防火间距。
4 至国家或工业区铁路编组站（铁路中心线或建筑物）的防火间距与至国家铁路防火间距相同，其中全厂重要设施（企业消防站除外）至国家或工业区铁路编组站的防火间距除应符合本规定外，尚应符合铁路、交通部门的有关规定。
5 对精细化工企业的安全距离有特殊要求的相邻工厂、港区陆域、重要物品仓库和准站、军事设施、机场、地区输油、输气管道、通航江、河、海岸边等应按有关规定执行。
6 液化烃储罐与相邻工厂或设施的防火间距，应按表中较高者确定（$V_单$）中较严格者确定。液化烃储罐与110kV～220kV架空电力线路的防火间距应为1.5倍塔杆高，且不应小于40m，与330kV～1000kV的防火间距不应小于100m。
7 丙类可燃液体储罐与相邻工厂或设施时，其总容积按5m³丙类液体相当于1m³甲、乙类液体储罐防火间距的75％，乙类液体储罐防火间距不应小于甲、乙类生产设施防火间距的75％。丙类生产设施与相邻工厂或设施的防火间距。
8 固定容积可燃气体储罐的总容积应按储罐几何容积（m³）和设计储存压力（绝对压力，10^5Pa）的乘积计算。
9 当相邻工厂围墙内为丁、戊类危险性设施时，全厂性重要设施与相邻工厂围墙或厂用地边界设施防火间距不应小于20m。
10 仓库或工厂围墙的防火间距，应符合现行国家标准《建筑设计防火规范》GB 50016的规定。
11 表中"—"表示本标准无防火间距要求，但当现行国家（行业）标准或规定有要求时，应按其执行。

4.2.9 总平面布置的防火间距，不应小于表4.2.9的规定。

表4.2.9 总平面布置的防火间距（m）

项目		生产设施						备注
		封闭式厂房			半敞开式、敞开式厂房或露天生产设施			
		甲	乙	丙	甲	乙	丙	
生产设施	封闭式厂房 甲	12	12	12	15	15	15	
	封闭式厂房 乙	12	10	10	15	12	12	
	封闭式厂房 丙	12	10	10	15	12	12	
	半敞开式、敞开式厂房或露天生产设施 甲	15	15	15	15	15	15	注1, 2
	半敞开式、敞开式厂房或露天生产设施 乙	15	12	12	15	12	12	
	半敞开式、敞开式厂房或露天生产设施 丙	15	12	12	15	12	12	
办公、控制、化验楼		25	25	10	25	25	12	
20kV以上变配电所、消防泵房		25	25	12	25	25	15	
空压制氮站、冷冻站、20kV及以下变配电所		15	15	10	15	15	10	
明火地点		30	30	20	30	30	20	注2

续表 4.2.9

项目			生产设施						备注
			封闭式厂房			半敞开式、敞开式厂房或露天生产设施			
			甲	乙	丙	甲	乙	丙	
可燃液体储罐 单罐容积 $V_{单}$ (m³)	甲$_B$、乙类固定顶	$V_{单}≤50$	25	12	12	25	12	12	注1、2、3
		$50<V_{单}≤200$	25	15	15	25	15	15	
		$200<V_{单}≤1000$	25	20	20	25	20	20	
	浮顶、内浮顶或丙$_A$类固定顶	$V_{单}≤250$	15	12	12	15	12	12	
		$250<V_{单}≤1000$	20	15	15	20	15	15	
		$1000<V_{单}≤5000$	25	20	20	25	20	20	
全压力式或半冷冻式液化烃储罐	总体积$V_{总}$或单罐容积$V_{单}$ (m³)	$V_{单}≤50/V_{总}≤20$	30	25	20	40	35	30	注1、2、4
		$50<V_{总}≤200$ /$V_{单}≤50$	35	30	25	40	35	30	
		$200<V_{总}≤300/V_{单}≤100$	40	35	30	40	35	30	
可燃气体储罐 单罐容积$V_{单}$ (m³)		$V_{单}≤1000$	18	15	12	18	15	12	注1、2、5
含可燃液体(含油)的污水处理设施			15	15	12	15	15	12	注2、6
罐区甲、乙类泵(房)			20	15	10	20	15	10	
汽车装卸鹤管(中心线)			25/15	20/15	15	25/15	20/15	20/15	注2、7
甲类物品仓库(库棚)或堆场			15	15	15	15	15	15	注2、8、9
厂区围墙(中心线)或用地界线			15	15	10	15	15	10	—

续表 4.2.9

项目			办公控制、化验楼	20kV以上变配电所、消防泵房	空压制氮站、冷冻站、20kV及以下变配电所	明火地点	可燃液体储罐 单罐容积 $V_单$ (m³)						备注
							甲$_B$、乙类固定顶			浮顶、内浮顶或丙$_A$类固定顶			
							$V_单 \leq 50$	$50 < V_单 \leq 200$	$200 < V_单 \leq 1000$	$V_单 \leq 250$	$250 < V_单 \leq 1000$	$1000 < V_单 \leq 5000$	
生产设施	封闭式厂房	甲	25	25	15	30	25	25	25	15	20	25	
		乙	25	25	15	30	12	15	20	12	15	20	注1、2
		丙	10	12	10	20	12	15	20	12	15	20	
	半敞开式、敞开式厂房或设施	甲	25	25	15	30	25	25	25	15	20	25	
		乙	25	25	15	30	12	15	20	12	15	20	
		丙	12	15	10	20	12	15	20	12	15	20	
	露天生产设施		—	15	10	—	20	25	25	15	20	25	
办公、控制、化验楼			15	—	—	15	15	20	25	15	20	25	
20kV以上变配电所、消防泵房			10	—	—	—	12	15	20	12	15	20	
空压制氮站、冷冻站、20kV及以下变配电所			—	15	—	—	20	25	30	15	20	25	注2
明火地点													

续表 4.2.9

项目	办公控制、化验楼	20kV以上变配电所、消防泵房	空压制氮站、冷冻站、20kV及以下变配电所	明火地点	可燃液体储罐 单罐容积 $V_单$ (m³)				备注
					甲B、乙类固定顶		浮顶、内浮顶或丙A类固定顶		
					$V_单≤50$	$50<V_单≤200$	$200<V_单≤1000$	$250<V_单≤250$	$250<V_单≤1000$	$1000<V_单≤5000$	
可燃液体储罐 单罐容积 $V_单$ (m³)	甲B、乙类固定顶	$V_单≤50$	20	15	12	20	见表 6.2.6				注1、2、3
		$50<V_单≤200$	25	20	15	25					
		$200<V_单≤1000$	25	25	20	30					
	浮顶、内浮顶或丙A类固定顶	$V_单≤250$	15	15	12	15					
		$250<V_单≤1000$	20	20	15	20					
		$1000<V_单≤5000$	25	25	20	25					

续表 4.2.9

项目	办公控制、化验楼	20kV以上变配电所、消防泵房	空压制氮站、冷冻站、20kV及以下变配电所	明火地点	可燃液体储罐 单罐容积 $V_单$ (m³)						备注
					甲$_B$、乙类固定顶			浮顶、内浮顶或丙$_A$类固定顶			
					$V_单≤50$	$50<V_单≤200$	$200<V_单≤1000$	$V_单≤250$	$250<V_单≤1000$	$1000<V_单≤5000$	
全压力式或半冷冻式液化烃储罐 总体积$V_总$或单罐容积$V_单$ (m³) $V_总≤50$ /$V_单≤20$	30	30	20	30	15	15	15	10	15	15	注1、2、4
$50<V_总≤200$ /$V_单≤50$	35	30	25	35	15	15	20	10	15	20	
$200<V_总≤300$/ $V_单≤100$	40	35	30	40	15	20	25	10	15	20	

续表 4.2.9

项目	办公控制、化验楼	20kV以上变配电所、消防泵房	空压制氮站、冷冻站、20kV及以下变配电所	明火地点	可燃液体储罐						备注
					单罐容积 $V_单$ (m³)						
					甲$_B$、乙类固定顶			丙$_A$类固定顶		浮顶、内浮顶	
					$V_单 ≤ 50$	$50 < V_单 ≤ 200$	$200 < V_单 ≤ 1000$	$V_单 ≤ 250$	$250 < V_单 ≤ 1000$	$1000 < V_单 ≤ 5000$	
可燃气体储罐 单罐容积 $V_单$ ≤1000 (m³)	20	20	12	20	10	12	15	6	9	12	注1、2、5
含可燃液体（含油）的污水处理设施	20	20	15	15	10	15	20	8	10	15	—
罐区甲、乙类泵（房）	25	15	15	15	10	10	12	8	10	12	注2、6
汽车装卸鹤管（中心线）	30/25	30/25	15	25	15	15	15	9	9	9	注2、7
甲类物品仓库（库房）或堆场	30	30	15	30	15	20	25	10	15	20	注2、8、9
厂区围墙（中心线）或用地界线	—	—	—	—	15	15	15	15	15	15	—

续表 4.2.9

项目		全压力式或半冷冻式液化烃储罐 总体积V总（m³）或单罐容积V单（m³）			可燃气体储罐 单罐容积V单（m³） V单≤1000	含可燃液体（含油）的污水处理设施	罐区甲、乙类泵（房）	甲类物品仓库（库棚）或堆场	备注
		V总≤50/V单≤20	50<V总≤200/V单≤50	200<V总≤300/V单≤100					
生产设施	封闭式厂房 甲	30	35	40	18	15	20	15	
	封闭式厂房 乙	25	30	35	15	15	15	15	
	封闭式厂房 丙	20	25	30	12	12	10	15	
	半敞开式、敞开式厂房或露天生产设施 甲	40	40	40	18	15	20	15	注1, 2
	半敞开式、敞开式厂房或露天生产设施 乙	35	35	35	15	15	15	15	
	半敞开式、敞开式厂房或露天生产设施 丙	30	30	30	12	12	10	15	
办公、控制、化验楼		30	35	40	20	20	25	30	
20kV以上变配电所、消防泵房		30	30	35	20	20	15	30	
空压制氮站、冷冻站、20kV及以下变配电所		20	25	30	12	15	15	15	
明火地点		30	35	40	20	15	15	15	注2

续表4.2.9

项目			全压力式或半冷冻式液化烃储罐 总体积V总 或单罐容积V单(m³)			可燃气体储罐 单罐容积V单(m³) V单≤1000	含可燃液体(含油)的污水处理设施	罐区甲、乙类泵(房)	甲类物品仓库(库棚)或堆场	备注
			V总≤50/V单≤20	50<V总≤200/V单≤50	200<V总≤300/V单≤100					
可燃液体储罐 单罐容积V单(m³)	甲B、乙类固定顶	V单≤50	15	15	15	10	10	10	15	注1、2、3
		50<V单≤200	15	20	20	12	15	10	20	
		200<V单≤1000	15	20	25	15	20	12	25	
	浮顶、内浮顶或丙A类固定顶	V单≤250	10	10	10	6	8	8	10	
		250<V单≤1000	15	15	15	9	10	10	15	
		1000<V单≤5000	15	20	20	12	15	12	20	
全压力式或半冷冻式液化烃储罐 总体积V总 或单罐容积V单(m³)		V总≤50/V单≤20	见表6.3.3			20	15	25	30	注1、2、4
		50<V总≤200/V单≤50				20	20	25	35	
		200<V总≤300/V单≤100				20	25	25	40	

续表 4.2.9

项目		全压力式或半冷冻式液化烃储罐 总体积V总或单罐容积V单 (m³)			可燃气体储罐 单罐容积V单(m³)	含可燃液体(含油)的污水处理设施	罐区甲、乙类泵(房)	甲类物品仓库(库棚)或堆场	备注
		V总≤50/V单≤20	50<V总≤200/V单≤50	200<V总≤300/V单≤100	V单≤1000				
可燃气体储罐	单罐容积V单(m³) V单≤1000	20	20	20	见表6.3.3	15	12	20	注1、2、5
含可燃液体(含油)的污水处理设施		15	20	25	15	—	15	20	
罐区甲、乙类泵(房)		25	25	25	12	15	—	20	注2、6
汽车装卸鹤管(中心线)		15	20	25	12	20	10	15	注2、7
甲类物品仓库(库棚)或堆场		30	35	40	20	20	20	20	注2、8、9
厂区围墙(中心线)或用地界线		22.5	22.5	22.5	15	10	15	15	—

注略

4.3.2 生产设施、仓库、储罐与道路的防火间距,不应小于表4.3.2的规定。

表4.3.2 生产设施、仓库、储罐与道路的防火间距(m)

名称		厂内道路路边	
		主要道路	次要道路
甲类生产设施		10	5
甲类仓库		10	5
液化烃储罐		15	10
可燃液体储罐	甲、乙类	15	10
	丙类	10	5
可燃、助燃气体储罐		10	5

注:原料、产品的运输道路应布置在爆炸危险区域之外。

4.3.3 厂内消防车道布置应符合下列规定:

1 高层厂房,甲、乙、丙类厂房或生产设施,乙、丙类仓库,可燃液体罐区,液化烃罐区和可燃气体罐区消防车道设置,应符合现行国家标准《建筑设计防火规范》GB 50016的规定;

2 主要消防车道路面宽度不应小于6m,路面上的净空高度不应小于5m,路面内缘转弯半径应满足消防车转弯半径的要求。

5.1.6 严禁将可能发生化学反应并形成爆炸性混合物的气体混合排放。

5.3.3 液化烃泵、可燃液体泵在泵房内布置时,应符合下列规定:

1 液化烃泵、操作温度不低于自燃点的可燃液体泵、操作温度低于自燃点的可燃液体泵应分别布置在不同房间内,各房间应采用防火墙隔开;

2 操作温度不低于自燃点的可燃液体泵房的门窗与操作温度低于自燃点的甲$_B$、乙$_A$、液体泵房的门窗或液化烃泵房的门窗的折线距离不应小于1.5m;

5.5.1 甲、乙、丙类车间储罐(组)应集中成组布置在生产设施边缘,并应符合下列规定:

1 甲、乙类物料的储量不应超过生产设施1d的需求量或产出量，且可燃气体总容积不应大于1000m³，液化烃总容积不应大于100m³，可燃液体总容积不应大于1000m³；

2 不得布置在封闭式厂房或半敞开式厂房内；

3 与生产设施内其他厂房、设备、建筑物的防火间距应符合本标准第5.5.2条的规定。

5.5.2 生产设施内设备、建筑物布置应符合下列规定：

1 设备布置在封闭式厂房内时，操作温度不低于自燃点的工艺设备与其他甲类气体介质及甲$_B$、乙$_A$类液体介质工艺设备的间距不应小于4.5m，与液化烃类工艺设备的间距不应小于7.5m；厂房间防火间距应符合本标准第4.2.9条的规定；联合厂房各功能场所的布置应符合本标准第8.3.3条的规定；车间储罐（组）与生产设施内设备、建筑物的防火间距，除本标准另有规定外，不应小于表5.5.2-1的规定。

表5.5.2-1 车间储罐（组）与生产设施内设备、建筑物的防火间距（m）

项目				变配电室、控制室、机柜间、化验室、办公室	明火设备或散发火花设备	封闭式厂房		
						甲	乙	丙
车间储罐（组）总容积（m³）	可燃气体	≤1000	甲	15	15	9	9	7.5
			乙	9	9	7.5	7.5	—
	液化烃	≤1000		22.5	22.5	15	9	7.5
	可燃液体	≤1000	甲$_B$、乙$_A$	15	15	9	9	7.5
			乙$_B$、丙$_A$	9	9	7.5	7.5	—

注：1 容积不大于20m³的可燃气体储罐与其使用厂房的防火间距不限；
　　2 容积不大于50m³的氧气储罐与其使用厂房的防火间距不限；
　　3 丙$_B$类液体储罐的防火间距不限；
　　4 固定容积可燃气体储罐的总容积应按储罐几何容积（m³）和设计存储压力（绝对压力，10⁵Pa）的乘积计算；
　　5 表中"—"表示本标准无防火间距要求，但现行国家（行业）标准对特殊介质有防火间距要求时，应按其执行。

2 设备布置在非封闭式厂房内时，车间储罐（组）、设备、建筑物平面布置的防火间距，除本标准另有规定外，不应小于表5.5.2-2的规定。

表5.5.2-2 储罐（组）、设备、建筑物平面布置的防火间距（m）

项目				变配电室、控制室、机柜间、化验室、办公室	明火设备或散发火花设备	备注
变配电间、控制室、机柜间、化验室、办公室				—	15	
明火或散发火花设备				15	—	
可燃气体压缩机或压缩机房			甲	15	22.5	注1
			乙	9	9	
其他工艺设备或房间	可燃气体		甲	15	15	
			乙	9	9	
	液化烃			15	22.5	
	可燃液体		甲$_B$、乙$_A$	15	15	
			乙$_B$、丙$_A$	9	9	
操作温度等于或高于自燃点的工艺设备				15	4.5	
含可燃液体的污水池（罐）、隔油池				15	15	
车间储罐（组）总容积（m³）	可燃气体	≤1000	甲	15	15	注2
			乙	9	9	
	液化烃	≤100		22.5	22.5	
	可燃液体	≤1000	甲$_B$、乙$_A$	15	15	
			乙$_B$、丙$_A$	9	9	

续表 5.5.2-2

项目			可燃气体压缩机或压缩机房		其他工艺设备或房间					备注
					可燃气体		液化烃	可燃液体		
			甲	乙	甲	乙		甲B、ZA	ZB、丙A	
变配电间,控制室,机柜间,化验室,办公室			15	9	15	9	15	15	9	
明火或散发火花设备			22.5	9	15	9	22.5	15	9	
可燃气体压缩机或压缩机房		甲	9	—	9	—	9	9	—	注1
		乙	7.5	—	—	—	—	—	—	
其他工艺设备或房间	可燃气体	甲	9	7.5	—	—	7.5	—	—	
		乙	9	—	—	—	—	—	—	
	液化烃		7.5	—	—	—	—	—	—	
	可燃液体	甲B、ZA	9	4.5	4.5	—	7.5	4.5	—	
		ZB、丙A	9	—	—	—	—	—	—	
操作温度等于或高于自燃点的工艺设备			15	7.5	9	7.5	9	9	7.5	
含可燃液体等的污水池(罐)、隔油池			9	7.5	7.5	—	7.5	7.5	—	
车间储罐(组)总容积(m³)	可燃气体	≤1000	9	9	9	9	9	9	7.5	注2
	液化烃	≤100								
	可燃液体 ≤1000	甲B、ZA	7.5	7.5	7.5	7.5	7.5	7.5	7.5	
		ZB、丙A								

续表 5.5.2-2

项目			操作温度等于或高于自燃点的工艺设备	含可燃液体的污水池（罐）、隔油池	备注
变配电间、控制室、机柜间、化验室、办公室			15	15	
明火或散发火花设备			4.5	9	
可燃气体压缩机或压缩机房		甲	15	—	注1
		乙	4.5	—	
其他工艺设备或房间	可燃气体	甲	4.5	—	
		乙	—	—	
	液化烃		7.5	—	
	可燃液体	甲B、ZA	4.5	—	
		ZB、丙A	—	4.5	
操作温度等于或高于自燃点的工艺设备			—	4.5	
含可燃液体的污水池（罐）、隔油池			4.5	—	
车间储罐（组）总容积（m³）	可燃气体	≤1000	甲	9	9	注2
			乙	9	7.5	
	液化烃	≤100		9	9	
	可燃液体	≤1000	甲B、ZA	9	9	
			ZB、丙	9	7.5	

注：
1 单机驱动功率小于150kW的可燃气体压缩机，防火间距不应小于操作温度低于自燃点的"其他工艺设备或房间"的防火间距。
2 丙B类液体设备的总容积（组）的总容积应符合本标准第5.5.1条的规定。当车间储罐（组）总容积：可燃液体储罐小于50m³、可燃气体储罐小于20m³时，防火间距不应小于操作温度低于自燃点的"其他工艺设备或房间"的防火间距，但不应布置在半敞开式厂房内。
3 自燃体设备的防火间距不限。
4 固定容积可燃气体储罐的总容积应按储罐几何容积（m³）和设计储存压力（绝对压力，10^5Pa）的乘积计算。
5 表中"—"表示本标准无防火间距要求，但当现行国家（行业）标准对特殊介质有防火间距要求时，应按其执行。

6.4.1 可燃液体汽车装卸设施应符合下列规定：

    1 甲$_B$、乙、丙、类液体的装车应采用液下装车鹤管；

6.4.2 液化烃汽车装卸设施应符合下列规定：

    1 液化烃严禁就地排放；

7.1.4 永久性的地上、地下管道，严禁穿越与其无关的生产设施、生产线、仓库、储罐（组）和建（构）筑物。

7.2.2 进出生产设施的可燃气体、液化烃、可燃液体管道，生产设施界区处应设隔断阀和"8"字盲板，隔断阀处应设平台。

7.3.4 厂房或生产设施含可燃液体的生产污水管道的下列部位应设水封井：

    1 围堰、管沟等的污水排入生产污水（支）总管前；

    2 每个防火分区或设施的支管接入厂房或生产设施外生产污水（支）总管前；

    3 管段长度大于300m时，管道应采用水封井分隔；

8.1.2 厂房（仓库）柱间支撑、水平支撑构件的燃烧性能和耐火极限不应低于表8.1.2的规定，厂房（仓库）其他构件的燃烧性能和耐火极限应按现行国家标准《建筑设计防火规范》GB 50016确定。

表8.1.2 柱间支撑、水平支撑构件的燃烧性能和耐火极限（h）

构件名称	耐火等级	
	一级	二级
柱间支撑	不燃性 3.00	不燃性 2.50
水平支撑	不燃性 1.50	不燃性 1.00

10.1.1 甲、乙类厂房（仓库）内严禁采用明火、电热散热器和燃气红外线辐射供暖。

10.2.5 燃油或燃气锅炉房、导热油炉房、直燃式溴化锂机房、柴油泵房、柴油发电机房应设置自然通风或机械通风设施。燃气锅炉房、燃气导热油炉房、燃气直燃式溴化锂机房应选用防爆型事故排风机。当采取机械通风时,机械通风设施应设置导除静电的接地装置,通风量应符合下列规定:

1 燃油锅炉房、燃油导热油炉房、燃油直燃式溴化锂机房、柴油泵房、柴油发电机房正常通风量应按换气次数不少于3次/h确定,事故排风量应按换气次数不少于6次//h确定;

2 燃气锅炉房、燃气导热油炉房、燃气直燃式溴化锂机房正常通风量应按换气次数不少于6次/h确定,事故排风量应按换气次数不少于12次/h确定。

第四篇　建筑防火材料

一、《混凝土结构防火涂料》GB 28375—2012

6 技术要求

6.1 防火堤防火涂料的技术要求应符合表 1 的规定。

表 1 防火堤防火涂料的技术要求

序号	检验项目	技术指标	缺陷分类
1	在容器中的状态	经搅拌后呈均匀稠厚流体,无结块	C
2	干燥时间(表干)/h	≤24	C
3	粘结强度/MPa	≥0.15(冻融前) ≥0.15(冻融后)	A
4	抗压强度/MPa	≥1.50(冻融前) ≥1.50(冻融后)	B
5	干密度/(kg/m³)	≤700	C
6	耐水性/h	≥720,试验后,涂层不开裂、起层、脱落,允许轻微发胀和变色	A
7	耐酸性/h	≥360,试验后,涂层不开裂、起层、脱落,允许轻微发胀和变色	B
8	耐碱性/h	≥360,试验后,涂层不开裂、起层、脱落,允许轻微发胀和变色	B
9	耐曝热性/h	≥720,试验后,涂层不开裂、起层、脱落,允许轻微发胀和变色	B
10	耐湿热性/h	≥720,试验后,涂层不开裂、起层、脱落,允许轻微发胀和变色	B
11	耐冻融循环试验/次	≥15,试验后,涂层不开裂、起层、脱落,允许轻微发胀和变色	B
12	耐盐雾腐蚀性/次	≥30,试验后,涂层不开裂、起层、脱落,允许轻微发胀和变色	B

续表 1

序号	检验项目	技术指标	缺陷分类
13	产烟毒性	不低于 GB/T 20285—2006 规定材料产烟毒性危险分级 ZA_1 级	B
14	耐火性能/h	≥2.00（标准升温） ≥2.00（HC 升温） ≥2.00（石油化工升温）	A

注 1：A 为致命缺陷，B 为严重缺陷，C 为轻缺陷。
注 2：型式检验时，可选择一种升温条件进行耐火性能的检验和判定

6.2 隧道防火涂料的技术要求应符合表 2 的规定。

表 2　隧道防火涂料的技术要求

序号	检验项目	技术指标	缺陷分类
1	在容器中的状态	经搅拌后呈均匀稠厚流体，无结块	C
2	干燥时间（表干）/h	≤24	C
3	粘结强度/MPa	≥0.15（冻融前） ≥0.15（冻融后）	A
4	干密度/(kg/m³)	≤700	C
5	耐水性/h	≥720，试验后，涂层不开裂、起层、脱落，允许轻微发胀和变色	A
6	耐酸性/h	≥360，试验后，涂层不开裂、起层、脱落，允许轻微发胀和变色	B
7	耐碱性/h	≥360，试验后，涂层不开裂、起层、脱落，允许轻微发胀和变色	B
8	耐湿热性/h	≥720，试验后，涂层不开裂、起层、脱落，允许轻微发胀和变色	B
9	耐冻融循环试验/次	≥15，试验后，涂层不开裂、起层、脱落，允许轻微发胀和变色	B

续表 2

序号	检验项目	技术指标	缺陷分类
10	产烟毒性	不低于 GB/T 20285—2006 规定产烟毒性危险分级 ZA_1 级	B
11	耐火性能/h	≥2.00(标准升温) ≥2.00(HC 升温) 升温≥1.50，降温≥1.83(RABT 升温)	A

注 1：A 为致命缺陷，B 为严重缺陷，C 为轻缺陷。
注 2：型式检验时，可选择一种升温条件进行耐火性能的检验和判定

8 检验规则
8.1 出厂检验和型式检验
8.1.1 出厂检验
出厂检验项目为在容器中的状态、干燥时间、干密度、耐水性、耐酸性、耐碱性。
8.1.2 型式检验
型式检验项目为本标准规定的全部项目。有下列情形之一时，产品应进行型式检验：

a) 新产品投产前或老产品转厂生产时的试制定型鉴定；

b) 正式生产后，产品的配方、工艺、原材料有较大改变时；

c) 产品停产一年以上恢复生产时；

d) 出厂检验结果与上次型式检验结果有较大差异时；

e) 正常生产满三年时；

f) 国家质量监督部门提出型式检验要求时。

8.2 组批与抽样
8.2.1 组批
组成一个批次的混凝土结构防火涂料应为同一批材料、同一工艺条件下生产的产品。

8.2.2 抽样

样品应从批量基数不少于 2000kg 的产品中随机抽取 200kg。

8.3 判定规则

8.3.1 出厂检验判定

出厂检验项目全部符合本标准要求时,判该批产品合格。出厂检验结果发现不合格的,允许在同批产品中加倍抽样进行复验。复验合格的,判该批产品为合格;复验仍不合格的,则判该批产品为不合格。

8.3.2 型式检验判定

型式检验项目全部符合本标准要求时,判该产品合格。

型式检验项目不应存在致命缺陷(A)。如果检验项目存在严重缺陷(B)和轻缺陷(C),当 B≤1 且 B+C≤3 时,亦可综合判定该产品合格,但结论中需注明缺陷性质和数量。

9 标志、包装、运输和贮存

9.1 产品包装上应注明生产企业名称、地址、产品名称、型号规格、执行标准代号、生产日期或批号、产品保质贮存期等。

二、《钢结构防火涂料》GB 14907—2018

5.1.5 膨胀型钢结构防火涂料的涂层厚度不应小于 1.5mm,非膨胀型钢结构防火涂料的涂层厚度不应小于 15mm。

5.2 性能要求

5.2.1 室内钢结构防火涂料的理化性能应符合表 2 的规定。

表 2 室内钢结构防火涂料的理化性能

序号	理化性能项目	技术指标		缺陷类别
		膨胀型	非膨胀型	
1	在容器中的状态	经搅拌后呈均匀细腻状态或稠厚流体状态,无结块	经搅拌后呈均匀稠厚流体状态,无结块	C

续表2

序号	理化性能项目	技术指标 膨胀型	技术指标 非膨胀型	缺陷类别
2	干燥时间（表干）/h	≤12	≤24	C
3	初期干燥抗裂性	不应出现裂纹	允许出现1～3条裂纹，其宽度应≤0.5mm	C
4	粘结强度/MPa	≥0.15	≥0.04	A
5	抗压强度/MPa	—	≥0.3	C
6	干密度/(kg/m³)	—	≤500	C
7	隔热效率偏差	±15%	±15%	—
8	pH值	≥7	≥7	C
9	耐水性	24h试验后，涂层应无起层、发泡、脱落现象，且隔热效率衰减量应≤35%	24h试验后，涂层应无起层、发泡、脱落现象，且隔热效率衰减量应≤35%	A
10	耐冷热循环性	15次试验后，涂层应无开裂、剥落、起泡现象，且隔热效率衰减量应≤35%	15次试验后，涂层应无开裂、剥落、起泡现象，且隔热效率衰减量应≤35%	B

注1：A为致命缺陷，B为严重缺陷，C为轻缺陷；"—"表示无要求。
注2：隔热效率偏差只作为出厂检验项目。
注3：pH值只适用于水基性钢结构防火涂料。

5.2.2 室外钢结构防火涂料的理化性能应符合表3的规定。

表3　室外钢结构防火涂料的理化性能

序号	理化性能项目	技术指标 膨胀型	技术指标 非膨胀型	缺陷类别
1	在容器中的状态	经搅拌后呈均匀细腻状态或稠厚流体状态，无结块	经搅拌后呈均匀稠厚流体状态，无结块	C
2	干燥时间（表干）/h	≤12	≤24	C
3	初期干燥抗裂性	不应出现裂纹	允许出现1～3条裂纹，其宽度应≤0.5mm	C
4	粘结强度/MPa	≥0.15	≥0.04	A
5	抗压强度/MPa	—	≥0.5	C
6	干密度/（kg/m^3）	—	≤650	C
7	隔热效率偏差	±15%	±15%	—
8	pH值	≥7	≥7	C
9	耐曝热性	720h试验后，涂层应无起层、脱落、空鼓、开裂现象，且隔热效率衰减量应≤35%	720h试验后，涂层应无起层、脱落、空鼓、开裂现象，且隔热效率衰减量应≤35%	B
10	耐湿热性	504h试验后，涂层应无起层、脱落现象，且隔热效率衰减量应≤35%	504h试验后，涂层应无起层、脱落现象，且隔热效率衰减量应≤35%	B
11	耐冻融循环性	15次试验后，涂层应无开裂、脱落、起泡现象，且隔热效率衰减量应≤35%	15次试验后，涂层应无开裂、脱落、起泡现象，且隔热效率衰减量应≤35%	B

续表 3

序号	理化性能项目	技术指标 膨胀型	技术指标 非膨胀型	缺陷类别
12	耐酸性	360h 试验后，涂层应无起层、脱落、开裂现象，且隔热效率衰减量应≤35%	360h 试验后，涂层应无起层、脱落、开裂现象，且隔热效率衰减量应≤35%	B
13	耐碱性	360h 试验后，涂层应无起层、脱落、开裂现象，且隔热效率衰减量应≤35%	360h 试验后，涂层应无起层、脱落、开裂现象，且隔热效率衰减量应≤35%	B
14	耐盐雾腐蚀性	30 次试验后，涂层应无起泡、明显的变质、软化现象，且隔热效率衰减量应≤35%	30 次试验后，涂层应无起泡、明显的变质、软化现象，且隔热效率衰减量应≤35%	B
15	耐紫外线辐照性	60 次试验后，涂层应无起层、开裂、粉化现象，且隔热效率衰减量应≤35%	60 次试验后，涂层应无起层、开裂、粉化现象，且隔热效率衰减量应≤35%	B

注 1：A 为致命缺陷，B 为严重缺陷，C 为轻缺陷；"—"表示无要求。
注 2：隔热效率偏差只作为出厂检验项目。
注 3：pH 值只适用于水基性的钢结构防火涂料。

5.2.3 钢结构防火涂料的耐火性能应符合表 4 的规定。

表 4 钢结构防火涂料的耐火性能

产品分类	耐火性能 膨胀型				耐火性能 非膨胀型					缺陷类别
普通钢结构防火涂料	$F_P0.50$	$F_P1.00$	$F_P1.50$	$F_P2.00$	$F_P0.50$	$F_P1.00$	$F_P1.50$	$F_P2.00$	$F_P2.50$	$F_P3.00$	A
特种钢结构防火涂料	$F_t0.50$	$F_t1.00$	$F_t1.50$	$F_t2.00$	$F_t0.50$	$F_t1.00$	$F_t1.50$	$F_t2.00$	$F_t2.50$	$F_t3.00$	

注：耐火性能试验结果适用于同种类型且截面系数更小的基材。

7 检验规则
7.1 检验分类
7.1.1 出厂检验

出厂检验项目分为常规项目和抽检项目两类。常规项目应至少包括：在容器中的状态、干燥时间、初期干燥抗裂性和pH值，且应按批检验。抽检项目应至少包括：干密度、隔热效率偏差、耐水性、耐酸性、耐碱性，且应在每季度或每生产500t（P类）、1000t（F类）产品（先到为准）之内至少进行一次检验。

7.1.2 型式检验

型式检验项目为5.1.5、5.2规定的全部项目。

有下列情形之一，产品应进行型式检验：

a）新产品投产或老产品转厂生产时试制定型鉴定；

b）正式生产后，产品的配方、工艺、原材料有较大改变时；

c）产品停产一年以上恢复生产时；

d）出厂检验结果与上次型式检验结果有较大差异时；

e）发生重大质量事故整改后；

f）质量监督机构依法提出要求时。

7.2 组批与抽化
7.2.1 组批

组成一批的钢结构防火涂料应为同一次投料、同一生产工艺、同一生产条件下生产的产品。

7.2.2 抽化

出厂检验样品应分别从不少于200kg（P类）、500kg（F类）的产品中随机抽取40kg（P类）、100kg（F类）。

型式检验样品应分别从不少于1000kg（P类）、3000kg（F类）的产品中随机抽取300kg（P类）、500kg（F类）。

7.3 判定规则
7.3.1 出厂检验判定

出厂检验的常规项目全部符合要求时判该批产品合格；常规

项目发现有不合格的,判该批产品不合格。抽检项目全部合格的,产品可正常出厂;抽检项目有不合格的,允许对不合格项进行加倍复验,复验合格的,产品可继续生产销售;复验仍不合格的,产品停产整改。

7.3.2 型式检验判定

型式检验项目全部符合要求时,判该产品合格。有缺陷时的合格判定规则如下,检验结论中需注明缺陷类别和数量:

a) $A=0$;
b) $B \leqslant 2$;
c) $B+C \leqslant 3$。

三、《饰面型防火涂料》GB 12441—2018

5.2 技术要求

饰面型防火涂料技术指标应符合表1的规定。

表1 饰面型防火涂料技术指标

序号	项目		技术指标
1	在容器中的状态		经搅拌后呈均匀状态,无结块
2	细度/μm		≤90
3	干燥时间	表干/h	≤5
		实干/h	≤24
4	附着力/级		≤3
5	柔韧性/mm		≤3
6	耐冲击性/cm		≥20
7	耐水性		经24h试验,涂膜不起皱、不剥落
8	耐湿热性		经48h试验,涂膜无起泡、无脱落
9	耐燃时间/min		≥15
10	难燃性		试件燃烧的剩余长度平均值应≥150 mm,其中没有一个试件的燃烧剩余长度为零,每组试验通过热电偶所测得的平均烟气温度不应超过200℃

续表1

序号	项目	技术指标
11	质量损失/g	≤5.0
12	炭化体积/cm²	≤25

7 检验规则

7.1 检验分类

7.1.1 出厂检验

出厂检验项目为在容器中的状态、细度、干燥时间、附着力、柔韧性、耐冲击性、耐水性、耐湿热性及耐燃时间。

7.1.2 型式检验

型式检验项目为5.2规定的全部检验项目。有下列情况之一时，应进行型式检验：

a) 新产品投产前或老产品转厂时的试制定型鉴定；

b) 正常生产后，产品的原材料、配方或生产工艺有较大改变时；

c) 产品停产一年以上恢复生产时；

d) 出厂检验结果与上次型式检验有较大差异时；

e) 发生重大质量事故整改后；

f) 质量监督部门依法提出型式检验要求时。

7.2 组批与抽样

7.2.1 组批

组成一批的饰面型防火涂料应为同一批材料、同一工艺条件下生产的产品。

7.2.2 抽样

出厂检验样品应从不少于200kg的产品中随机抽取10kg。

型式检验样品应从不少于1000kg的产品中随机抽取20kg。

7.3 判定规则

7.3.1 出厂检验判定

出厂检验项目均满足表1规定的技术指标为合格，不合格的检验项目可以在同批样品中抽样进行两次复检，复检均合格后方判为合格。

7.3.2 型式检验判定

型式检验项目全部符合本标准要求时，判该产品合格。

8 标志、使用说明书

8.1 产品标志应包含产品名称、型号规格、执行标准、商标（适用时）、生产者名称及地址、生产企业名称及地址、产品生产日期或生产批号等。

四、《电缆防火涂料》GB 28374—2012

5 技术要求

电缆防火涂料各项技术性能指标应符合表1的规定。

表1 电缆防火涂料各项技术性能指标

序号	项目		技术性能指标	缺陷类别
1	在容器中的状态		无结块，搅拌后呈均匀状态	C
2	细度/μm		≤90	C
3	黏度/s		≥70	C
4	干燥时间	表干/h	≤5	C
		实干/h	≤24	
5	耐油性/d		浸泡7d，涂层无起皱、无剥落、无起泡	B
6	耐盐水性/d		浸泡7d，涂层无起皱、无剥落、无起泡	B
7	耐湿热性/d		经过7d试验，涂层无开裂、无剥落、无起泡	B
8	耐冻融循环/次		经15次循环，涂层无起皱、无剥落、无起泡	B
9	抗弯性		涂层无起层、无脱落、无剥落	A
10	阻燃性/m		炭化高度≤2.50	A

注：A为致命缺陷，B为严重缺陷，C为轻缺陷。

7 检验规则

7.1 检验分类

7.1.1 电缆防火涂料的检验分出厂检验和型式检验。

7.1.2 出厂检验项目为在容器中的状态、细度、黏度、干燥时间、抗弯性、耐油性和耐盐水性。

7.1.3 型式检验项目为本标准规定的全部性能指标。有下列情形之一时，产品应进行型式检验：

　　a) 新产品投产或老产品转厂的试制定型鉴定；

　　b) 正式生产后，产品的配方、工艺、原材料有较大改变时；

　　c) 产品停产一年以上恢复生产时；

　　d) 出厂检验与上次型式检验结果有较大差异时；

　　e) 正常生产满三年时；

　　f) 质量监督部门提出要求时。

7.2 抽样

抽样按 GB/T 3186 的规定进行。

7.3 判定规则

7.3.1 出厂检验结果均应符合表1规定的技术性能指标；不合格的检验项目允许在同批样品中抽样进行复验，经复验合格后方可出厂。

7.3.2 型式检验的缺陷类别见表1，产品质量合格判定原则为：$A=0$、$B \leqslant 1$、$B+C \leqslant 2$。

五、《防火封堵材料》GB 23864—2009

5 要求

5.1 燃烧性能

5.1.1 除无机堵料外，其他封堵材料的燃烧性能应满足 5.1.2~5.1.4 的规定。燃烧性能缺陷类别为 A 类。

5.1.2 阻火包用织物应满足：损毁长度不大于 150mm，续燃时间不大于 5s，阴燃时间不大于 5s，且燃烧滴落物未引起脱脂棉燃烧或阴燃。

5.1.3 柔性有机堵料和防火密封胶的燃烧性能不低于 GB/T 2408—2008 规定的 HB 级；泡沫封堵材料的燃烧性能应满足：平均燃烧时间不大于 30s，平均燃烧高度不大于 250mm。

5.1.4 其他封堵材料的燃烧性能不低于 GB/T 2408—2008 规定的 V-0 级。

5.2 耐火性能

5.2.1 防火封堵材料的耐火性能按耐火时间分为：1h、2h、3h 三个级别，耐火性能的缺陷类别为 A 类。

5.2.2 防火封堵材料的耐火性能应符合表 1 的规定。

表 1 防火封堵材料的耐火性能技术要求　　单位为小时

序号	技术参数	耐火极限		
		1	2	3
1	耐火完整性	≥1.00	≥2.00	≥3.00
2	耐火隔热性	≥1.00	≥2.00	≥3.00

5.3 理化性能

5.3.1 柔性有机堵料、无机堵料、阻火包、阻火模块、防火封堵板材和泡沫封堵材料的理化性能应符合表 2 的规定。

表 2 柔性有机堵料等防火封堵材料的理化性能技术要求

序号	检验项目	技术指标						缺陷分类
		柔性有机堵料	无机堵料	阻火包	阻火模块	防火封堵板材	泡沫封堵材料	
1	外观	胶泥状物体	粉末状固体，无结块	包体完整，无破损	固体，表面平整	板材，表面平整	液体	C
2	表观密度/(kg/m³)	≤2.0×10³	≤2.0×10³	≤1.2×10³	≤2.0×10³	—	≤1.0×10³	C

续表2

序号	检验项目	技术指标						缺陷分类
		柔性有机堵料	无机堵料	阻火包	阻火模块	防火封堵板材	泡沫封堵材料	
3	初凝时间/min	—	$10 \leqslant t \leqslant 45$	—	—	—	$t \leqslant 15$	B
4	抗压强度/MPa	—	$0.8 \leqslant R \leqslant 6.5$	—	$R \geqslant 0.10$	—	—	B
5	抗弯强度/MPa	—	—	—	—	$\geqslant 0.10$	—	B
6	抗跌落性	—	—	包体无破损	—	—	—	B
7	腐蚀性/d	≥7,不应出现锈蚀、腐蚀现象	≥7,不应出现锈蚀、腐蚀现象	—	≥7,不应出现锈蚀、腐蚀现象	—	≥7,不应出现锈蚀、腐蚀现象	B
8	耐水性/d	≥3,不溶胀、不开裂;阻火包内装材料无明显变化,包体完整,无破损						B
9	耐油性/d	≥3,不溶胀、不开裂;阻火包内装材料无明显变化,包体完整,无破损						C
10	耐湿热性/h	≥120,不开裂、不粉化;阻火包内装材料无明显变化						B
11	耐冻融循环/次	≥15,不开裂、不粉化;阻火包内装材料无明显变化						B
12	膨胀性能/%	—	—	≥150	≥120	—	≥150	B
注:抗压强度指标弹性阻火模块除外								

5.3.2 缝隙封堵材料和防火密封胶的理化性能应符合表3的规定。

表3 缝隙封堵材料和防火密封胶的理化性能技术要求

序号	检验项目	技术指标 缝隙封堵材料	技术指标 防火密封胶	缺陷分类
1	外观	柔性或半硬质固体材料	液体或膏状材料	C
2	表观密度/(kg/m³)	$\leq 1.6 \times 10^3$	$\leq 2.0 \times 10^3$	C
3	腐蚀性/d	—	≥7,不应出现锈蚀、腐蚀现象	B
4	耐水性/d	≥3,不溶胀、不开裂		B
5	耐碱性/d	≥3,不溶胀、不开裂		B
6	耐酸性/d	≥3,不溶胀、不开裂		C
7	耐湿热性/h	≥360,不开裂、不粉化		B
8	耐冻融循环/次	≥15,不开裂、不粉化		B
9	膨胀性能/%	≥300		B

注:膨胀性能指标玻璃幕墙用弹性防火密封胶除外

5.3.3 阻火包带的理化性能应符合表4的规定。

表4 阻火包带的理化性能技术要求

序号	检验项目	技术指标	缺陷分类
1	外观	带状软质卷材	C

续表 4

序号	检验项目		技术指标	缺陷分类
2	表观密度/(kg/m³)		$\leqslant 1.6 \times 10^3$	C
3	耐水性/d		≥3,不溶胀、不开裂	B
4	耐碱性/d			B
5	耐酸性/d			C
6	耐湿热性/h		≥120,不开裂、不粉化	B
7	耐冻融循环/次		≥15,不开裂、不粉化	B
8	膨胀性能/(mL/g)	未浸水(或水泥浆)	≥10	B
		浸入水中 48h 后		
		浸入水泥浆中 48h 后		

7 检验规则

7.1 本标准规定的耐火性能、燃烧性能及所有的理化性能技术指标均为型式检验项目。

7.2 有下列情形之一时,产品应进行型式检验:

a) 新产品投产或某产品转厂生产的试制鉴定;

b) 正式生产后,产品的原材料、配方、生产工艺有较大改变时或正常生产满三年时;

c) 产品停产一年以上,恢复生产时;

d) 出厂检验结果与上次型式检验有较大差异时;

e) 国家质量监督机构提出要求时。

7.3 本标准中所规定的外观、表观密度、初凝时间、抗跌落性、膨胀性能、耐水性、耐油性、耐碱性、燃烧性能等为出厂检验项目。

8 综合判定准则

8.1 防火封堵材料所需的样品应从批量产品或使用现场随机抽取。

8.2 防火封堵材料的耐火性能达到某一级（1h、2h、3h）的规定要求，且其他各项性能指标均符合标准要求时，该产品被认定为产品质量某一级合格。

8.3 经检验，该防火封堵材料除耐火性能和燃烧性能（不合格属 A 类缺陷，不允许出现）外，理化性能尚有重缺陷（B 类缺陷）和轻缺陷（C 类缺陷），在满足下列要求时，亦可判定该产品质量某一级合格，但需注明缺陷性质及数量。

　　a) 表 2 中所列的防火封堵材料，当 B≤2 或 B+C≤3 时；

　　b) 表 3 或表 4 中所列的防火封堵材料，当 B≤1 或 B+C≤2 时。

六、《不燃无机复合板》GB 25970—2010

4.4 物理力学性能

物理力学性能应符合表 4 的规定。

表 4 物理力学性能

项目	指标
干态抗弯强度/MPa	符合表 1 中的规定值
吸水饱和状态的抗弯强度/MPa	不小于表 1 中规定值的 70%
吸湿变形率/%	≤0.20
抗返卤性	无水珠、无返潮
注：抗返卤性只适用于玻镁平板。	

4.5 燃烧性能

燃烧性能应符合 GB 8624 中对匀质材料 A1 级的规定要求。

6 检验规则

6.1 检验分类

不燃无机复合板的检验分型式检验和出厂检验。

6.2 型式检验

6.2.1 产品定型鉴定时被抽样的产品基数应不少于 50 张，有下列情形之一时，应进行型式检验：

    a）新产品投产或老产品转厂的试制定型鉴定；

    b）正式生产后，产品的配方、工艺、原材料有较大改变时；

    c）产品停产一年以上恢复生产时；

    d）出厂检验与上次型式检验有较大差异时；

    e）正常生产两年时；

    f）产品质量监督部门提出要求时。

6.2.2 型式检验项目包括第 4 章规定的全部项目。

6.3 出厂检验

产品出厂前每批应进行出厂检验。本标准所规定的外观质量、尺寸偏差、边缘平直度偏差、对角线之差、干态抗弯强度、吸水饱和状态抗弯强度、吸湿变形率为出厂检验项目。

6.4 组批与抽样

6.4.1 不燃无机复合板应以 150 张为一批。从每批中随机抽取 3 张为一组试样，应抽取三组，其中两组用于复验。

6.4.2 出厂检验的外观质量、尺寸偏差、边缘平直度、对角线之差一组试样的 3 张板材均应检验，并从中抽取 1 张板材，按 5.3.1 的要求截取制作试件，进行干态抗弯强度、吸水饱和状态抗弯强度、吸湿变形率检验。

6.5 检验结果判定原则

型式检验所检项目全部合格则判定为批合格，否则为不合格。出厂检验产品批合格判定按表 6 规定的判定数判定。单项不合格和总不合格项数不超过表 6 规定时判批合格。

表6 出厂检验批合格判定数

项 目	样本数	出厂检验 单项不合格数	出厂检验 总项不合格数
外观质量	3	1	$\leqslant 2$
尺寸偏差		1	
边缘平直度		1	
对角线之差		1	
干态抗弯强度		0	
吸水饱和状态抗弯强度		0	
吸湿变形率		0	
抗返卤性	1	—	
燃烧性能	1	—	

6.6 复检

6.6.1 被判为批不合格的产品,可以用同批的两组复检样品对不合格项进行复检,两组试样复检全部合格则判该批为合格。

6.6.2 对出厂检验,由外观质量、尺寸偏差不合格被判为不合格的批,允许对该批产品逐件检查,经检查合格的板材仍为合格品。

7.1 产品标志应注明生产厂名称、地址、产品名称、型号规格、燃烧性能等级、执行标准号、生产日期、批号等。

七、《阻燃装饰织物》GA 504—2004

5.3 阻燃性能

阻燃装饰织物的阻燃性能要求见表2。耐洗阻燃装饰织物经6.2.12洗涤程序洗涤后阻燃性能应符合表2的规定。

表 2　阻燃装饰织物阻燃性能要求

项目		级别	
		B_1	B_2
氧指数/%		≥32.0	≥26.0
垂直燃烧性能	损毁长度/mm	≤150	≤200
	续燃时间/s	≤5	≤15
	阴燃时间/s	≤5	≤10
烟密度等级		≤15	—
烟气毒性/级		≥ZA_1	≥ZA_3

注：耐洗阻燃装饰织物内在质量在 6.2.12 洗涤程序前进行，阻燃性能在 6.2.12 洗涤程序后进行。

8.2.2 产品的内外包装上除应标明相关非阻燃产品的内容外，还必须有"耐洗 GA 504 阻燃 B_1 级"、"非耐洗 GA 504 阻燃 B_1 级"或"耐洗 GA 504 阻燃 B_2 级"、"非耐洗 GA 504 阻燃 B_2 级"的标记。

八、《塑料管道阻火圈》GA 304—2012

5　要求

5.1　耐火性能

阻火圈的耐火性能应符合表 1 的规定。

表 1　阻火圈的耐火性能　单位为小时

检验项目	极限耐火时间				
耐火性能	1.00	1.50	2.00	2.50	3.00

5.2　理化性能

阻火圈的理化性能应符合表 2 的规定。

表2 阻火圈的理化性能

序号	检验项目	技术指标			
1	外观	壳体	不应出现缺角、断裂、脱焊等现象;表面不应出现肉眼可见锈迹和锈点;有覆盖层的其覆盖层不应出现开裂、剥落或脱皮等现象		
		芯材	不应出现粉化现象		
2	尺寸/mm	壳体基材	材质		厚度
			不锈钢板		≥0.6
			其他		≥0.8
		芯材	管道公称外径	芯材厚度	芯材高度
			$R<110$	≥10	≥40
			$110 \leqslant R<160$	≥13	≥48
			$R \geqslant 160$	≥23	≥70
3	膨胀性能	芯材的初始膨胀体积 $\bar{n}$ 与企业公布的膨胀体积 n_0 的偏差不应大于±15%			
4	耐盐雾腐蚀性	壳体经5个周期,共120h的盐雾腐蚀试验后,其外观应无明显变化			
5	耐水性	5d试验后,芯材不溶胀、不开裂、不粉化,试验后测得芯材的膨胀体积与初始膨胀体积 $\bar{n}$ 的偏差不应大于±15%			
6	耐碱性				
7	耐酸性				
8	耐湿热性				
9	耐冻融循环试验	15次试验后,芯材不溶胀、不开裂、不粉化,试验后测得芯材的膨胀体积与初始膨胀体积 $\bar{n}$ 的偏差不应大于±15%			

7 检验规则

7.1 检验分类

7.1.1 出厂检验

出厂检验项目为本标准规定的外观、尺寸、耐水性、耐碱性、耐酸性。必要时可按产品特点和预定用途或合同规定增加检验项目。

7.1.2 型式检验

型式检验项目为第 5 章规定的耐火性能和所有的理化性能。有下列情形之一时，产品应进行型式检验：

a）新产品投产或老产品转厂的试制定型鉴定；
b）正式生产后，产品的配方、工艺、原材料有较大改变时；
c）产品停产一年以上恢复生产时；
d）出厂检验结果与上次型式检验结果有较大差异时；
e）产品强制性准入制度有要求时；
f）质量监督机构依法提出要求时。

7.2 组批与抽样

7.2.1 组批

组成一批的阻火圈应为同一批材料、同一工艺条件下生产的产品。

7.2.2 抽样

每种规格的样品应从批量基数不少于 100 个的产品中随机抽取 5 个。

7.3 判定规则

7.3.1 出厂检验判定

出厂检验项目全部符合本标准要求时，判该批产品合格。出厂检验发现有不合格项的，允许在同批产品中加倍抽样对不合格项进行复验。复验合格的，判该批产品为合格；复验仍不合格的，则判该批产品为不合格。

7.3.2 型式检验判定

7.3.2.1 型式检验项目的缺陷分类：耐火性能、膨胀性能为 A 类；耐水性、耐碱性、耐酸性、耐湿热性、耐冻融循环试验为 B 类；外观、尺寸、耐盐雾腐蚀性为 C 类。

7.3.2.2 型式检验项目全部符合本标准要求时，判该产品合格。有缺陷时的合格判定规则如下，但结论中需注明缺陷类别和数量：

a) A=0；
b) B≤1；
c) B+C≤2。

九、《隧道防火保护板》GB 28376—2012

5 要求

5.1 外观质量

隧道防火保护板（以下简称板材）应至少有一个是平整的，板材不应有裂纹、分层、缺棱、缺角、鼓泡、孔洞、凹陷等缺陷。复合隧道防火保护板的装饰面板如果为金属材料，对金属面板应进行防腐处理。

5.2 尺寸和尺寸偏差

5.2.1 尺寸

板材的长不宜超过 3000mm、宽不宜超过 1250mm、厚度不宜超过 70mm。

5.2.2 尺寸偏差

板材的长度和宽度尺寸偏差为±3mm。板材的厚度尺寸允许偏差应符合表1的规定。板材长度小于 2000mm 时，其对角线之差应小于 5mm；板材长度大于 2000mm 时，其对角线之差应小于 7mm。

表1 厚度允许偏差　单位为毫米

板材的公称厚度 d	$5≤d<10$	$10≤d<20$	$20≤d<30$	$d≥30$
厚度允许偏差	±1.0	±1.3	±1.5	±2.0

5.3 面密度

板材的面密度不应超过 $25kg/m^2$。

5.4 边缘平直度

板材的边缘平直度应小于 0.3%，板材与参考直线的最大距离应小于 5mm。

5.5 干态抗弯强度

板材的干态抗弯强度应不低于 6MPa。
5.6 吸水饱和状态抗弯强度
吸水饱和状态抗弯强度应不低于干态抗弯强度的 70%。
5.7 吸湿变形率
板材的吸湿变形率应不大于 0.20%。
5.8 抗返卤性
按 6.7 的要求试验后，板材应无水珠、无返潮。
5.9 产烟毒性
板材的产烟毒性应不低于 GB/T 20285 中 ZA1 级。
5.10 耐水性
按 6.9 的要求试验 30d 后，板材应无开裂、起层、脱落，允许轻微发胀和变色。
5.11 耐酸性
按 6.10 的要求试验 15d 后，板材应无开裂、起层、脱落，允许轻微发胀和变色。
5.12 耐碱性
按 6.11 的要求试验 15d 后，板材应无开裂、起层、脱落，允许轻微发胀和变色。
5.13 耐湿热性
按 6.12 的要求试验 30d 后，板材应无开裂、起层、脱落，允许轻微发胀和变色。
5.14 耐冻融循环性
按 6.13 的要求试验 15 次后，板材应无开裂、起层、脱落，允许轻微发胀和变色。
5.15 耐盐雾腐蚀性
按 6.14 的要求试验 30 次后，板材应无开裂、起层、脱落，允许轻微发胀和变色；如装饰面板为金属材料，其金属表面应无锈蚀。
5.16 燃烧性能
板材的燃烧性能应满足表 2 的规定。

表2 板材的燃烧性能

序号	项目	试验方法	技术指标
1	燃烧增长速率指数（FIGRA$_{0.4MJ}$）W/s	GB/T 20284	≤250
2	600s内总热释放量（THR$_{600s}$）MJ	GB/T 20284	≤15
3	火焰横向蔓延长度（LFS）m	GB/T 20284	未达到试样边缘
4	焰尖高度（Fs）mm	GB/T 8626	≤150

5.17 吸水率

板材的吸水率应不大于12.0%。

5.18 耐火性能

板材的耐火性能应满足表3的规定。

表3 板材的耐火性能 单位为小时

升温曲线类别	耐火极限
BZ类	≥2.00
HC类	≥2.00
RABT类	升温≥1.50，降温≥1.83

7 检验规则

7.1 检验

7.1.1 隧道防火保护板的检验分为出厂检验和型式检验。

7.1.2 出厂检验项目为外观质量、尺寸偏差、对角线之差、边缘平直度偏差、干态抗弯强度、吸水饱和状态抗弯强度、吸湿变形率、抗返卤性、吸水率。

7.1.3 型式检验项目为第5章规定的全部项目。有下列情形之一时，产品应进行型式检验：

a) 新产品投产前或老产品转厂时的试制定型鉴定；

b) 正式生产后，产品的配方、工艺、原材料有较大改变时；

c) 产品停产一年以上恢复生产时；

d) 出厂检验结果与上次型式检验有较大差异时；

e) 正常生产满三年时；

f) 国家质量监督部门提出型式检验要求时。

7.2 组批与抽样

7.2.1 板材抽样基数应不少于 1000 张，从中随机抽取 15 张为试样，5 张一组，其中两组用于复检。

7.2.2 在出厂检验项目之中，对于一组试样的 5 张板材，均应检验其外观质量、尺寸偏差、边缘平直度、对角线之差，并从中抽取 1 张板材，按 6.3.1 的要求截取制作试件，进行干态抗弯强度、吸水饱和状态抗弯强度、吸湿变形率检验。

7.3 判定规则

7.3.1 出厂检验判定

出厂检验项目全部符合本标准要求时，判出厂产品质量合格。

7.3.2 型式检验判定

型式检验项目全部符合本标准要求时，判该产品质量合格。

型式检验的缺陷类别见表 6。当板材的耐火性能不合格时〔即出现致命缺陷（A 类）〕，则判定该产品质量不合格。如果板材的耐火性能合格，其他项目有严重缺陷（B 类）和轻缺陷（C 类），当 B≤2，且 B+C≤4 时，可综合判定该产品质量合格，但结论中应注明缺陷性质和数量。

表 6 检验项目及缺陷类别

检验项目	缺陷类别
外观	C
尺寸和尺寸偏差	C
面密度	C
边缘平直度	C

续表6

检验项目	缺陷类别
干态抗弯强度/MPa	B
吸水饱和状态的抗弯强度/MPa	B
吸湿变形率/%	B
抗返卤性	B
产烟毒性	B
耐水性/h	B
耐酸性/h	B
耐碱性/h	B
耐湿热性/h	B
耐冻融循环试验/次	C
耐盐雾腐蚀性/次	B
燃烧性能	B
吸水率	C
耐火性能	A

注：A 为致命缺陷；B 为严重缺陷；C 为轻缺陷。

7.4 复检

7.4.1 被判定为批次不合格的产品，可以用同批的两组复检样品对不合格项进行复检，两组试样复检全部合格则判定该批为合格。

7.4.2 出厂检验项目之中，因外观质量、尺寸偏差不合格被判定为不合格的批次，允许对该批产品逐件检查，剔除不合格品后重新提交检验。

十、《防火膨胀密封件》GB 16807—2009

6 要求

6.1 外观

防火膨胀密封件的外露面应平整、光滑，不应有裂纹、压坑、厚度不匀、膨胀体明显脱落或粉化等缺陷。

6.2 尺寸允许偏差

防火膨胀密封件的尺寸允许偏差应符合表 3 的规定。

表 3 防火膨胀密封件的尺寸允许偏差

类型	尺寸允许偏差	
	膨胀体宽度/mm	膨胀体厚度
A 型	±1.0	±10%
B 型	±10%	

6.3 膨胀性能

防火膨胀密封件的膨胀体应按 7.3 规定的方法试验，测得膨胀体的膨胀倍率 $\bar{n}$ 与企业公布值 n_0 的偏差应不大于 15%。

6.4 产烟毒性

防火膨胀密封件的复合膨胀体应按 7.4 规定的方法试验，其烟气毒性的安全级别不应低于 GB 20285—2006 规定的 ZA2 级。

6.5 发烟密度

防火膨胀密封件的复合膨胀体按 7.5 规定的方法试验，其烟密度等级 SDR 不大于 35。

6.6 耐空气老化性能

6.6.1 防火膨胀密封件的复合膨胀体应按 7.6 规定的方法进行耐空气老化性能试验，试验后用玻璃棒按压防火膨胀密封件膨胀体表面，应无明显粉化、脱落现象。

6.6.2 空气老化试验后膨胀体的膨胀倍率应不小于初始膨胀倍率。

6.7 耐水性

6.7.1 防火膨胀密封件的复合膨胀体应按 7.7 规定的方法进行耐水性试验，试验后防火膨胀密封件应无明显溶蚀、溶胀、粉化、脱落等现象。

6.7.2 耐水性试验后复合膨胀体的质量变化率应不大于 5%。

6.7.3 耐水性试验后防火膨胀密封件膨胀体的膨胀倍率应不小

于初始膨胀倍率。

6.8 耐酸性

6.8.1 防火膨胀密封件的复合膨胀体应按7.8规定的方法进行耐酸性试验，试验后防火膨胀密封件应无明显溶蚀、溶账、粉化、脱落等现象。

6.8.2 耐酸性试验后防火膨胀密封件的质量变化率应不大于5%。

6.8.3 耐酸性试验后防火膨胀密封件膨胀体的膨胀倍率应不小于初始膨胀倍率。

6.9 耐碱性

6.9.1 按7.9规定的方法进行耐碱性试验，试验后防火膨胀密封件应无明显溶蚀、溶胀、粉化、脱落等现象。

6.9.2 耐碱性试验后复合膨胀体的质量变化率应不大于5%。

6.9.3 耐碱性试验后防火膨胀密封件膨胀体的膨胀倍率应不小于初始膨胀倍率。

6.10 耐冻融循环性

6.10.1 按7.10规定的方法进行耐冻融循环性试验，试验后观察复合膨胀体并用玻璃棒按压膨胀体表面，应无明显粉化、脱落现象。

6.10.2 冻融循环试验后防火膨胀密封件膨胀体的膨胀倍率应不小于初始膨胀倍率。

6.11 防火密封性能

防火门用防火膨胀密封件应按其使用说明书规定的安装方法将防火膨胀密封件安装到防火门上，按7.11规定的方法试验，防火膨胀密封件使用部位的耐火完整性应符合GB 7633的规定。

对于用于其他建筑构件或特定用途的防火膨胀密封件，应按体现其实际应用状态的方式安装试验，试验结果应符合相应建筑构件的产品标准要求。

8 检验规则

8.1 出厂检验

8.1.1 检验项目为 6.1、6.2、6.3、6.6、6.7、6.8、6.9。

8.1.2 检验项目中有一项不合格时，则判定该检验批质量不合格。

8.2 型式检验

8.2.1 检验项目

型式检验项目为第 6 章规定的全部内容。

8.2.2 检验时机

有下列情况之一时，应进行型式检验：

a）新产品试制定型鉴定；

b）正式生产后若产品结构、材料、工艺有较大的变化并可能影响产品质量时；

c）正常生产满 3 年后；

d）停产 1 年以上恢复生产时；

e）出厂检验结果与上次型式检验结果有较大差异时；

f）国家质量监督机构提出进行型式检验要求时。

8.2.3 判定规则

在出厂检验合格的防火膨胀密封件产品中随机抽取规定数量的试样，若检验项目全部合格，则判定该批产品为合格品；若有一项不合格（除 6.11 不允许出现不合格外），则应对同一批试样的不合格项进行两次复验。若两次复验均合格，则综合判定该批产品为合格品；其他情况均判定该批产品为不合格品。

十一、《建筑通风和排烟系统用防火阀门》GB 15930—2007

6 要求

6.1 外观

6.1.1 阀门上的标牌应牢固，标识应清晰、准确。

6.1.2 阀门各零部件的表面应平整，不允许有裂纹、压坑及明显的凹凸、锤痕、毛刺、孔洞等缺陷。

6.1.3 阀门的焊缝应光滑、平整，不允许有虚焊、气孔、夹渣、疏松等缺陷。

6.1.4 金属阀门各零部件的表面均应作防锈、防腐处理,经处理后的表面应光滑、平整,涂层、镀层应牢固,不应有剥落、镀层开裂以及漏漆或流淌现象。

6.2 公差

阀门的线性尺寸公差应符合 GB/T 1804—2000 中所规定的 c 级公差等级。

6.3 驱动转矩

防火阀或排烟防火阀叶片关闭力在主动轴上所产生的驱动转矩应大于叶片关闭时主动轴上所需转矩的 2.5 倍。

6.4 复位功能

阀门应具备复位功能,其操作应方便、灵活、可靠。

6.5 温感器控制

6.5.1 基本要求

防火阀或排烟防火阀应具备温感器控制方式,使其自动关闭。

6.5.2 温感器不动作性能

6.5.2.1 防火阀中的温感器在 65℃±0.5℃ 的恒温水浴中 5min 内应不动作。

6.5.2.2 排烟防火阀中的温感器在 250℃±2℃ 的恒温油浴中 5min 内应不动作。

6.5.3 温感器动作性能

6.5.3.1 防火阀中的温感器在 73℃±0.5℃ 的恒温水浴中 1min 内应动作。

6.5.3.2 排烟防火阀中的温感器在 285℃±2℃ 的恒温油浴中 2min 内应动作。

6.6 手动控制

6.6.1 防火阀或排烟防火阀宜具备手动关闭方式;排烟阀应具备手动开启方式。手动操作应方便、灵活、可靠。

6.6.2 手动关闭或开启操作力应不大于 70N。

6.7 电动控制

6.7.3 在实际电源电压低于额定工作电压 15% 和高于额定工作电压 10% 时，阀门应能正常进行电控操作。

6.8 绝缘性能

阀门有绝缘要求的外部带电端子与阀体之间的绝缘电阻在常温下应大于 20MΩ。

6.9 可靠性

6.9.1 关闭可靠性

防火阀或排烟防火阀经过 50 次关开试验后，各零部件应无明显变形、磨损及其他影响其密封性能的损伤，叶片仍能从打开位置灵活可靠地关闭。

6.9.2 开启可靠性

6.9.2.1 排烟阀经过 50 次开关试验后，各零部件应无明显变形、磨损及其他影响其密封性能的损伤，电动和手动操作均应立即开启。

6.9.2.2 排烟阀经过 50 次开关试验后，在其前后气体静压差保持在 1000Pa±15Pa 的条件下，电动和手动操作均应立即开启。

6.10 耐腐蚀性

经过 5 个周期，共 120h 的盐雾腐蚀试验后，阀门应能正常启闭。

6.11 环境温度下的漏风量

6.11.1 在环境温度下，使防火阀或排烟防火阀叶片两侧保持 300Pa±15Pa 的气体静压差，其单位面积上的漏风量（标准状态）应不大于 500m^3/(m^2·h)。

6.11.2 在环境温度下，使排烟阀叶片两侧保持 1000Pa±15Pa 的气体静压差，其单位面积上的漏风量（标准状态）应不大于 700m^3/(m^2·h)。

6.12 耐火性能

6.12.1 耐火试验开始后 1min 内，防火阀的温感器应动作，阀门关闭。

6.12.2 耐火试验开始后 3min 内，排烟防火阀的温感器应动作，阀门关闭。

6.12.3 在规定的耐火时间内，使防火阀或排烟防火阀叶片两侧保持300Pa±15Pa的气体静压差，其单位面积上的漏烟量（标准状态）应不大于700m^3/(m^2·h)。

6.12.4 在规定的耐火时间内，防火阀或排烟防火阀表面不应出现连续10s以上的火焰。

6.12.5 防火阀或排烟防火阀的耐火时间应不小于1.50h。

8 检验规则

8.1 出厂检验

8.1.1 每台阀门都应由制造厂质量检验部门进行出厂检验，合格并附有产品质量合格证后方可出厂。

8.1.2 阀门的出厂检验项目见表5。检验项目全部合格后方可出厂。

表5 阀门出厂检验项目

检验项目	外观	公差	复位功能	手动控制	电动控制	绝缘性能
要求条款号	6.1	6.2	6.4	6.6	6.7	6.8
试验方法条款号	7.2	7.3	7.5	7.7	7.8	7.9

8.2 型式检验

8.2.1 有下列情况之一时，应进行型式检验：

 a) 产品试制定型鉴定时；

 b) 正式生产后，如结构、材料、工艺改变，影响产品性能时；

 c) 停产一年以上，恢复生产时；

 d) 出厂检验结果与上次型式检验有较大差异时；

 e) 发生重大质量事故或对产品质量有重大争议时；

 f) 质量监督机构提出要求时；

 g) 正常批量生产时，每三年进行一次检验。

8.2.2 型式检验项目分别见表6、表7，检验顺序按要求规定的顺序进行。

表6 防火阀、排烟防火阀型式检验项目

检验项目	要求条款号	试验方法条款号
外观	6.1	7.2
公差	6.2	7.3
驱动转矩	6.3	7.4
复位功能	6.4	7.5
温感器控制	6.5	7.6
手动控制	6.6	7.7
电动控制	6.7	7.8
绝缘性能	6.8	7.9
关闭可靠性	6.9.1	7.10.1
耐腐蚀性	6.10	7.11
环境温度下的漏风量	6.11	7.12
耐火性能	6.12	7.13

表7 排烟阀型式检验项目

检验项目	要求条款号	试验方法条款号
外观	6.1	7.2
公差	6.2	7.3
复位功能	6.4	7.5
手动控制	6.6	7.7
电动控制	6.7	7.8
绝缘性能	6.8	7.9
开启可靠性	6.9.2	7.10.2
耐腐蚀性	6.10	7.11
环境温度下的漏风量	6.11	7.12

8.2.3 检验数量及判定规则

8.2.3.1 应在出厂检验合格的产品中抽取 3 台作为样品，抽样的基数不得少于 15 台。样品的尺寸应是该批产品中尺寸最大的。试验时任选 1 台，按要求规定的顺序逐项进行检验。若表 8 所列检验项目不含 A 类不合格，B 类和 C 类不合格之和不大于 4 项，且 B 类不合格项不大于 2 项，该批产品判为型式检验合格。否则，该批产品判为型式检验不合格，需用另外两台样品对不合格项进行复检，若复检全部合格，该批产品除首次检验不合格的样品外，判为型式检验合格，如复检中仍有一台不合格，该批产品判为型式检验不合格。

8.2.3.2 对防火阀和排烟防火阀中的温感器，应从同一批产品中进行抽样，样品数量为 15 件。

从 15 件温感器中任选 5 件进行温感器不动作和动作温度试验。对不动作温度试验，若有 80% 以上的样品不动作，判不动作温度试验合格。否则，需对剩余的 10 件样品进行复检，复检合格判不动作温度试验合格。否则，判不动作温度试验不合格。

温感器不动作温度试验合格后进行温感器动作温度试验。若全部动作判动作温度试验合格。否则，需对剩余的样品进行复检，若复检合格判动作温度试验合格。否则，判动作温度试验不合格。

温感器不动作和动作温度试验检验流程如下：

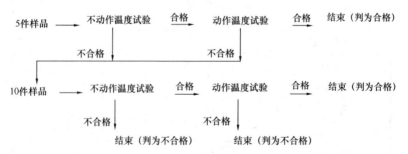

表 8　检验项目及不合格分类

检验项目	防火阀	排烟防火阀	排烟阀
外观	C	C	C
公差	C	C	C
驱动转矩	B	B	
位功能	B	B	B
温感器控制	A	A	
手动控制	B	B	A
电动控制	B	B	A
绝缘性能	B	B	B
可靠性	A	A	A
耐腐蚀性	A	A	A
环境温度下的漏风量	A	A	A
耐火性能	A	A	

十二、《建筑用安全玻璃　第 1 部分：防火玻璃》GB 15763.1—2009

6.3　耐火性能

隔热型防火玻璃（A 类）和非隔热型防火玻璃（C 类）的耐火性能应满足表 6 的要求。

表 6　防火玻璃的耐火性能

分类名称	耐火极限等级	耐火性能要求
隔热型防火玻璃（A 类）	3.00h	耐火隔热性时间≥3.00h，且耐火完整性时间≥3.00h
	2.00h	耐火隔热性时间≥2.00h，且耐火完整性时间≥2.00h
	1.50h	耐火隔热性时间≥1.50h，且耐火完整性时间≥1.50h

续表 6

分类名称	耐火极限等级	耐火性能要求
隔热型防火玻璃（A类）	1.00h	耐火隔热性时间≥1.00h,且耐火完整性时间≥1.00h
	0.50h	耐火隔热性时间≥0.50h,且耐火完整性时间≥0.50h
非隔热型防火玻璃（C类）	3.00h	耐火完整性时间≥3.00h,耐火完整性无要求
	2.00h	耐火完整性时间≥2.00h,耐火隔热性无要求
	1.50h	耐火完整性时间≥1.50h,耐火隔热性无要求
	1.00h	耐火完整性时间≥1.00h,耐火隔热性无要求
	0.50h	耐火完整性时间≥0.50h,耐火隔热性无要求

6.6 耐热性能

试验后复合防火玻璃试样的外观质量应符合 6.2 的规定。

6.7 耐寒性能

试验后复合防火玻璃试样的外观质量应符合 6.2 的规定。

6.8 耐紫外线辐照性

当复合防火玻璃使用在有建筑采光要求的场合时，应进行耐紫外线辐照性能测试。

复合防火玻璃试样试验后试样不应产生显著变色、气泡及浑浊现象，且试验前后可见光透射比相对变化率 ΔT 应不大于 10%。

6.9 抗冲击性能

试样试验破坏数应符合 8.3.4 的规定。

单片防火玻璃不破坏是指试验后不破碎；复合防火玻璃不破坏是指试验后玻璃满足下述条件之一：

a) 玻璃不破碎；

b) 玻璃破碎但钢球未穿透试样。

6.10 碎片状态

每块试验样品在 50mm×50mm 区域内的碎片数应不低于 40 块。允许有少量长条碎片存在，但其长度不得超过 75mm，且端部不是刀刃状；延伸至玻璃边缘的长条形碎片与玻璃边缘形成的夹角不得大于 45°。

9.1 标志

9.1.1 产品标志

每块产品的右下角应有不易擦掉的产品标记、企业名称或商标。

9.1.2 包装标志

每个包装箱上应标明箱内包装产品的种类、规格、耐火极限、数量、收货单位、生产企业名称及地址、出厂日期。并标注"小心轻放、防潮、向上"。

附：

6.2 外观质量

防火玻璃的外观质量应符合表 4 的规定。

表 4 复合防火玻璃的外观质量

缺陷名称	要 求
气泡	直径 300mm 圆内允许长 0.5～1.0mm 的气泡 1 个
胶合层杂质	直径 500mm 圆内允许长 2.0mm 以下的杂质 2 个
划伤	宽度≤0.1mm，长度≤50mm 的轻微划伤，每平方米面积内不超过 4 条
	0.1mm＜宽度＜0.5mm，长度≤50mm 的轻微划伤，每平方米面积内不超过 1 条
爆边	每米边长允许有长度不超过 20mm、自边部向玻璃表面延伸深度不超过厚度一半的爆边 4 个
叠差、裂纹、脱胶	脱胶、裂纹不允许存在；总叠差不应大于 3mm
注：复合防火玻璃周边 15mm 范围内的气泡、胶合层杂质不作要求	

8.3.4 进行抗冲击性能检验时,如样品破坏不超过一块,则该项目合格;如三块或三块以上样品破坏,则该项目不合格;如果有二块样品破坏,可另取六块备用样品重新试验,如仍出现样品破坏,则该项目不合格。

十三、《耐火电缆槽盒》GB 29415—2013

5.3 承载能力

槽盒制造厂应在技术文件中标明槽盒的额定均布荷载,槽盒在承受额定均匀荷载时的最大挠度与其跨度之比不应大于1/200。

5.4 防护等级

槽盒作为铺设电缆及相关连接部件的外壳,其防护等级不应低于GB 4208—2008规定的IP40。

5.5 耐火性能

槽盒的耐火性能应符合表2的规定。

表2 槽盒耐火性能分级

耐火性能分级	F1	F2	F3	F4
耐火维持工作时间/min	≥90	≥60	≥45	≥30

7 检验规则

7.1 出厂检验

第5章规定的要求项目中,5.1为全检项目,应对槽盒产品逐件进行检验,5.2~5.5为抽样检验项目,生产厂应制定具体抽样检验方案。

7.2 型式检验

7.2.1 当出现下列情况之一时,应进行型式检验:

a) 新产品投产或老产品转厂生产时;

b) 正式生产后,产品的结构、材料、生产工艺等有较大改变,可能影响产品的质量时;

c) 产品停产一年以上,恢复生产时;

d) 发生重大质量事故时;

e) 产品强制准入制度有要求时；

f) 质量监督机构依法提出型式检验要求时。

7.2.2 型式检验项目为第 5 章的全部内容。

7.2.3 型式检验抽样在批量生产的相同型号规格的产品中进行，批量基数不少于 30 件，样品数量至少为 2 件。

7.2.4 型式检验项目全部合格，判该批产品为合格。若 5.3.5、4.5.5 中有任一项不合格，判该批产品为不合格。5.1、5.2 项不合格时，可加倍抽样进行复验，若复验合格，判该批产品为合格；若复验仍不合格，则判该批产品为不合格。

十四、《水基型阻燃处理剂》GA 159—2011

5 技术要求

5.1 水基型阻燃处理剂

5.1.1 液体水基型阻燃处理剂的外观状态应无沉淀、无色或浅色均匀液体。

5.1.2 固体水基型阻燃处理剂在按生产商规定的比例溶解后，外观状态应符合 5.1.1 的要求。

5.1.3 液体水基型阻燃处理剂的 pH 值应为 $5 \leqslant pH \leqslant 8$。

5.2 阻燃处理后的基材

5.2.1 经水基型阻燃处理剂处理后的基材外观、颜色不应有明显改变，表面不应有可见的固体残留物或明显斑迹。

5.2.2 经水基型阻燃处理剂处理后的基材应满足表 1 的要求。木材及织物用水基型阻燃处理剂处理木材和织物基材需同时满足表 1 的要求。

表 1 经水基型阻燃处理剂处理后基材的要求

项目	技术指标	
	阻燃处理的木材	阻燃处理的织物
吸潮率/%	≤35	≤30
折痕回复角/(°)	—	≥60

续表1

项目	技术指标	
	阻燃处理的木材	阻燃处理的织物
抗弯强度损失率/%	≤35	—
断裂强力损失率/%	—	≤15
燃烧性能	a) 燃烧剩余长度最小值>0mm； b) 燃烧剩余长度平均值≥150mm； c) 平均烟气温度≤200℃	符合GB 8624对织物B_1级的规定要求
烟密度等级	≤35	—

5.2.3 水基型阻燃处理剂处理的基材，其吸附千量等级划分见表2。

表2 水基型阻燃处理剂用量等级

等级	1级		2级		3级	
基材	木材	织物	木材	织物	木材	织物
吸附千量/(g/kg)	≤100	≤250	>100～200	>250～350	≥200	≥350

7 检验规则

7.1 出厂检验

出厂检验项目为外观状态、pH值、吸潮率、氧指数。每批产品均应进行出厂检验。

7.2 型式检验

型式检验项目包括第5章规定的全部项目。有下列情形之一时，产品应进行型式检验：

a) 新产品投产或老产品转厂生产的试制定型鉴定；

b) 正式生产后，产品的配方、工艺、原材料有较大改变时；

c) 产品停产一年以上恢复生产时；

d) 出厂检验结果与上次型式检验有较大差异时；

e) 正常生产满两年时。

7.3 抽样

在同一批产品中抽取 20kg 的液体产品样品（或相当于 20kg 液体产品的固体样品），样品分为两份，每份 10kg，一份密封贮存备用，另一份做检验用。

7.4 判定规则

对于出厂检验的样品，所检项目必须全部合格，否则出厂检验为不合格。

对于型式检验的样品表 4 给出了检验项目和缺陷分类。产品质量合格的判定原则为三种检验结果之一：A＝0；B≤1；B＋C≤2。

表 4　检验项目和缺陷分类

序号	检验项目	技术指标		缺陷分类
		木材用	织物用	
1	阻燃处理剂的外观	无沉淀，无色或浅色均匀液体	无沉淀，无色或浅色均匀液体	B
2	pH 值	5≤pH≤8	5≤pH≤8	C
3	处理后基材的外观	颜色不能有明显改变；其表面不应有可见的固体残留物或明显斑迹	颜色不能有明显改变；其表面不应有可见的固体残留物或明显斑迹	B
4	吸潮率	≤35％	≤30％	B
5	折痕回复角	—	≥60°	B
6	抗弯强度损失率	≤35	—	A
7	断裂强力损失率	—	≤15％	A
8	燃烧剩余长度最小值	＞0mm	—	A
9	燃烧剩余长度平均值	≥150mm	—	A
10	平均烟气温度	≤200℃	—	A
11	烟密度等级	≤35	—	A
12	氧指数	—	≥30.0％	A
13	续燃时间	—	≤5s	A

续表 4

序号	检验项目	技术指标		缺陷分类
		木材用	织物用	
14	阴燃时间	—	≤15s	A
15	损毁长度	—	≤150mm	A
16	燃烧现象	—	燃烧滴落物不应引起脱脂棉燃烧或阴燃	A

第五篇　灭火设计与施工

一、《泡沫灭火系统设计规范》GB 50151—2010

3.1.1 泡沫液、泡沫消防水泵、泡沫混合液泵、泡沫液泵、泡沫比例混合器（装置）、压力容器、泡沫产生装置、火灾探测与启动控制装置、控制阀门及管道等，必须采用经国家产品质量监督检验机构检验合格的产品，且必须符合系统设计要求。

3.2.1 非水溶性甲、乙、丙类液体储罐低倍数泡沫液的选择，应符合下列规定：

1 当采用液上喷射系统时，应选用蛋白、氟蛋白、成膜氟蛋白或水成膜泡沫液；

2 当采用液下喷射系统时，应选用氟蛋白、成膜氟蛋白或水成膜泡沫液；

3 当选用水成膜泡沫液时，其抗烧水平不应低于现行国家标准《泡沫灭火剂》GB 15308 规定的 C 级。

3.2.2 保护非水溶性液体的泡沫—水喷淋系统、泡沫枪系统、泡沫炮系统泡沫液的选择，应符合下列规定：

2 当采用非吸气型喷射装置时，应选用水成膜或成膜氟蛋白泡沫液。

3.2.3 水溶性甲、乙、丙类液体和其他对普通泡沫有破坏作用的甲、乙、丙类液体，以及用一套系统同时保护水溶性和非水溶性甲、乙、丙类液体的，必须选用抗溶泡沫液。

3.2.5 高倍数泡沫灭火系统利用热烟气发泡时，应采用耐温耐烟型高倍数泡沫液。

3.2.6 当采用海水作为系统水源时，必须选择适用于海水的泡沫液。

3.3.2 泡沫液泵的选择与设置应符合下列规定：

1 泡沫液泵的工作压力和流量应满足系统最大设计要求，并应与所选比例混合装置的工作压力范围和流量范围相匹配，同时应保证在设计流量范围内泡沫液供给压力大于最大水压力；

2 泡沫液泵的结构形式、密封或填充类型应适宜输送所选

的泡沫液,其材料应耐泡沫液腐蚀且不影响泡沫液的性能;

  3 应设置备用泵,备用泵的规格型号应与工作泵相同,且工作泵故障时应能自动与手动切换到备用泵;

  4 泡沫液泵应能耐受不低于 10min 的空载运转;

3.7.1 泡沫灭火系统中所用的控制阀门应有明显的启闭标志。

3.7.6 泡沫液管道应采用不锈钢管。

3.7.7 在寒冷季节有冰冻的地区,泡沫灭火系统的湿式管道应采取防冻措施。

4.1.2 储罐区低倍数泡沫灭火系统的选择,应符合下列规定:

  1 非水溶性甲、乙、丙类液体固定顶储罐,应选用液上喷射、液下喷射或半液下喷射系统;

  2 水溶性甲、乙、丙类液体和其他对普通泡沫有破坏作用的甲、乙、丙类液体固定顶储罐,应选用液上喷射系统或半液下喷射系统;

  3 外浮顶和内浮顶储罐应选用液上喷射系统;

  4 非水溶性液体外浮顶储罐、内浮顶储罐、直径大于 18m 的固定顶储罐及水溶性甲、乙、丙类液体立式储罐,不得选用泡沫炮作为主要灭火设施;

  5 高度大于 7m 或直径大于 9m 的固定顶储罐,不得选用泡沫枪作为主要灭火设施。

4.1.3 储罐区泡沫灭火系统扑救一次火灾的泡沫混合液设计用量,应按罐内用量、该罐辅助泡沫枪用量、管道剩余量三者之和最大的储罐确定。

4.1.4 设置固定式泡沫灭火系统的储罐区,应配置用于扑救液体流散火灾的辅助泡沫枪,泡沫枪的数量及其泡沫混合液连续供给时间不应小于表 4.1.4 的规定。每支辅助泡沫枪的泡沫混合液流量不应小于 240L/min。

表 4.1.4 泡沫枪数量及其泡沫混合液连续供给时间

储罐直径(m)	配备泡沫枪数(支)	连续供给时间(min)
≤10	1	10

续表 4.1.4

储罐直径（m）	配备泡沫枪数（支）	连续供给时间（min）
>10 且≤20	1	20
>20 且≤30	2	20
>30 且≤40	2	30
>40	3	30

4.1.10 固定式泡沫灭火系统的设计应满足在泡沫消防水泵或泡沫混合液泵启动后，将泡沫混合液或泡沫输送到保护对象的时间不大于 5min。

4.2.1 固定顶储罐的保护面积应按其横截面积确定。

4.2.2 泡沫混合液供给强度及连续供给时间应符合下列规定：

　　1 非水溶性液体储罐液上喷射系统，其泡沫混合液供给强度和连续供给时间不应小于表 4.2.2-1 的规定；

表 4.2.2-1 泡沫混合液供给强度和连续供给时间

系统形式	泡沫液种类	供给强度 [L/(min·m²)]	连续供给时间（min）	
			甲、乙类液体	丙类液体
固定式、半固定式系统	蛋白	6.0	40	30
	氟蛋白、水成膜、成膜氟蛋白	5.0	45	30
移动式系统	蛋白、氟蛋白	8.0	60	45
	水成膜、成膜氟蛋白	6.5	60	45

　　注：1　如果采用大于本表规定的混合液供给强度，混合液连续供给时间可按相应的比例缩短，但不得小于本表规定时间的 80%。

　　　　2　沸点低于 45℃ 的非水溶性液体，设置泡沫灭火系统的适用性及其泡沫混合液供给强度，应由试验确定。

　　2 非水溶性液体储罐液下或半液下喷射系统，其泡沫混合液供给强度不应小于 5.0L/(min·m²)、连续供给时间不应小于 40min；

注：沸点低于 45℃ 的非水溶性液体、储存温度超过 50℃ 或黏度大于 40mm²/s 的非水溶性液体，液下喷射系统的适用性及其泡沫混合液供给强度，应由试验确定。

4.2.6 储罐上液上喷射系统泡沫混合液管道的设置，应符合下列规定：

1 每个泡沫产生器应用独立的混合液管道引至防火堤外；

2 除立管外，其他泡沫混合液管道不得设置在罐壁上；

4.3.2 非水溶性液体的泡沫混合液供给强度不应小于 12.5L/(min·m²)，连续供给时间不应小于 30min，单个泡沫产生器的最大保护周长应符合表 4.3.2 的规定。

表 4.3.2 单个泡沫产生器的最大保护周长

泡沫喷射口设置部位	堰板高度（m）		保护周长（m）
罐壁顶部、密封或挡雨板上方	软密封	≥0.9	24
	机械密封	<0.6	12
		≥0.6	24
金属挡雨板下部	<0.6		18
	≥0.6		24

注：当采用从金属挡雨板下部喷射泡沫的方式时，其挡雨板必须是不含任何可燃材料的金属板。

4.4.2 钢制单盘式、双盘式与敞口隔舱式内浮顶储罐的泡沫堰板设置、单个泡沫产生器保护周长及泡沫混合液供给强度与连续供给时间，应符合下列规定：

1 泡沫堰板与罐壁的距离不应小于 0.55m，其高度不应小于 0.5m；

2 单个泡沫产生器保护周长不应大于 24m；

3 非水溶性液体的泡沫混合液供给强度不应小于 12.5L/(min·m²)；

5 混合液连续供给时间不应小于 30min。

6.1.2 全淹没系统或固定式局部应用系统应设置火灾自动报警

系统，并应符合下列规定：

  1 全淹没系统应同时具备自动、手动和应急机械手动启动功能；

  2 自动控制的固定式局部应用系统应同时具备手动和应急机械手动启动功能；手动控制的固定式局部应用系统尚应具备应急机械手动启动功能；

  3 消防控制中心（室）和防护区应设置声光报警装置；

6.2.2 全淹没系统的防护区应为封闭或设置灭火所需的固定围挡的区域，且应符合下列规定：

  1 泡沫的围挡应为不燃结构，且应在系统设计灭火时间内具备围挡泡沫的能力；

  2 在保证人员撤离的前提下，门、窗等位于设计淹没深度以下的开口，应在泡沫喷放前或泡沫喷放的同时自动关闭；对于不能自动关闭的开口，全淹没系统应对其泡沫损失进行相应补偿；

  3 利用防护区外部空气发泡的封闭空间，应设置排气口，排气口的位置应避免燃烧产物或其他有害气体回流到高倍数泡沫产生器进气口；

6.2.3 泡沫淹没深度的确定应符合下列规定：

  1 当用于扑救 A 类火灾时，泡沫淹没深度不应小于最高保护对象高度的 1.1 倍，且应高于最高保护对象最高点 0.6m；

  2 当用于扑救 B 类火灾时，汽油、煤油、柴油或苯火灾的泡沫淹没深度应高于起火部位 2m；其他 B 类火灾的泡沫淹没深度应由试验确定。

6.2.5 泡沫的淹没时间不应超过表 6.2.5 的规定。系统自接到火灾信号至开始喷放泡沫的延时不应超过 1min。

表 6.2.5 泡沫的淹没时间 (min)

可燃物	高倍数泡沫灭火系统单独使用	高倍数泡沫灭火系统与自动喷水灭火系统联合使用
闪点不超过 40℃ 的非水溶性液体	2	3

续表 6.2.5

可燃物	高倍数泡沫灭火系统单独使用	高倍数泡沫灭火系统与自动喷水灭火系统联合使用
闪点超过 40℃ 的非水溶性液体	3	4
发泡橡胶、发泡塑料、成卷的织物或皱纹纸等低密度可燃物	3	4
成卷的纸、压制牛皮纸、涂料纸、纸板箱、纤维圆筒、橡胶轮胎等高密度可燃物	5	7

注：水溶性液体的淹没时间应由试验确定。

6.2.7 泡沫液和水的连续供给时间应符合下列规定：

1 当用于扑救 A 类火灾时，不应小于 25min；

2 当用于扑救 B 类火灾时，不应小于 15min。

6.3.3 当用于扑救 A 类火灾或 B 类火灾时，泡沫供给速率应符合下列规定：

1 覆盖 A 类火灾保护对象最高点的厚度不应小于 0.6m；

2 对于汽油、煤油、柴油或苯，覆盖起火部位的厚度不应小于 2m；其他 B 类火灾的泡沫覆盖厚度应由试验确定；

3 达到规定覆盖厚度的时间不应大于 2min。

6.3.4 当用于扑救 A 类火灾和 B 类火灾时，其泡沫液和水的连续供给时间不应小于 12min。

7.1.3 泡沫—水喷淋系统泡沫混合液与水的连续供给时间，应符合下列规定：

1 泡沫混合液连续供给时间不应小于 10min；

2 泡沫混合液与水的连续供给时间之和不应小于 60min。

7.2.1 泡沫—水雨淋系统的保护面积应按保护场所内的水平面面积或水平面投影面积确定。

7.2.2 当保护非水溶性液体时，其泡沫混合液供给强度不应小于表7.2.2的规定；当保护水溶性液体时，其混合液供给强度和连续供给时间应由试验确定。

表7.2.2 泡沫混合液供给强度

泡沫液种类	喷头设置高度（m）	泡沫混合液供给强度 $[L/(min \cdot m^2)]$
蛋白、氟蛋白	≤10	8
	>10	10
水成膜、成膜氟蛋白	≤10	6.5
	>10	8

7.3.5 闭式泡沫—水喷淋系统的供给强度不应小于6.5L/$(min \cdot m^2)$。

7.3.6 闭式泡沫—水喷淋系统输送的泡沫混合液应在8L/s至最大设计流量范围内达到额定的混合比。

8.1.5 泡沫消防泵站内应设置水池（罐）水位指示装置。泡沫消防泵站应设置与本单位消防站或消防保卫部门直接联络的通讯设备。

8.1.6 当泡沫比例混合装置设置在泡沫消防泵站内无法满足本规范第4.1.10条的规定时，应设置泡沫站，且泡沫站的设置应符合下列规定：

　　1 严禁将泡沫站设置在防火堤内、围堰内、泡沫灭火系统保护区或其他火灾及爆炸危险区域内；

　　2 当泡沫站靠近防火堤设置时，其与各甲、乙、丙类液体储罐罐壁的间距应大于20m，且应具备远程控制功能；

　　3 当泡沫站设置在室内时，其建筑耐火等级不应低于二级。

8.2.3 泡沫灭火系统水源的水量应满足系统最大设计流量和供给时间的要求。

9.1.1 储罐区泡沫灭火系统的泡沫混合液设计流量，应按储罐上设置的泡沫产生器或高背压泡沫产生器与该储罐辅助泡沫枪的流量之和计算，且应按流量之和最大的储罐确定。

9.1.3 泡沫—水雨淋系统的设计流量，应按雨淋阀控制的喷头的流量之和确定。多个雨淋阀并联的雨淋系统，其系统设计流量应按同时启用雨淋阀的流量之和的最大值确定。

二、《细水雾灭火系统技术规范》GB 50898—2013

3.3.10 系统管道应采用冷拔法制造的奥氏体不锈钢钢管，或其他耐腐蚀和耐压性能相当的金属管道。管道的材质和性能应符合现行国家标准《流体输送用不锈钢无缝钢管》GB/T 14976 和《流体输送用不锈钢焊接钢管》GB/T 12771 的有关规定。

系统最大工作压力不小于 3.50MPa 时，应采用符合现行国家标准《不锈钢和耐热钢 牌号及化学成分》GB/T 20878 中规定牌号为 022Cr17Ni12Mo2 的奥氏体不锈钢无缝钢管，或其他耐腐蚀和耐压性能不低于牌号为 022Cr17Ni12Mo2 的金属管道。

3.3.13 设置在有爆炸危险环境中的系统，其管网和组件应采取静电导除措施。

3.4.9 系统的设计持续喷雾时间应符合下列规定：

1 用于保护电子信息系统机房、配电室等电子、电气设备间，图书库、资料库、档案库、文物库，电缆隧道和电缆夹层等场所时，系统的设计持续喷雾时间不应小于 30min；

2 用于保护油浸变压器室、涡轮机房、柴油发电机房、液压站、润滑油站、燃油锅炉房等含有可燃液体的机械设备间时，系统的设计持续喷雾时间不应小于 20min；

3 用于扑救厨房内烹饪设备及其排烟罩和排烟管道部位的火灾时，系统的设计持续喷雾时间不应小于 15s，设计冷却时间不应小于 15min；

3.5.1 系统的水质除应符合制造商的技术要求外，尚应符合下列要求：

1 泵组系统的水质不应低于现行国家标准《生活饮用水卫生标准》GB 5749 的有关规定；

2 瓶组系统的水质不应低于现行国家标准《瓶(桶)装饮用纯净水卫生标准》GB 17324 的有关规定；

3 系统补水水源的水质应与系统的水质要求一致。

3.5.10 过滤器应符合下列规定：

1 过滤器的材质应为不锈钢、铜合金，或其他耐腐蚀性能不低于不锈钢、铜合金的材料；

2 过滤器的网孔孔径不应大于喷头最小喷孔孔径的 80%。

三、《水喷雾灭火系统技术规范》GB 50219—2014

3.1.2 系统的供给强度和持续供给时间不应小于表 3.1.2 的规定，响应时间不应大于表 3.1.2 的规定。

表 3.1.2 系统的供给强度、持续供给时间和响应时间

防护目的	保护对象		供给强度 [L/(min·m²)]	持续供给时间(h)	响应时间(s)
灭火	固体物质火灾		15	1	60
	输送机皮带		10	1	60
	液体火灾	闪点 60℃～120℃ 的液体	20	0.5	60
		闪点高于 120℃ 的液体	13		60
		饮料酒	20		
	电气火灾	油浸式电力变压器、油断路器	20	0.4	60
		油浸式电力变压器的集油坑	6		
		电缆	13		
防护冷却	甲B、乙、丙类液体储罐	固定顶罐	2.5	直径大于 20m 的固定顶罐为 6h，其他为 4h	300
		浮顶罐	2.0		
		相邻罐	2.0		

续表 3.1.2

防护目的	保护对象			供给强度 [L/(min·m²)]	持续供给时间（h）	响应时间（s）
防护冷却	液化烃或类似液体储罐	全压力、半冷冻式储罐		9	6	120
		全冷冻式储罐	单、双容罐 罐壁	2.5		
			单、双容罐 罐顶	4		
			全容罐 罐顶泵平台、管道进出口等局部危险部位	20		
			管带	10		
		液氨储罐		6		
	甲、乙类液体及可燃气体生产、输送、装卸设施			9	6	120
	液化石油气灌瓶间、瓶库			9	6	120

注：1 添加水系灭火剂的系统，其供给强度应由试验确定。
    2 钢制单盘式、双盘式、敞口隔舱式内浮顶罐应按浮顶罐对待，其他内浮顶罐应按固定顶罐对待。

3.1.3 水雾喷头的工作压力，当用于灭火时不应小于 0.35MPa；当用于防护冷却时不应小于 0.2MPa，但对于甲$_B$、乙、丙类液体储罐不应小于 0.15MPa。

3.2.3 水雾喷头与保护对象之间的距离不得大于水雾喷头的有效射程。

4.0.2 水雾喷头的选型应符合下列要求：

    1 扑救电气火灾，应选用离心雾化型水雾喷头；

8.4.11 联动试验应符合下列规定：

    1 采用模拟火灾信号启动系统，相应的分区雨淋报警阀（或电动控制阀、气动控制阀）、压力开关和消防水泵及其他联动设备均应能及时动作并发出相应的信号。

    检查数量：全数检查。

检查方法：直观检查。

2 采用传动管启动的系统，启动1只喷头，相应的分区雨淋报警阀、压力开关和消防水泵及其他联动设备均应能及时动作并发出相应的信号。

检查数量：全数检查。

检查方法：直观检查。

3 系统的响应时间、工作压力和流量应符合设计要求。

检查数量：全数检查。

检查方法：当为手动控制时，以手动方式进行1次~2次试验；当为自动控制时，以自动和手动方式各进行1次~2次试验，并用压力表、流量计、秒表计量。

9.0.1 系统竣工后，必须进行工程验收，验收不合格不得投入使用。

四、《自动喷水灭火系统设计规范》GB 50084—2017

5.0.1 民用建筑和厂房采用湿式系统时的设计基本参数不应低于表5.0.1的规定。

表 5.0.1 民用建筑和厂房采用湿式系统的设计基本参数

火灾危险等级		最大净空高度 h (m)	喷水强度 [L/(min·m²)]	作用面积 (m²)
轻危等级		$h \leqslant 8$	4	160
中危等级	Ⅰ级		6	160
	Ⅱ级		8	
严重危等级	Ⅰ级		12	260
	Ⅱ级		16	

注：系数最不利点处洒水喷头的工作压力不应低于0.05MPa。

5.0.2 民用建筑和厂房高大空间场所采用湿式系统的设计基本参数不应低于表5.0.2的规定。

表 5.0.2 民用建筑和厂房高大空间场所采用湿式系统的设计基本参数

适用场所		最大净空高度 h（m）	喷水强度 [L/(min·m²)]	作用面积（m²）	喷头间距 S（m）
民用建筑	中庭、体育馆、航站楼等	$8<h\leqslant12$	12	160	$1.8\leqslant S\leqslant3.0$
		$12<h\leqslant18$	15		
	影剧院、音乐厅、会展中心等	$8<h\leqslant12$	15		
		$12<h\leqslant18$	20		
厂房	棉纺厂、麻纺厂、泡沫塑料生产车间等	$8<h\leqslant12$	15		
			20		

注：1 表中未列入的场所，应根据本表规定场所的火灾危险性类比确定。
    2 当民用建筑高大空间场所的最大净空高度为 $12m<h\leqslant18m$ 时，应采用非仓库型特殊应用喷头。

5.0.4 仓库及类似场所采用湿式系统的设计基本参数应符合下列要求：

    1 当设置场所的火灾危险等级为仓库危险级Ⅰ级～Ⅲ级时，系统设计基本参数不应低于表 5.0.4-1～表 5.0.4-4 的规定；

    2 当仓库危险级Ⅰ级、仓库危险级Ⅱ级场所中混杂储存仓库危险级Ⅲ级物品时，系统设计基本参数不应低于表 5.0.4-5 的规定。

表 5.0.4-1 仓库危险级Ⅰ级场所的系统设计基本参数

储存方式	最大净空高度 h（m）	最大储物高度 h_s（m）	喷水强度 [L/(min·m²)]	作用面积（m²）	持续喷水时间（h）
堆垛、托盘	9.0	$h_s\leqslant3.5$	8.0	160	1.0
		$3.5<h_s\leqslant6.0$	10.0	200	
		$6.0<h_s\leqslant7.5$	14.0		
单、双、多排货架		$h_s\leqslant3.0$	6.0	160	1.5
		$3.0<h_s\leqslant3.5$	8.0		
单、双排货架		$3.5<h_s\leqslant6.0$	18.0	200	
		$6.0<h_s\leqslant7.5$	14.0+1J		
多排货架		$3.5<h_s\leqslant4.5$	12.0		
		$4.5<h_s\leqslant6.0$	18.0		
		$6.0<h_s\leqslant7.5$	18.0+1J		

注：1 货架储物高度大于 7.5m 时，应设置货架内置洒水喷头。顶板下洒水喷头的喷水强度不应低于 18L/(min·m²)，作用面积不应小于 200m²，持续喷水时间不应小于 2h。
    2 本表及表 5.0.4-2、5.0.4-5 中字母"J"表示货架内置洒水喷头，"J"前的数字表示货架内置洒水喷头的层数。

表 5.0.4-2 仓库危险级Ⅱ级场所的系统设计基本参数

储存方式	最大净空高度 h (m)	最大储物高度 h_s (m)	喷水强度 [L/(min·m²)]	作用面积 (m²)	持续喷水时间 (h)
堆垛、托盘	9.0	$h_s \leqslant 3.5$	8.0	160	1.5
		$3.5 < h_s \leqslant 6.0$	10.0	200	2.0
		$6.0 < h_s \leqslant 7.5$	14.0		
单、双、多排货架		$h_s \leqslant 3.0$	6.0	160	1.5
		$3.0 < h_s \leqslant 3.5$	8.0	200	
单、双排货架		$3.5 < h_s \leqslant 6.0$	18.0	280	2.0
		$6.0 < h_s \leqslant 7.5$	14.0+1J		
多排货架		$3.5 < h_s \leqslant 4.5$	12.0	200	
		$4.5 < h_s \leqslant 6.0$	18.0		
		$6.0 < h_s \leqslant 7.5$	18.0+1J		

注：货架储物高度大于 7.5m 时，应设置货架内置洒水喷头。顶板下洒水喷头的喷水强度不应低于 20L/(min·m²)，作用面积不应小于 200m²，持续喷水时间不应小于 2h。

表 5.0.4-3 货架储存时仓库危险级Ⅲ级场所的系统设计基本参数

序号	最大净空高度 h (m)	最大储物高度 h_s (m)	货架类型	喷水强度 [L/(min·m²)]	货架内置洒水喷头		
					层数	高度 (m)	流量系数 K
1	4.5	$1.5 < h_s \leqslant 3.0$	单、双、多	12.0	—		
2	6.0	$1.5 < h_s \leqslant 3.0$	单、双、多	18.0	—		
3	7.5	$3.0 < h_s \leqslant 4.5$	单、双、多	24.5	—		
4	7.5	$3.0 < h_s \leqslant 4.5$	单、双、多	12.0	1	3.0	80
5	7.5	$4.5 < h_s \leqslant 6.0$	单、双	24.5	—		
6	7.5	$4.5 < h_s \leqslant 6.0$	单、双、多	12.0	1	4.5	115
7	9.0	$4.5 < h_s \leqslant 6.0$	单、双、多	18.0	1	3.0	80
8	8.0	$4.5 < h_s \leqslant 6.0$	单、双、多	24.5	—		
9	9.0	$6.0 < h_s \leqslant 7.5$	单、双、多	18.5	1	4.5	115

续表 5.0.4-3

序号	最大净空高度 h（m）	最大储物高度 h_s（m）	货架类型	喷水强度 [L/(min·m²)]	货架内置洒水喷头 层数	高度（m）	流量系数 K
10	9.0	$6.0 < h_s \leqslant 7.5$	单、双、多	32.5	—	—	—
11	9.0	$6.0 < h_s \leqslant 7.5$	单、双、多	12.0	2	3.0, 6.0	80

注：1 作用面积不应小于200m²，持续喷水时间不应低于2h。
2 序号4，6，7，11：货架内设置一排货架内置洒水喷头时，喷头的间距不应大于3.0m；设置两排或多排货架内置洒水喷头时，喷头的间距不应大于3.0×2.4 (m)。
3 序号9：货架内设置一排货架内置洒水喷头时，喷头的间距不应大于2.4m，设置两排或多排货架内置洒水喷头时，喷头的间距不应大于2.4×2.4 (m)。
4 序号8：应采用流量系数K等于161，202，242，363的洒水喷头。
5 序号10：应采用流量系数K等于242，363的洒水喷头。
6 货架储物高度大于7.5m时，应设置货架内置洒水喷头，顶板下洒水喷头的喷水强度不应低于22.0L/(min·m²)，作用面积不应小于200m²，持续喷水时间不应小于2h。

表 5.0.4-4 堆垛储存时仓库危险级Ⅲ级场所的系数设计基本参数

最大净空高度 h（m）	最大储物高度 h_s（m）	喷水强度 [L/(min·m²)]			
		A	B	C	D
7.5	1.5	8.0			
4.5	3.5	16.0	16.0	12.0	12.0
6.0	3.5	24.5	22.0	20.5	16.5
9.0	3.5	32.5	28.5	24.5	18.5
6.0	4.5	24.5	22.0	20.5	16.5
7.5	6.0	32.5	28.5	24.5	18.5
9.0	7.5	36.5	34.5	28.5	22.5

注：1 A—袋装与无包装的发泡塑料橡胶；B—箱装的发泡塑料橡胶；C—袋装与无包装的不发泡塑料橡胶；D—箱装的不发泡塑料橡胶。
2 作用面积不应小于240m²，持续喷水时间不应低于2h。

表 5.0.4-5 仓库危险级Ⅰ级、Ⅱ级场所中混杂储存仓库危险级Ⅲ级场所物品时的系数设计基本参数

储物类别	储物方式	最大净空高度 h（m）	最大储物高度 h_s（m）	喷水强度 [L/(min·m²)]	作用面积（m²）	持续喷水时间（h）
储物中包括沥青制品或箱装A组塑料橡胶	堆垛与货架	9.0	$h_s \leqslant 1.5$	8	160	1.5
		4.5	$1.5 < h_s \leqslant 3.0$	12	240	2.0
		6.0	$1.5 < h_s \leqslant 3.0$	16	240	2.0
		5.0	$3.0 < h_s \leqslant 3.5$			
	堆垛	8.0	$3.0 < h_s \leqslant 3.5$	16	240	2.0
	货架	9.0	$1.5 < h_s \leqslant 3.5$	8+1J	160	2.0
储物中包括袋装A组塑料橡胶	堆垛与货架	9.0	$h_s \leqslant 1.5$	8	160	1.5
		4.5	$1.5 < h_s \leqslant 3.0$	16	240	2.0
		5.0	$3.0 < h_s \leqslant 3.5$			
	堆垛	9.0	$1.5 < h_s \leqslant 2.5$	16	240	2.0
储物中包括袋装不发泡A组塑料橡胶	堆垛与货架	6.0	$1.5 < h_s \leqslant 3.0$	16	240	2.0
储物中包括袋装发泡A组塑料橡胶	堆垛	6.0	$1.5 < h_s \leqslant 3.0$	8+1J	160	2.0
储物中包括轮胎或纸卷	堆垛与货架	9.0	$1.5 < h_s \leqslant 3.5$	12	240	2.0

注：1 无包装的塑料橡胶视同纸袋、塑料袋包装。
　　2 货架内置洒水喷头应采用与顶板下洒水喷头相同的喷水强度，用水量应按开放6只洒水喷头确定。

5.0.5 仓库及类似场所采用早期抑制快速响应喷头时,系统的设计基本参数不应低于表 5.0.5 的规定。

表 5.0.5 采用早期抑制快速响应喷头的系统设计基本参数

储物类别	最大净空高度(m)	最大储物高度(m)	喷头流量系数 K	喷头设置方式	喷头最低工作压力(MPa)	喷头最大间距(m)	喷头最小间距(m)	作用面积内开放的喷头数
Ⅰ、Ⅱ级、沥青制品、箱装不发泡塑料	9.0	7.5	202	直立型/下垂型	0.35	3.7	2.4	12
			242	直立型/下垂型	0.25			
			320	下垂型	0.20			
			363	下垂型	0.15			
	10.5	9.0	202	直立型/下垂型	0.50	3.0		
			242	直立型/下垂型	0.35			
			320	下垂型	0.25			
			363	下垂型	0.20			
	12.0	10.5	202	下垂型	0.50			
			242	下垂型	0.35			
			363	下垂型	0.30			
	13.5	12.0	363	下垂型	0.35			
袋装不发泡塑料	9.0	7.5	202	下垂型	0.50	3.7		
			242	下垂型	0.35			
			363	下垂型	0.25			
	10.5	9.0	363	下垂型	0.35	3.0		
	12.0	10.5	363	下垂型	0.40			

续表 5.0.5

储物类别	最大净空高度(m)	最大储物高度(m)	喷头流量系数 K	喷头设置方式	喷头最低工作压力(MPa)	喷头最大间距(m)	喷头最小间距(m)	作用面积内开放的喷头数
箱装发泡塑料	9.0	7.5	202	直立型/下垂型	0.35	3.7	2.4	12
			242	直立型/下垂型	0.25			
			320	下垂型	0.25			
			363	下垂型	0.15			
	12.0	10.5	363	下垂型	0.40	3.0		
袋装发泡塑料	7.5	6.0	202	下垂型	0.50	3.7	2.4	12
			242	下垂型	0.35			
			363	下垂型	0.20			
	9.0	7.5	202	下垂型	0.70			
			242	下垂型	0.50			
			363	下垂型	0.30			
	12.0	10.5	363	下垂型	0.50	3.0		20

5.0.6 仓库及类似场所采用仓库型特殊应用喷头时，湿式系统的设计基本参数不应低于表 5.0.6 的规定。

表 5.0.6 采用仓库型特殊应用喷头的湿式系统设计基本参数

储物类别	最大净空高度(m)	最大储物高度(m)	喷头流量系数 K	喷头设置方式	喷头最低工作压力(MPa)	喷头最大间距(m)	喷头最小间距(m)	作用面积内开放的喷头数	持续喷水时间(h)
Ⅰ级、Ⅱ级	7.5	6.0	161	直立型/下垂型	0.20	3.7	2.4	15	1.0
			200	下垂型	0.15				
			242	直立型	0.10			12	
			363	下垂型	0.07				
				直立型	0.15				

续表 5.0.6

储物类别	最大净空高度(m)	最大储物高度(m)	喷头流量系数 K	喷头设置方式	喷头最低工作压力(MPa)	喷头最大间距(m)	喷头最小间距(m)	作用面积内开放的喷头数	持续喷水时间(h)
Ⅰ级、Ⅱ级	9.0	7.5	161	直立型	0.35	3.7	2.4	20	1.0
				下垂型					
			200	下垂型	0.25				
			242	直立型	0.15				
			363	直立型	0.15			12	
				下垂型	0.07				
	12.0	10.5	363	直立型	0.10	3.0		24	
				下垂型	0.20			12	
箱装、不发泡塑料	7.5	6.0	161	直立型	0.35	3.7	2.4	15	1.0
				下垂型					
			200	下垂型	0.25				
			242	直立型	0.15				
			363	直立型	0.15				
				下垂型	0.07				
	9.0	7.5	363	直立型	0.15			12	
				下垂型	0.07				
	12.0	10.5	363	下垂型	0.20	3.0			
箱装泡发塑料	7.5	6.0	161	直立型	0.35	3.7	2.4	15	1.0
				下垂型					
			200	下垂型	0.25				
			242	直立型	0.15				
			363	直立型	0.07				
				下垂型					

5.0.8 货架仓库的最大净空高度或最大储物高度超过本规范第 5.0.5 条的规定时,应设货架内置洒水喷头,且货架内置洒水喷

头上方的层间隔板应为实层板。货架内置洒水喷头的设置应符合下列规定：

1 仓库危险级Ⅰ级、Ⅱ级场所应在自地面起每 3.0m 设置一层货架内置洒水喷头，仓库危险级Ⅲ级场所应在自地面起每 1.5m～3.0m 设置一层货架内置洒水喷头，且最高层货架内置洒水喷头与储物顶部的距离不应超过 3.0m；

2 当采用流量系数等于 80 的标准覆盖面积洒水喷头时，工作压力不应小于 0.20MPa；当采用流量系数等于 115 的标准覆盖面积洒水喷头时，工作压力不应小于 0.10MPa；

3 洒水喷头间距不应大于 3m，且不应小于 2m。计算货架内开放洒水喷头数量不应小于表 5.0.8 的规定；

4 设置 2 层及以上货架内置洒水喷头时，洒水喷头应交错布置。

表 5.0.8 货架内开放洒水喷头数量

仓库危险级	货架内开放洒水喷头数量		
	1	2	>2
Ⅰ级	6	12	14
Ⅱ级	8	14	
Ⅲ级	10		

5.0.15 当采用防护冷却系统保护防火卷帘、防火玻璃墙等防火分隔设施时，系统应独立设置，且应符合下列要求：

1 喷头设置高度不应超过 8m；当设置高度为 4m～8m 时，应采用快速响应洒水喷头；

2 喷头设置高度不超过 4m 时，喷水强度不应小于 0.5L/(s·m)；当超过 4m 时，每增加 1m，喷水强度应增加 0.1L/(s·m)；

4 持续喷水时间不应小于系统设置部位的耐火极限要求。

6.5.1 每个报警阀组控制的最不利点洒水喷头处应设末端试水装置，其他防火分区、楼层均应设直径为 25mm 的试水阀。

10.3.3 采用临时高压给水系统的自动喷水灭火系统,当按现行国家标准《消防给水及消火栓系统技术规范》GB 50974 的规定可不设置高位消防水箱时,系统应设气压供水设备。气压供水设备的有效水容积,应按系统最不利处 4 只喷头在最低工作压力下的 5min 用水量确定。干式系统、预作用系统设置的气压供水设备,应同时满足配水管道的充水要求。

12.0.1 局部应用系统应用于室内最大净空高度不超过 8m 的民用建筑中,为局部设置且保护区域总建筑面积不超过 1000m² 的湿式系统。设置局部应用系统的场所应为轻危险级或中危险级Ⅰ级场所。

12.0.2 局部应用系统应采用快速响应洒水喷头,喷水强度应符合本规范第 5.0.1 条的规定,持续喷水时间不应低于 0.5h。

12.0.3 局部应用系统保护区域内的房间和走道均应布置喷头。喷头的选型、布置和按开放喷头数确定的作用面积应符合下列规定:

1 采用标准覆盖面积洒水喷头的系统,喷头布置应符合轻危险级或中危险级Ⅰ级场所的有关规定,作用面积内开放的喷头数量应符合表 12.0.3 的规定。

表 12.0.3 采用标准覆盖面积洒水喷头时作用面积内开放喷头数量

保护区域总建筑面积和最大厅室建筑面积	开放喷头数量
保护区域总建筑面积超过 300m² 或最大厅室建筑面积超过 200m²	10
保护区域总建筑面积不超过 300m²	最大厅室喷头数+2 当少于 5 只时,取 5 只;当多于 8 只时,取 8 只

2 采用扩大覆盖面积洒水喷头的系统,喷头布置应符合本规范第 7.1.4 条的规定。作用面积内开放喷头数量应按不少于 6 只确定。

五、《气体灭火系统设计规范》GB 50370—2005

3.1.4 两个或两个以上的防护区采用组合分配系统时,一个组合分配系统所保护的防护区不应超过8个。

3.1.5 组合分配系统的灭火剂储存量,应按储存量最大的防护区确定。

3.1.15 同一防护区内的预制灭火系统装置多于1台时,必须能同时启动,其动作响应时差不得大于2s。

3.1.16 单台热气溶胶预制灭火系统装置的保护容积不应大于160m^3;设置多台装置时,其相互间的距离不得大于10m。

3.2.7 防护区应设置泄压口,七氟丙烷灭火系统的泄压口应位于防护区净高的2/3以上。

3.2.9 喷放灭火剂前,防护区内除泄压口外的开口应能自行关闭。

3.3.1 七氟丙烷灭火系统的灭火设计浓度不应小于灭火浓度的1.3倍,惰化设计浓度不应小于惰化浓度的1.1倍。

3.3.7 在通讯机房和电子计算机房等防护区,设计喷放时间不应大于8s;在其他防护区,设计喷放时间不应大于10s。

3.3.16 七氟丙烷气体灭火系统的喷头工作压力的计算结果,应符合下列规定:

    1 一级增压储存容器的系统 $P_c \geqslant 0.6$(MPa,绝对压力);
       二级增压储存容器的系统 $P_c \geqslant 0.7$(MPa,绝对压力);
       三级增压储存容器的系统 $P_c \geqslant 0.8$(MPa,绝对压力)。

    2 $P_c \geqslant P_m/2$(MPa,绝对压力)。

3.4.1 IG541混合气体灭火系统的灭火设计浓度不应小于灭火浓度的1.3倍,惰化设计浓度不应小于惰化浓度的1.1倍。

3.4.3 当IG541混合气体灭火剂喷放至设计用量的95%时,其喷放时间不应大于60s,且不应小于48s。

3.5.1 热气溶胶预制灭火系统的灭火设计密度不应小于灭火密度的1.3倍。

3.5.5 在通讯机房、电子计算机房等防护区，灭火剂喷放时间不应大于 90s，喷口温度不应大于 150℃；在其他防护区，喷放时间不应大于 120s，喷口温度不应大于 180℃。

4.1.3 储存装置的储存容器与其他组件的公称工作压力，不应小于在最高环境温度下所承受的工作压力。

4.1.4 在储存容器或容器阀上，应设安全泄压装置和压力表。组合分配系统的集流管，应设安全泄压装置。安全泄压装置的动作压力，应符合相应气体灭火系统的设计规定。

4.1.8 喷头的布置应满足喷放后气体灭火剂在防护区内均匀分布的要求。当保护对象属可燃液体时，喷头射流方向不应朝向液体表面。

4.1.10 系统组件与管道的公称工作压力，不应小于在最高环境温度下所承受的工作压力。

5.0.2 管网灭火系统应设自动控制、手动控制和机械应急操作三种启动方式。预制灭火系统应设自动控制和手动控制两种启动方式。

5.0.4 灭火设计浓度或实际使用浓度大于无毒性反应浓度（NOAEL 浓度）的防护区和采用热气溶胶预制灭火系统的防护区，应设手动与自动控制的转换装置。当人员进入防护区时，应能将灭火系统转换为手动控制方式；当人员离开时，应能恢复为自动控制方式。防护区内外应设手动、自动控制状态的显示装置。

5.0.8 气体灭火系统的电源，应符合国家现行有关消防技术标准的规定；采用气动力源时，应保证系统操作和控制需要的压力和气量。

6.0.1 防护区应有保证人员在 30s 内疏散完毕的通道和出口。

6.0.3 防护区的门应向疏散方向开启，并能自行关闭；用于疏散的门必须能从防护区内打开。

6.0.4 灭火后的防护区应通风换气，地下防护区和无窗或设固定窗扇的地上防护区，应设置机械排风装置，排风口宜设在防护区的下部并应直通室外。通信机房、电子计算机房等场所的通风换气次数应不少于每小时 5 次。

6.0.6 经过有爆炸危险和变电、配电场所的管网，以及布设在以上场所的金属箱体等，应设防静电接地。

6.0.7 有人工作防护区的灭火设计浓度或实际使用浓度，不应大于有毒性反应浓度（LOAEL 浓度），该值应符合本规范附录 G 的规定。

6.0.8 防护区内设置的预制灭火系统的充压压力不应大于 2.5MPa。

6.0.10 热气溶胶灭火系统装置的喷口前 1.0m 内，装置的背面、侧面、顶部 0.2m 内不应设置或存放设备、器具等。

六、《干粉灭火系统设计规范》GB 50347—2004

1.0.5 干粉灭火系统不得用于扑救下列物质的火灾：

  1 硝化纤维、炸药等无空气仍能迅速氧化的化学物质与强氧化剂。

  2 钾、钠、镁、钛、锆等活泼金属及其氢化物。

3.1.2 采用全淹没灭火系统的防护区，应符合下列规定：

  1 喷放干粉时不能自动关闭的防护区开口，其总面积不应大于该防护区总内表面积的 15%，且开口不应设在底面。

3.1.3 采用局部应用灭火系统的保护对象，应符合下列规定：

  1 保护对象周围的空气流动速度不应大于 2m/s。必要时，应采取挡风措施。

  2 在喷头和保护对象之间，喷头喷射角范围内不应有遮挡物。

  3 当保护对象为可燃液体时，液面至容器缘口的距离不得小于 150mm。

3.1.4 当防护区或保护对象有可燃气体、易燃、可燃液体供应源时，启动干粉灭火系统之前或同时，必须切断气体、液体的供应源。

3.2.3 全淹没灭火系统的干粉喷射时间不应大于30s。

3.3.2 室内局部应用灭火系统的干粉喷射时间不应小于30s；室外或有复燃危险的室内局部应用灭火系统的干粉喷射时间不应小于60s。

3.4.3 一个防护区或保护对象所用预制灭火装置最多不得超过4套，并应同时启动，其动作响应时间差不得大于2s。

5.1.1 干粉储存容器应符合国家现行标准《压力容器安全技术监察规程》的规定；驱动气体储瓶及其充装系数应符合国家现行标准《气瓶安全监察规程》的规定；

5.2.6 喷头的单孔直径不得小于6mm。

5.3.1 管道及附件应能承受最高环境温度下工作压力，并应符合下列规定：

　　7　管道分支不应使用四通管件。

7.0.2 防护区的走道和出口，必须保证人员能在30s内安全疏散。

7.0.3 防护区的门应向疏散方向开启，并应能自动关闭，在任何情况下均应能在防护区内打开。

7.0.7 当系统管道设置在有爆炸危险的场所时，管网等金属件应设防静电接地，防静电接地设计应符合国家现行有关标准规定。

七、《固定消防炮灭火系统设计规范》GB 50338—2003

3.0.1 系统选用的灭火剂应和保护对象相适应，并应符合下列规定：

　　1　泡沫炮系统适用于甲、乙、丙类液体、固体可燃物火灾场所；

　　2　干粉炮系统适用于液化石油气、天然气等可燃气体火灾场所；

　　3　水炮系统适用于一般固体可燃物火灾场所；

　　4　水炮系统和泡沫炮系统不得用于扑救遇水发生化学反应

而引起燃烧、爆炸等物质的火灾。

4.1.6 水炮系统和泡沫炮系统从启动至炮口喷射水或泡沫的时间不应大于5min，干粉炮系统从启动至炮口喷射干粉的时间不应大于2min。

4.2.1 室内消防炮的布置数量不应少于两门，其布置高度应保证消防炮的射流不受上部建筑构件的影响，并应能使两门水炮的水射流同时到达被保护区域的任一部位。

室内系统应采用湿式给水系统，消防炮位处应设置消防水泵启动按钮。

设置消防炮平台时，其结构强度应能满足消防炮喷射反力的要求，结构设计应能满足消防炮正常使用的要求。

4.2.2 室外消防炮的布置应能使消防炮的射流完全覆盖被保护场所及被保护物，且应满足灭火强度及冷却强度的要求。

1 消防炮应设置在被保护场所常年主导风向的上风方向；

2 当灭火对象高度较高、面积较大时，或在消防炮的射流受到较高大障碍物的阻挡时，应设置消防炮塔。

4.3.1 水炮的设计射程和设计流量应符合下列规定：

1 水炮的设计射程应符合消防炮布置的要求。室内布置的水炮的射程应按产品射程的指标值计算，室外布置的水炮的射程应按产品射程指标值的90%计算。

2 当水炮的设计工作压力与产品额定工作压力不同时，应在产品规定的工作压力范围内选用。

3 水炮的设计射程可按下式确定：

$$D_s = D_{s0}\sqrt{\frac{P_e}{P_0}} \qquad (4.3.1\text{-}1)$$

式中，D_s——水炮的设计射程（m）；

D_{s0}——水炮在额定工作压力时的射程（m）；

P_e——水炮的设计工作压力（MPa）；

P_0——水炮的额定工作压力（MPa）

4 当上述计算的水炮设计射程不能满足消防炮布置的要求

时，应调整原设定的水炮数量、布置位置或规格型号，直至达到要求。

5 水炮的设计流量可按下式确定：

$$Q_s = q_{s0}\sqrt{\frac{P_e}{P_0}} \qquad (4.3.1\text{-}2)$$

式中，Q_s——水炮的设计流量（L/s）；

q_{s0}——水炮的定额流量（L/s）；

4.3.3 水炮系统灭火及冷却用水的连续供给时间应符合下列规定：

1 扑救室内火灾的灭火用水连续供给时间不应小于1.0h；
2 扑救室外火灾的灭火用水连续供给时间不应小于2.0h；

4.3.4 水炮系统灭火及冷却用水的供给强度应符合下列规定：

1 扑救室内一般固体物质火灾的供给强度应符合国家有关标准的规定，其用水量应按两门水炮的水射流同时到达防护区任一部位的要求计算。民用建筑的用水量不应小于40L/s，工业建筑的用水量不应小于60L/s；

4.3.6 水炮系统的计算总流量应为系统中需要同时开启的水炮设计流量的总和，且不得小于灭火用水计算总流量及冷却用水计算总流量之和。

5.6.1 当消防泵出口管径大于300mm时，不应采用单一手动启闭功能的阀门。阀门应有明显的启闭标志，远控阀门应具有快速启闭功能，且密封可靠。

5.6.2 常开或常闭的阀门应设锁定装置，控制阀和需要启闭的阀门应设启闭指示器。参与远控炮系统联动控制的控制阀，其启闭信号应传至系统控制室。

5.7.1 消防炮塔应具有良好的耐腐蚀性能，其结构强度应能同时承受使用场所最大风力和消防炮喷射反力。消防炮塔的结构设计应能满足消防炮正常操作使用的要求。

5.7.3 室外消防炮塔应设有防止雷击的避雷装置、防护栏杆和保护水幕；保护水幕的总流量不应小于6L/s。

6.1.4 系统配电线路应采用经阻燃处理的电线、电缆。

6.2.4 工作消防泵组发生故障停机时,备用消防泵组应能自动投入运行。

八、《建筑灭火器配置设计规范》GB 50140—2005

4.1.3 在同一灭火器配置场所,当选用两种或两种以上类型灭火器时,应采用灭火剂相容的灭火器。

4.2.1 A类火灾场所应选择水型灭火器、磷酸铵盐干粉灭火器、泡沫灭火器或卤代烷灭火器。

4.2.2 B类火灾场所应选择泡沫灭火器、碳酸氢钠干粉灭火器、磷酸铵盐干粉灭火器、二氧化碳灭火器、灭B类火灾的水型灭火器或卤代烷灭火器。极性溶剂的B类火灾场所应选择灭B类火灾的抗溶性灭火器。

4.2.3 C类火灾场所应选择磷酸铵盐干粉灭火器、碳酸氢钠干粉灭火器、二氧化碳灭火器或卤代烷灭火器。

4.2.4 D类火灾场所应选择扑灭金属火灾的专用灭火器。

4.2.5 E类火灾场所应选择磷酸铵盐干粉灭火器、碳酸氢钠干粉灭火器、卤代烷灭火器或二氧化碳灭火器,但不得选用装有金属喇叭喷筒的二氧化碳灭火器。

5.1.1 灭火器应设置在位置明显和便于取用的地点,且不得影响安全疏散。

5.1.5 灭火器不得设置在超出其使用温度范围的地点。

5.2.1 设置在A类火灾场所的灭火器,其最大保护距离应符合表5.2.1的规定。

表 5.2.1 A类火灾场所的灭火器最大保护距离 (m)

灭火器形式危险等级	手提式灭火器	推车式灭火器
严重危险级	15	30
中危险级	20	40
轻危险级	25	50

5.2.2 设置在 B、C 类火灾场所的灭火器，其最大保护距离应符合表 5.2.2 的规定。

表 5.2.2 B、C 类火灾场所的灭火器最大保护距离 (m)

灭火器形式危险等级	手提式灭火器	推车式灭火器
严重危险级	9	18
中危险级	12	24
轻危险级	15	30

6.1.1 一个计算单元内配置的灭火器数量不得少于 2 具。

6.2.1 A 类火灾场所灭火器的最低配置基准应符合表 6.2.1 的规定。

表 6.2.1 A 类火灾场所灭火器的最低配置基准

危险等级	严重危险级	中危险级	轻危险级
单具灭火器最小配置灭火级别	3A	2A	1A
单位灭火级别最大保护面积（m²/A）	50	75	100

6.2.2 B、C 类火灾场所灭火器的最低配置基准应符合表 6.2.2 的规定。

表 6.2.2 B、C 类火灾场所灭火器的最低配置基准

危险等级	严重危险级	中危险级	轻危险级
单具灭火器最小配置灭火级别	89B	55B	21B
单位灭火级别最大保护面积（m²/B）	0.5	1.0	1.5

7.1.2 每个灭火器设置点实配灭火器的灭火级别和数量不得小于最小需配灭火级别和数量的计算值。

7.1.3 灭火器设置点的位置和数量应根据灭火器的最大保护距离确定，并应保证最不利点至少在 1 具灭火器的保护范围内。

九、《泡沫灭火系统施工及验收规范》GB 50281—2006

4.2.1 泡沫液进场应由监理工程师组织，现场取样留存。

4.2.6 对属于下列情况之一的管材及管件,应由监理工程师抽样,并由具备相应资质的检测单位进行检测复验,其复验结果应符合国家现行有关产品标准和设计要求。

1 设计上有复验要求的。

2 对质量有疑义的。

4.3.3 泡沫产生装置、泡沫比例混合器(装置)、泡沫液压力储罐、消防泵、泡沫消火栓、阀门、压力表、管道过滤器、金属软管等系统组件应符合下列规定:

1 其规格、型号、性能应符合国家现行产品标准和设计要求。

2 设计上有复验要求或对质量有疑义时,应由监理工程师抽样,并由具有相应资质的检测单位进行检测复验,其复验结果应符合国家现行产品标准和设计要求。

5.2.6 内燃机驱动的消防泵,其内燃机排气管的安装应符合设计要求,当设计无规定时,应采用直径相同的钢管连接后通向室外。

5.3.4 设在泡沫泵站外的泡沫液压力储罐的安装应符合设计要求,并应根据环境条件采取防晒、防冻和防腐等措施。

5.5.1 管道的安装应符合下列规定:

 3 埋地管道安装应符合下列规定:

  1) 埋地管道的基础应符合设计要求;

  2) 埋地管道安装前应做好防腐,安装时不应损坏防腐层;

  3) 埋地管道采用焊接时,焊缝部位应在试压合格后进行防腐处理;

  4) 埋地管道在回填前应进行隐蔽工程验收,合格后及时回填,分层夯实,并应按本规范表 B.0.3 进行记录。

 7 管道安装完毕应进行水压试验,并应符合下列规定:

  1) 试验应采用清水进行,试验时,环境温度不应低于 5℃;当环境温度低于 5℃时,应采取防冻措施;

  2) 试验压力应为设计压力的 1.5 倍;

3）试验前应将泡沫产生装置、泡沫比例混合器（装置）隔离；

4）试验合格后，应按本规范表 B.0.2-4 记录。

5.5.6 阀门的安装应符合下列规定：

2 具有遥控、自动控制功能的阀门安装，应符合设计要求；当设置在有爆炸和火灾危险的环境时，应按相关标准安装。

6.2.6 泡沫灭火系统的调试应符合下列规定：

1 当为手动灭火系统时，应<u>以手动控制的方式进行一次喷水试验</u>；当为自动灭火系统时，应以手动和自动控制的方式各进行一次喷水试验，其各项性能指标均应达到设计要求。

2 低、中倍数泡沫灭火系统按本条第 1 款的规定喷水试验完毕，将水放空后，进行喷泡沫试验；当为自动灭火系统时，应以自动控制的方式进行；喷射泡沫的时间不应小于 1min；实测泡沫混合液的混合比和泡沫混合液的发泡倍数及到达最不利点防护区或储罐的时间和湿式联用系统自喷水至喷泡沫的转换时间应符合设计要求。

3 高倍数泡沫灭火系统按本条第 1 款的规定喷水试验完毕，将水放空后，应以手动或自动控制的方式对防护区进行喷泡沫试验，喷射泡沫的时间<u>不应小于 30s</u>，实测泡沫混合液的混合比和泡沫供给速率及自接到火灾模拟信号至开始喷泡沫的时间应符合设计要求。

7.1.3 泡沫灭火系统验收应按本规范表 B.0.5 记录；系统功能验收不合格则判定为系统不合格，不得通过验收。

8.1.4 对检查和试验中发现的问题应及时解决，对损坏或不合格者<u>应立即更换</u>，并应复原系统。

十、《自动喷水灭火系统施工及验收规范》GB 50261—2017

3.2.7 喷头的现场检验必须符合下列要求：

1 喷头的商标、型号、公称动作温度、响应时间指数（RTI）、制造厂及生产日期等标志应齐全。

  2 喷头的型号、规格等应符合设计要求。
  3 喷头外观应无加工缺陷和机械损伤。
  4 喷头螺纹密封面应无伤痕、毛刺、缺丝或断丝现象。
  5 闭式喷头应进行密封性能试验，以无渗漏、无损伤为合格。

  试验数量应从每批中抽查 1%，并不得少于 5 只，试验压力应为 3.0MPa，保压时间不得少于 3min。当两只及两只以上不合格时，不得使用该批喷头。当仅有一只不合格时，应再抽查 2%，并不得少于 10 只，并重新进行密封性能试验；当仍有不合格时，亦不得使用该批喷头。

5.2.1 喷头安装必须在系统试压、冲洗合格后进行。

5.2.2 喷头安装时，不应对喷头进行拆装、改动，并严禁给喷头、隐蔽式喷头的装饰盖板附加任何装饰性涂层。

5.2.3 喷头安装应使用专用扳手，严禁利用喷头的框架施拧；喷头的框架、溅水盘产生变形或释放原件损伤时，应采用规格、型号相同的喷头更换。

6.1.1 管网安装完毕后，必须对其进行强度试验、严密性试验和冲洗。

8.0.1 系统竣工后，必须进行工程验收、验收不合格不得投入使用。

十一、《气体灭火系统施工及验收规范》GB 50263—2007

3.0.8 气体灭火系统工程施工质量不符合要求时，应按下列规定处理：

  3 经返工或更换系统组件、成套装置的工程，仍不符合要求时，严禁验收。

4.2.1 管材、管道连接件的品种、规格、性能等应符合相应产品标准和设计要求。

4.2.4 对属于下列情况之一的灭火剂、管材及管道连接件，应抽样复验，其复验结果应符合国家现行产品标准和设计要求。

1 设计有复验要求的。

2 对质量有疑义的。

4.3.2 灭火剂储存容器及容器阀、单向阀、连接管、集流管、安全泄放装置、选择阀、阀驱动装置、喷嘴、信号反馈装置、检漏装置、减压装置等系统组件应符合下列规定：

1 品种、规格、性能等应符合国家现行产品标准和设计要求。

2 设计有复验要求或对质量有疑义时，应抽样复验，复验结果应符合国家现行产品标准和设计要求。

5.2.2 灭火剂储存装置安装后，泄压装置的泄压方向不应朝向操作面。低压二氧化碳灭火系统的安全阀应通过专用的泄压管接到室外。

5.2.7 集流管上的泄压装置的泄压方向不应朝向操作面。

5.4.6 气动驱动装置的管道安装后应做气压严密性试验，并合格。

5.5.4 灭火剂输送管道安装完毕后，应进行强度试验和气压严密性试验，并合格。

6.1.5 调试项目应包括模拟启动试验、模拟喷气试验和模拟切换操作试验，并应按本规范表 C-4 填写施工过程检查记录。

7.1.2 系统工程验收应按本规范表 D-1 进行资料核查；并按本规范表 D-2 进行工程质量验收，验收项目有 1 项为不合格时判定系统为不合格。

8.0.3 应按检查类别规定对气体灭火系统进行检查，并按本规范表 F 做好检查记录。检查中发现的问题应及时处理。

十二、《固定消防炮灭火系统施工与验收规范》GB 50498—2009

3.2.4 对属于下列情况之一的管材及配件，应由监理工程师抽样，并由具备相应资质的检测机构进行检测复验，其复验结果应符合国家现行有关产品标准和设计要求。

1 设计上有复验要求的。
2 对质量有疑义的。

3.3.1 泡沫液进场时应由建设单位、监理工程师和供货方现场组织检查，并共同取样留存，留存数量按全项检测需要量。泡沫液质量应符合国家现行有关产品标准。

3.3.3 干粉进场时应由建设单位、监理工程师和供货方现场组织检查，并共同取样留存，留存数量按全项检测需要量。干粉质量应符合国家现行有关产品标准。

3.4.2 水炮、泡沫炮、干粉炮、消防泵组、泡沫液罐、泡沫比例混合装置、干粉罐、氮气瓶组、阀门、动力源、消防炮塔、控制装置等系统组件及压力表、过滤装置和金属软管等系统配件应符合下列规定：

1 其规格、型号、性能应符合国家现行产品标准和设计要求。

2 设计上有复验要求或对质量有疑义时，应由监理工程师抽样，并由具有相应资质的检测单位进行检测复检，其复检结果应符合国家现行产品标准和设计要求。

4.3.4 设在室外的泡沫液罐的安装应符合设计要求，并应根据环境条件采取防晒、防冻和防腐等措施。

4.6.1 管道的安装应符合下列规定：

  3 埋地管道安装应符合下列规定：

   1）埋地管道的基础应符合设计要求；

   2）埋地管道安装前应做好防腐，安装时不应损坏防腐层；

   3）埋地管道采用焊接时，焊缝部位应在试压合格后进行防腐处理；

   4）埋地管道在回填前应进行隐蔽工程验收，合格后及时回填，分层夯实，并应按本规范附录 D 进行记录。

4.6.2 阀门的安装应符合下列规定：

  2 具有遥控、自动控制功能的阀门安装，应符合设计要求；

当设置在有爆炸和火灾危险的环境时,应符合现行国家标准《爆炸和火灾危险环境电气装置施工及验收规范》GB 50257等相关标准的规定。

5.2.1 布线前,应对导线的种类、电压等级进行检查;强、弱电回路不应使用同一根电缆,应分别成束分开排列;不同电压等级的线路,不应穿在同一管内或线槽的同一槽孔内。

6.1.1 管道安装完毕后,应对其进行强度试验、严密性试验和冲洗。

7.2.8 固定消防炮灭火系统的喷射功能调试应符合下列规定:

1 水炮灭火系统:当为手动灭火系统时,应以手动控制的方式对该门水炮保护范围进行喷水试验;当为自动灭火系统时,应以手动和自动控制的方式对该门水炮保护范围分别进行喷水试验。系统自接到启动信号至水炮炮口开始喷水的时间不应大于5min,其各项性能指标均应达到设计要求。

2 泡沫炮灭火系统:泡沫炮灭火系统按本条第1款的规定喷水试验完毕,将水放空后,应以手动或自动控制的方式对该门泡沫炮保护范围进行喷射泡沫试验。系统自接到启动信号至泡沫炮口开始喷射泡沫的时间不应大于5min,喷射泡沫的时间应大于2min,实测泡沫混合液的混合比应符合设计要求。

3 干粉炮灭火系统:当为手动灭火系统时,应以手动控制的方式对该门干粉炮保护范围进行一次喷射试验;当为自动灭火系统时,应以手动和自动控制的方式对该门干粉炮保护范围各进行一次喷射试验。系统自接到启动信号至干粉炮口开始喷射干粉的时间不应大于2min,干粉喷射时间应大于60s,其各项性能指标均应达到设计要求。

4 水幕保护系统:当为手动水幕保护系统时,应以手动控制的方式对该道水幕进行一次喷水试验;当为自动水幕保护系统时应以手动和自动控制的方式分别进行喷水试验。其各项性能指标均应达到设计要求。

8.1.3 系统施工质量验收合格但功能验收不合格应判定为系统

不合格，不得通过验收。

8.2.4 系统功能验收判定条件。系统启动功能与喷射功能验收全部检查内容验收合格，方可判定为系统功能验收合格。

十三、《建筑灭火器配置验收及检查规范》GB 50444—2008

2.2.1 灭火器的进场检查应符合下列要求：

　　1　灭火器应符合市场准入的规定，并应有出厂合格证和相关证书；

　　2　灭火器的铭牌、生产日期和维修日期等标志应齐全；

　　3　灭火器的类型、规格、灭火级别和数量应符合配置设计要求；

　　4　灭火器筒体应无明显缺陷和机械损伤；

　　5　灭火器的保险装置应完好；

　　6　灭火器压力指示器的指针应在绿区范围内；

　　7　推车式灭火器的行驶机构应完好。

3.1.3 灭火器的安装设置应便于取用，且不得影响安全疏散。

3.1.5 灭火器设置点的环境温度不得超出灭火器的使用温度范围。

3.2.2 灭火器箱不应被遮挡、上锁或拴系。

4.1.1 灭火器安装设置后，必须进行配置验收，验收不合格不得投入使用。

4.2.1 灭火器的类型、规格、灭火级别和配置数量应符合建筑灭火器配置设计要求。

4.2.2 灭火器的产品质量必须符合国家有关产品标准的要求。

4.2.3 在同一灭火器配置单元内，采用不同类型灭火器时，其灭火剂应能相容。

4.2.4 灭火器的保护距离应符合现行国家标准《建筑灭火器配置设计规范》GB 50140 的有关规定，灭火器的设置应保证配置场所的任一点都在灭火器设置点的保护范围内。

5.3.2 灭火器的维修期限应符合表 5.3.2 的规定。

表 5.3.2 灭火器的维修期限

灭火器类型		维修期限
水基型灭火器	手提式水基型灭火器	出厂期满 3 年；首次维修以后每满 1 年
	推车式水基型灭火器	
干粉灭火器	手提式（贮压式）干粉灭火器	出厂期满 5 年；首次维修以后每满 2 年
	手提式（储气瓶式）干粉灭火器	
	推车式（贮压式）干粉灭火器	
	推车式（储气瓶式）干粉灭火器	
洁净气体灭火器	手提式洁净气体灭火器	
	推车式洁净气体灭火器	
二氧化碳灭火器	手提式二氧化碳灭火器	
	推车式二氧化碳灭火器	

5.4.1 下列类型的灭火器应报废：

1 酸碱型灭火器；

2 化学泡沫型灭火器；

3 倒置使用型灭火器；

4 氯溴甲烷、四氯化碳灭火器；

5 国家政策明令淘汰的其他类型灭火器。

5.4.2 有下列情况之一的灭火器应报废：

1 筒体严重锈蚀，锈蚀面积大于、等于筒体总面积的 1/3，表面有凹坑；

2 筒体明显变形，机械损伤严重；

3 器头存在裂纹、无泄压机构；

4 筒体为平底等结构不合理；

5 没有间歇喷射机构的手提式；

6 没有生产厂名称和出厂年月，包括铭牌脱落，或虽有铭牌，但看不清生产厂名称，或出厂年月钢印无法识别；

7 筒体有锡焊、铜焊或补缀等修补痕迹；

8 被火烧过。

5.4.3 灭火器出厂时间达到或超过表 5.4.3 规定的报废期限时应报废。

表 5.4.3 灭火器的报废期限

灭火器类型		报废期限（年）
水基型灭火器	手提式水基型灭火器	6
	推车式水基型灭火器	
干粉灭火器	手提式（贮压式）干粉灭火器	10
	手提式（储气瓶式）干粉灭火器	
	推车式（贮压式）干粉灭火器	
	推车式（储气瓶式）干粉灭火器	
洁净气体灭火器	手提式洁净气体灭火器	
	推车式洁净气体灭火器	
二氧化碳灭火器	手提式二氧化碳灭火器	12
	推车式二氧化碳灭火器	

5.4.4 灭火器报废后，应按照等效替代的原则进行更换。

第六篇 灭 火 剂

一、《干粉灭火剂》GB 4066—2017

5 技术要求

5.1 一般要求

5.1.1 干粉灭火剂的原材料、生产工艺应满足法律法规和强制性国家标准对人身健康、安全以及环境保护的要求。

5.1.2 干粉灭火剂的以下性能参数应至少在产品包装或说明书中标明：

  a) 主要组分名称及含量（见表1）；
  b) 松密度（见表1）；
  c) 粒度分布（见表1）；
  d) 可扑救的火灾类型。

5.1.3 型号不同或生产工艺不同的干粉灭火剂严禁在灌装灭火器、消防车、灭火系统及灭火设备维修等场合混合使用。

5.2 性能要求

  干粉灭火剂主要性能应符合表1的规定。

表1 干粉灭火剂主要性能指标

项 目		指 标
主要组分含量（质量分数）	任一主要组分含量	公布值±（0.75+2.5×公布值）%
	所有主要组分含量	公布值之和≥90%
	第一主要组分含量	公布值≥75%
松密度/（g/mL）		公布值±0.07，且≥0.82
含水率（质量分数）		≤0.25%
吸湿率（质量分数）		≤2.00%
流动性/s		≤7.0
斥水性		无明显吸水，不结块
针入度/mm		≥16.0

续表 1

项　目		指　标
粒度分布（质量分数）	0.250mm 以上	0.0%
	0.250mm～0.125mm	公布值±%3
	0.125mm～0.063mm	公布值±6%
	0.063mm～0.040mm	公布值±6%
	底盘 ABC 干粉灭火剂	≥55%，且底盘中第一主要组分含量≥原试样含量
	底盘 BC 干粉灭火剂	≥70%，且底盘中第一主要组分含量≥原试样含量
耐低温性/s		≤5.0
电绝缘性/kV		≥5.00
颜色	ABC 干粉灭火剂	黄色
	BC 干粉灭火剂	白色
灭火性能		依据干粉灭火剂适用的火灾类型，按 6.12 的规定进行试验，3 次灭火试验至少 2 次灭火成功

7 检验规则

7.1 检验类别与项目

7.1.1 例行检验

正常生产中，每批产品均应进行例行检验。松密度、流动性、斥水性、粒度分布、耐低温性、颜色为例行检验项目。

7.1.2 确认检验

表 1 中的全部检验项目为确认检验项目。每组产品均应抽样进行主要组分含量、含水率、吸湿率、针入度检验，其余项目也应定期抽样检验以确保产品持续稳定符合本标准要求。

7.1.3 型式检验

表 1 中的全部检验项目为型式检验项目。有下列情况之一时，应进行型式检验：

a) 新产品鉴定或老产品转厂生产；

b) 正式生产后，原料、工艺有较大改变；

c) 停产一年以上，恢复生产；

d) 国家质量监督机构依法提出型式检验要求。

7.2 取样方法

7.2.1 型式检验和确认检验样品应从例行检验合格产品中抽样。取样方法应保证取样具有代表性。检验前应将样品充分混合均匀。

7.2.2 抽样数量应满足检验及备留需要。型式检验应随机抽取不小于试验用量2倍的样品。所取的样品应贮存于洁净、干燥、密封的包装体内。

7.3 检验结果判定

例行检验、确认检验、型式检验结果均应符合第5章规定的技术要求，如有一项不符合要求，则判产品为不合格。

8 标志、包装、使用说明书、运输和贮存

8.1 标志

每个包装上都应清晰、牢固地标明生产厂名称、地址、产品名称、型号、商标、适用标准、生产日期、生产批号、合格标志、贮存保管要求等。

二、《超细干粉灭火剂》GA 578—2005

5 要求

超细干粉灭火剂主要性能应符合表1的规定。

表1

项　　目	技术要求	
	BC超细干粉灭火剂	ABC超细干粉灭火剂
松密度/(g/mL)	厂方公布值±30%	厂方公布值±30%
含水率/%	≤0.25	≤0.25
吸湿率/%	≤3.00	≤3.00
斥水性	无明显吸水，不结块	无明显吸水，不结块
抗结块性(针入度)/mm	≥16.0	≥16.0

续表1

项目		技术要求	
		BC超细干粉灭火剂	ABC超细干粉灭火剂
耐低温性/s		≤5.0	≤5.0
90%粒径/μm		≤20	≤20
电绝缘性/kV		≥4.00	≥4.00
灭B、C类火效能/(g/m³)		≤150	≤150
灭A类火效能	木垛火/(g/m³)	—	≤150
	聚丙烯火/(g/m³)	—	≤150

7 检验规则

7.1 检验类别与项目

7.1.1 出厂检验

本标准的松密度、含水率、吸湿率、斥水性、90%粒径、抗结块性（针入度）为出厂检验项目。

7.1.2 型式检验

本标准表1中的全部检验项目为型式检验项目。有下列情况之一时，要进行型式检验

a) 新产品鉴定或老产品转厂生产时；

b) 正式生产后，如原料、工艺有较大改变时；

c) 正式生产时每隔3年的定期检验；

d) 停产1年以上恢复生产时；

e) 国家质量监督机构提出进行型式检验要求时。

7.2 组、批

批为一次性投料于加工设备制得的均匀物质．

组为在相同的环境条件下，用相同的原料和工艺生产的产品，包括一批或多批。

7.3 抽样

7.3.1 型式检验样品应从出厂检验合格产品中抽样。抽样前应将产品混合均匀，每一项性能在检验前也应将样品混合均匀。

7.3.2 按"组"和"批",抽样,都应随机抽取不小于40kg样品。所取的样品必须贮存于洁净、干燥、密封的专用容器内。

7.4 检验结果判定

出厂检验、型式检验所检项目的结果应符合本标准中表1规定的技术要求,如有一项不符合本标准要求,则判为不合格产品。

三、《D类干粉灭火剂》GA 979—2012

5 要求

5.1 一般要求

5.1.1 用于生产D类干粉灭火剂的各种原料应对生物无明显毒害,且灭火时不应自身分解出或与燃料发生作用生成具有毒性或危险性物质。

5.1.2 产品供应商或试验委托方应对其提供的D类干粉灭火剂产品的以下内容进行申报:

a) 主要组分名称及其含量测试依据的国家标准或行业标准;

b) 主要组分含量特征值(见表1),申报的主要组分含量的总和不应小于总组分的75%;

c) 松密度特征值(见表1);

d) 粒度分布特征值(见表1);

e) 可扑救的火灾类型,可申报单一型和复合型,并应在产品型号中注明。

5.2 技术要求

D类干粉灭火剂的主要性能指标应符合表1的规定。

表1 D类干粉灭火剂主要性能指标

项 目	技术要求
主要组分含量/%	特征值±3
松密度/(g/mL)	特征值±0.1
含水率/%	≤0.20

续表1

项目		技术要求
抗结块性（针入度）/mm		≥16.0
斥水性		无明显吸水，不结块
流动性/s		≤8.0
粒度分布/%	0.250mm	0.0
	0.250mm～0.125mm	特征值±3
	0.125mm～0.063mm	特征值±6
	0.063mm～0.040mm	特征值±6
耐高、低温性/s		≤5.0
腐蚀性		无明显锈蚀
灭D类火灾效能	镁火	灭火成功
	钠火	灭火成功
	三乙基铝火	灭火成功

7 检验规则

7.1 检验类别与项目

7.1.1 出厂检验

本标准规定的主要组分含量、松密度、含水率、抗结块性、斥水性，粒度分布。流动性为出厂检验项目。

7.1.2 型式检验

第5章表1中的全部检验项目为型式检验项目。有下列情况之一时，应进行型式检验。

a) 新产品鉴定或老产品转厂生产时；
b) 正式生产后，如原料、工艺有较大改变时；
c) 正式生产时每隔三年的定期检验；
d) 停产1年以上恢复生产时；
e) 发生重大质量事故时；
f) 国家质量监督机构提出进行型式检验要求时。

7.2 组批

出厂检验以一次性投料于加工设备制得的均匀物质为一批。以在相同生产环境条件下，用相同的原料和工艺生产的一批或多批产品为一组。

7.3 抽样

型式检验样品应从出厂检验合格产品中抽样。为了保证样品与总体的一致性，取样要有代表性。抽样前应将产品混合均匀，每一项性能在检验前也应将样品混合均匀。

按"组"和"批"抽样，都应随机抽取不小于试验用量1.5倍的样品。所取的样品必须贮存于洁净、干燥、密封的专用容器内。

7.4 检验结果判定

出厂检验、型式检验结果应符合第5章表1规定，如有一项不符合本标准要求，则判为不合格产品。

四、《氢氟烃类灭火剂》GB 35373—2017

4 通用要求

4.1 一般要求

4.1.1 氢氟烃类灭火剂的性能应符合本标准。

4.1.2 氢氟烃类灭火剂生产企业应公布下列内容：

a) 主要组分名称及产品中该组分的同分异构体名称及含量；

b) 产品的 LOAEL 值和 NOAEL 值；

c) 产品的灭火浓度，灭火浓度不应大于7%。

4.2 技术要求

4.2.1 理化性能

氢氟烃类灭火剂理化性能应符合表1的规定。

表1 氢氟烃类灭火剂理化性能

项目		技术指标
纯度/%		≥99.6
酸度/(mg/kg)		≤3
水分/(mg/kg)		≤10
蒸发残留物/%		≤0.01
悬浮物或沉淀物		无浑浊或沉淀物
毒性	麻醉性	无刺激症状和特征
	刺激性	无刺激症状和特征

4.2.2 灭火性能

氢氟烃类灭火剂释放结束后 30 s 内火焰全部熄火,且燃料盘、燃料罐内有剩余燃料。

6 检验规则

6.1 检验类别

6.1.1 出厂检验

纯度、酸度、水分为出厂检验项目。

6.1.2 型式检验

第 4 章规定的全部项目为型式检验项目。有下列情况之一时,应进行型式检验:

a) 新产品投产或老产品转厂生产;

b) 正式生产后,产品的结构、材料、生产工艺等有较大改变,可能影响产品性能;

c) 产品停产 1 年以上恢复生产;

d) 发生重大质量事故;

e) 质量监督机构依法提出要求。

6.2 抽样

6.2.1 按批抽样时应随机抽取不小于试验用量 1.5 倍的样品,贮槽装产品以一贮槽产品量为一批,钢瓶装产品以不大于 20 t 为一批。

6.2.2 型式检验样品应从出厂检验合格的产品中抽取。

6.3 结果判定

6.3.1 缺陷分类

缺陷分类见表 3。

表 3 缺陷分类

项目	缺陷类别
纯度	A
酸度	A
水分	A

续表3

项目		缺陷类别
蒸发残留物		B
悬浮物或沉淀物		B
毒性	麻醉性	A
	刺激性	A
灭火性能		A

6.3.2 出厂检验

出厂检验项目中,纯度、酸度、水分任一项不合格,则判定出厂检验不合格。

6.3.3 型式检验

型式检验结果符合下列条件之一者,即判定该产品合格,否则判该产品不合格:

a) 各项指标均符合第4章要求;

b) 只有1项B类缺陷。其他项目均符合第4章相应要求。

7.1 包装

产品应采用外涂银白色油漆的专用钢瓶或TANK包装。

7.2 标志

包装外表面应用中英文标注产品名称,并应附有符合GB/T 191—2008规定的"怕晒"标志。每瓶产品都应附有产品合格证,合格证应标明产品名称、净重、批号、标准编号、生产日期、生产厂名称、生产厂地址等。

7.3 充装

灭火剂充装应符合GB 14193的规定,充装系数不得大于规定值。充装前应确保钢瓶内干燥与清洁。

五、《六氟丙烷(HFC236fa)灭火剂》GB 25971—2010

4 要求

六氟丙烷(HFC236fa)灭火剂技术性能应符合表1的规定。

表 1　六氟丙烷（HFC236fa）灭火剂技术性能

项　　目		技术指标	不合格类型
纯度/%（质量分数）		≥99.6	A
酸度/%（质量分数）		≤3×10^{-4}	A
水分/%（质量分数）		≤10×10^{-4}	A
蒸发残留物/%（质量分数）		≤0.01	B
悬浮物或沉淀物		无混浊或沉淀物	B
灭火浓度（杯式燃烧器法）/%（体积分数）		6.5±0.2	A
毒性	麻醉性	无麻醉症状和特征	A
	刺激性	无刺激症状和特征	A

6　检验规则

6.1　检验类别与项目

6.1.1　出厂检验

纯度、酸度以及水分为出厂检验项目。

6.1.2　型式检验

第 4 章中表 1 规定的全部项目为型式检验项目。

有下列情况之一时，应进行产品型式检验：

a）新产品鉴定或老产品转厂生产时；

b）正式生产后，如原料、工艺有较大改变时；

c）正式生产时每隔两年的定期检验；

d）停产一年以上恢复生产时；

e）国家质量监督机构提出进行型式检验要求时。

6.2　组、批

批：一次性投料于加工设备制得的均匀物质。

组：在相同环境条件下，用相同的原料和工艺生产的产品，包括一批或多批。

6.3　抽样

6.3.1　型式检验样品应从出厂检验合格的产品中抽取。

6.3.2 按"组"、"批"抽样,都应随机抽取不小于 2kg 样品。

6.4 检验结果判定

6.4.1 出厂检验结果判定

出厂检验项目中,纯度、酸度以及水分任一项不合格,则判定出厂检验不合格。

6.4.2 型式检验结果判定

型式检验结果符合下列条件之一者,即判定该批产品合格,否则判该批产品不合格:

a) 各项指标均符合第 4 章的要求;

b) 只有一项 B 类不合格,其他项目均符合第 4 章的相应要求。

六、《七氟丙烷(HFC227ea)灭火剂》GB 18614—2012

4 要求

七氟丙烷(HFC227ea)灭火剂技术性能应符合表 1 的规定。

表 1 七氟丙烷(HFC227ea)灭火剂技术性能

项目		技术指标	不合格类型
纯度/%(m/m)		≥99.6	A
酸度/%(m/m)		≤1×10^{-4}	A
水分/%(m/m)		≤10×10^{-4}	A
蒸发残留物/%(m/m)		≤0.01	B
悬浮物或沉淀物		无混浊或沉淀物	B
灭火浓度(杯式燃烧器法)/%(V/V)		6.7±0.2	A
毒性	麻醉性	无麻醉症状和特征	A
	刺激性	无刺激症状和特征	A

6 检验规则

6.1 检验类别与项目

6.1.1 出厂检验

纯度、酸度以及水分为出厂检验项目。

6.1.2　型式检验

第 4 章表 1 规定的全部项目为型式检验项目。

有下列情况之一时，应进行产品型式检验：

a) 新产品鉴定或老产品转厂生产时；

b) 正式生产后，如原料、工艺有较大改变时；

c) 正式生产时每隔三年的定期检验；

d) 停产 1 年以上恢复生产时；

e) 发生重大质量事故时；

f) 国家质量监督机构提出进行型式检验要求时。

6.2　组批

出厂检验以一次性投料于加工设备制得的均匀物质为一批。以在相同生产环境条件下，用相同的原料和工艺生产的一批或多批产品为一组。

6.3　抽样

6.3.1 型式检验样品应从出厂检验合格的产品中抽取。

6.3.2 按批抽样，应随机抽取不小于 2kg 样品。

6.4　检验结果判定

6.4.1 出厂检验结果判定

出厂检验项目中，纯度、酸度以及水分任一项不合格，则判定出厂检验不合格。

6.4.2 型式检验结果判定

型式检验结果符合下列条件之一者，即判定该批产品合格，否则判该批产品不合格：

a) 各项指标均符合第 4 章要求；

b) 只有一项 B 类不合格，其他项目均符合第 4 章相应要求。

七、《A 类泡沫灭火剂》GB 27897—2011

5　要求

5.1 一般要求

5.1.1 A类泡沫灭火剂的泡沫液组分在生产和应用过程中,应对环境无污染,对生物无明显毒性。

5.1.2 供应商应对其提供的A类泡沫灭火剂产品性能声明以下内容:

 a) 产品类型:MJAP型或MJABP型;
 b) 是否受冻结、融化影响;
 c) 是否为温度敏感性泡沫液;
 d) 适用水质:适用于淡水,或者淡水和海水均适用;
 e) 凝固点特征值:代号 T_N(℃);
 f) 用于灭A类火的特征值:
  1) 混合比特征值:代号 H_A;
  2) 25%析液时间特征值:代号 t_A(min);
  3) 发泡倍数特征值:代号 F_A;
 g) 用于隔热防护时的混合比特征值:代号 H_G;
 h) 用于灭非水溶性液体火的特征值(适用时):
  1) 混合比特征值:代号 H_B;
  2) 25%析液时间特征值:代号 t_B(min);
  3) 发泡倍数特征值:代号 F_B。

对以上内容的解释性说明参见附录A。

5.2 技术要求

5.2.1 A类泡沫灭火剂泡沫液的性能应符合表1的要求。

表1 A类泡沫灭火剂泡沫液的性能要求

项目	样品状态	要求	不合格类型
凝固点/℃	温度处理前	$(T_N-4)\leqslant$凝固点$\leqslant T_N$	C
抗冻结、融化性[a]	温度处理前、后	无可见分层和非均相	B
比流动性	温度处理前、后	泡沫液流量不小于标准参比液的流量或泡沫液的黏度值不大于标准参比液的黏度值	C

续表1

项目	样品状态	要求	不合格类型
pH 值	温度处理前、后	6.0～9.5	C
腐蚀率/[mg/(d·dm²)]	温度处理前	Q235A 钢片≤15.0 3A21 铝片≤15.0	B

^a 对供应商声明不受抗冻结、融化影响的 A 类泡沫灭火剂，应进行此项检验。

5.2.2 A 类泡沫灭火剂泡沫溶液的性能应符合表 2 的要求。

表 2 A 类泡沫灭火剂泡沫溶液的性能要求

项目	样品状态	要求	不合格类型
表面张力/(mN/m)	温度处理前	在混合比为 1.0%的条件下，表面张力≤30.0	C
润湿性ᵃ	温度处理前	在混合比为 1.0%的条件下，润湿时间≤20.0s	A
25%析液时间	温度处理前、后	在混合比为 H_A、发泡倍数与特征值 F_A 偏差不大于 20%的条件下，25%析液时间与特征值 t_A 偏差不应大于 30%	B
隔热防护性能	温度处理前或后	在混合比为 H_G 的条件下，25%析液时间≥20.0min，且发泡倍数≥30.0 倍	A
灭 A 类火性能	温度处理前或后	在混合比为 H_A、发泡倍数与特征值 F_A 偏差不大于 20%的条件下，灭火时间≤90.0s，且抗复燃时间≥10.0min	A

^a 应测量混合比为 0.3%和 0.6%时的润湿时间，并在产品标志上注明，但不作为产品合格与否的判据。

5.2.3 MJABP 型 A 类泡沫灭火剂的性能，除应符合表 1 和表 2

要求外，还应符合表 3 的要求。

表 3 MJABP 型 A 类泡沫灭火剂的附加性能要求

项目	样品状态	要求	不合格类型
25%析液时间	温度处理前、后	在混合比为 H_B、发泡倍数与特征值 F_B 偏差不大于 20%的条件下，25%析液时间与特征值 t_B 偏差不应大于 30%	B
灭非水溶性液体火性能	温度处理前或后	在混合比为 H_B、发泡倍数与特征值 F_B 偏差不大于 20%的条件下，灭火性能级别≥ⅢD（表 4）	A

5.2.4 MJABP 型 A 类泡沫灭火剂灭非水溶性液体火的灭火性能级别划分见表 4。

表 4 MJABP 型 A 类泡沫灭火剂灭非水溶性液体火的灭火性能级别划分

灭火性能级别	缓施放		强施放	
	灭火时间 min	25%抗烧时间 min	灭火时间 min	25%抗烧时间 min
ⅠA	无要求	无要求	≤3	≥10
ⅠB	≤5	≥15	≤3	无要求
ⅠC	≤5	≥10	≤3	无要求
ⅠD	≤5	≥5	≤3	无要求
ⅡA	无要求	无要求	≤4	≥10
ⅡB	≤5	B	≤4	无要求
ⅡC	≤5	C	≤4	无要求
ⅡD	≤5	D	≤4	无要求
ⅢB	≤5	≥15	无要求	
ⅢC	≤5	≥10	无要求	
ⅢD	≤5	≥5	无要求	

5.2.5 按表5规定的判定条件，当A类泡沫灭火剂出现表5所列情况之一时，即判定为温度敏感性泡沫液。

表5 A类泡沫灭火剂温度敏感性判定条件

项目	判定条件
pH值	温度处理前、后泡沫液的pH值偏差（绝对值）大于0.5
25%析液时间	在混合比为H_A、发泡倍数与特征值F_A偏差不大于20%的条件下，温度处理后的25%析液时间低于温度处理前的0.7倍或高于温度处理前的1.3倍

7 检验规则

7.1 抽样

抽样应有代表性、保证样品与总体的一致性。对于桶装产品，取样之前应摇匀桶内产品；对于罐装产品，可从罐的上、中、下三个部位各取三分之一样品，混匀后做为样品。样品数量不应少于25kg。

7.2 出厂检验

每批产品都应进行出厂检验，出厂检验项目至少应包含如下五项：凝固点、pH值、润湿性、发泡倍数、25%析液时间。

7.3 型式检验

本标准第5章中所列的相应灭火剂的全部技术指标为型式检验项目。

有下列情况之一时应进行型式检验：

a) 新产品鉴定或老产品转厂生产时；
b) 正式生产中如原材料、工艺、配方有较大的改变时；
c) 产品停产一年以上恢复生产时；
d) 正常生产两年或间歇生产累计产量达800t时；
e) 出厂检验与上次型式检验有较大差异时；
f) 国家质量监督机构提出型式检验要求时。

7.4 检验结果判定

7.4.1 出厂检验结果判定

出厂检验项目全部合格，则该批产品合格。

7.4.2 型式检验结果判定

符合以下条件之一者，判该批产品合格，否则判该批产品不合格：

a) 各项指标均符合本标准第 5 章相应灭火剂的要求；

b) 只有一项 B 类不合格，其他项目均符合本标准第 5 章相应灭火剂的要求；

c) C 类不合格项目不超过两项，其他项目均符合本标准第 5 章相应灭火剂的要求。

八、《泡沫灭火剂》GB 15308—2006

4 要求

4.1 一般要求

4.1.1 如果泡沫液适用于海水，用海水配制的泡沫溶液浓度应与用淡水配制泡沫溶液的浓度相同。

4.1.2 泡沫液和泡沫溶液的组分在生产和应用过程中，应对环境无污染，对生物无明显毒性。

4.2 技术要求

4.2.1 低倍泡沫液

4.2.1.1 低倍泡沫液和泡沫溶液的物理、化学、泡沫性能应符合表 1 的要求。

表 1 低倍泡沫液和泡沫溶液的物理、化学、泡沫性能

项目	样品状态	要求	不合格类型	备注
凝固点	温度处理前	在特征值 $_{-4}^{0}$ 之内	C	
抗冻结、融化性	温度处理前、后	无可见分层和非均相	B	

续表1

项目	样品状态	要求	不合格类型	备注
沉淀物/%（体积分数）	老化前	≤0.25；沉淀物能通过180μm筛	C	蛋白型
	老化后	≤1.0；沉淀物能通过180μm筛	C	
比流动性	温度处理前、后	泡沫液流量不小于标准参比液的流量或泡沫液的黏度值不大于标准参比液的黏度值	C	
pH值	温度处理前、后	6.0～9.5	C	
表面张力/(mN/m)	温度处理前	与特征值的偏差[a]不大于10%	C	成膜型
界面张力/(mN/m)	温度处理前	与特征值的偏差不大于1.0mN/m或不大于特征值的10%，按上述两个差值中较大者判定	C	成膜型
扩散系数/(mN/m)	温度处理前、后	正值	B	成膜型
腐蚀率/[mg/(d·dm²)]	温度处理前	Q235钢片：≤15.0 LF21铝片：≤15.0	B	
发泡倍数	温度处理前、后	与特征值的偏差不大于1.0或不大于特征值的20%，按上述两个差值中较大者判定	B	
25%析液时间/min	温度处理前、后	与特征值的偏差不大于20%	B	
[a] 本标准中的偏差，是指二者差值的绝对值				

4.2.1.2 低倍泡沫液对非水溶性液体燃料的灭火性能应符合表 2 和表 3 的要求。

表 2 低倍泡沫液应达到的最低灭火性能级别

泡沫液类型	灭火性能级别	抗烧水平	不合格类型	成膜性
AFFF/非 AR	Ⅰ	D	A	成膜型
AFFF/AR	Ⅰ	A	A	成膜型
FFFP/非 AR	Ⅰ	B	A	成膜型
FFFP/AR	Ⅰ	A	A	成膜型
FP/非 AR	Ⅱ	B	A	非成膜型
FP/AR	Ⅱ	A	A	非成膜型
P/非 AR	Ⅲ	B	A	非成膜型
P/AR	Ⅲ	B	A	非成膜型
S/非 AR	Ⅲ	D	A	非成膜型
S/AR	Ⅲ	C	A	非成膜型

表 3 各灭火性能级别对应的灭火时间和抗烧时间

灭火性能级别	抗烧水平	缓施放		强施放	
		灭火时间/min	抗烧时间/min	灭火时间/min	抗烧时间/min
Ⅰ	A	不要求		≤3	≥10
	B	≤5	≥15	≤3	不测试
	C	≤5	≥10	≤3	
	D	≤5	≥5	≤3	
Ⅱ	A	不要求		≤4	≥10
	B	≤5	≥15	≤4	不测试
	C	≤5	≥10	≤4	
	D	≤5	≥5	≤4	
Ⅲ	B	≤5	≥15	不测试	
	C	≤5	≥10		
	D	≤5	≥5		

4.2.1.3 温度敏感性的判定

出现表 4 所列情况之一时，该泡沫液即被判定为温度敏感性泡沫液。

表 4 温度敏感性的判定

项目	判定条件
pH 值	温度处理前、后泡沫液的 pH 值偏差（绝对值）大于 0.5
表面张力（成膜型）	温度处理后泡沫溶液的表面张力低于温度处理前的 0.95 倍或高于温度处理前的 1.05 倍
界面张力（成膜型）	温度处理前后的偏差大于 0.5mN/m，或温度处理后数值低于温度处理前的 0.95 倍或高于温度处理前的 1.05 倍，按二者中的较大者判定
发泡倍数	温度处理后的发泡倍数低于温度处理前的 0.85 倍或高于温度处理前的 1.15 倍
25%析液时间	温度处理后的数值低于温度处理前的 0.8 倍或高于温度处理前的 1.2 倍

4.2.2 中、高倍泡沫液

4.2.2.1 中倍泡沫液的性能应符合表 5 的要求。

表 5 中倍泡沫液和泡沫溶液的性能

项目	样品状态	要求	不合格类型	备注
凝固点	温度处理前	在特征值 $_{-4}^{0}$℃ 之内	C	
抗冻结、融化性	温度处理前、后	无可见分层和非均相	B	
沉淀物/%（体积分数）	老化前	≤0.25，沉淀物能通过 180μm 筛	C	
	老化后	≤1.0，沉淀物能通过 180μm 筛	C	
比流动性	温度处理前、后	泡沫液流量不小于标准参比液流量，或泡沫液的黏度值不大于标准参比液的黏度值	C	

续表 5

项目	样品状态	要求	不合格类型	备注
pH 值	温度处理前、后	6.0~9.5	C	
表面张力/(mN/m)	温度处理前、后	与特征值的偏差不大于 10%	C	成膜型
界面张力/(mN/m)	温度处理前、后	与特征值的偏差不大于 1.0mN/m 或不大于特征值的 10%,按上述两个差值中较大者判定	C	成膜型
扩散系数/(mN/m)	温度处理前、后	正值	B	成膜型
腐蚀率/[mg/(d·dm²)]	温度处理前	Q235 钢片：≤15.0 LF21 铝片：≤15.0	B	
发泡倍数	温度处理前、后适用淡水	≥50	B	
	温度处理前、后适用海水	特征值小于 100 时,与淡水测试值的偏差不大于 10%;特征值大于等于 100 时,不小于淡水测试值的 0.8 倍、不大于淡水测试值的 1.1 倍		
25%析液时间/min	温度处理前、后	与特征值的偏差不大于 20%	B	
50%析液时间/min	温度处理前、后	与特征值的偏差不大于 20%	B	
灭火时间/s	温度处理前、后	≤120	A	
1%抗烧时间/s	温度处理前、后	≥30	A	

4.2.2.2 高倍泡沫液的性能应符合表 6 的要求。

表 6　高倍泡沫液和泡沫溶液的性能

项目	样品状态	要求	不合格类型	备注
凝固点	温度处理前	在特征值 $_{-4}^{0}$℃ 之内	C	
抗冻结、融化性	温度处理前、后	无可见分层和非均相	B	
沉淀物/%（体积分数）	老化前	≤0.25；沉淀物能通过 180μm 筛	C	
	老化后	≤1.0；沉淀物能通过 180μm 筛	C	
比流动性	温度处理前、后	泡沫液流量不小于标准参比液流量，或泡沫液的黏度值不大于标准参比液的黏度值	C	
pH 值	温度处理前、后	6.0～9.5	C	
表面张力/(mN/m)	温度处理前、后	与特征值的偏差不大于 10%	C	成膜型
界面张力/(mN/m)	温度处理前、后	与特征值的偏差不大于 1.0mN/m 或不大于特征值的 10%，按上述两个差值中较大者判定	C	成膜型
扩散系数/(mN/m)	温度处理前、后	正值	B	成膜型
腐蚀率/[mg/(d·dm²)]	温度处理前	Q235 钢片：≤15.0	B	
		LF21 铝片：≤15.0		
发泡倍数	温度处理前、后适用于淡水	≥201	B	
	温度处理前、后适用于海水	不小于淡水测试值的 0.9 倍，不大于淡水测试值的 1.1 倍		

续表6

项目	样品状态	要求	不合格类型	备注
50%析液时间/min	温度处理前、后	≥10min，与特征值的偏差不大于20%	B	
灭火时间/s	温度处理前、后	≤150	A	

4.2.2.3 温度敏感性的判定

当中倍泡沫液或高倍泡沫液的性能中出现表7所列情况之一时，该泡沫液即被判定为温度敏感性泡沫液。

表7 泡沫液温度敏感性的判定

项目	判定条件
pH值	温度处理前、后泡沫液的pH值偏差大于0.5
表面张力（成膜型）	温度处理后泡沫溶液的表面张力低于温度处理前的0.95倍或高于温度处理前的1.05倍
界面张力（成膜型）	温度处理前后的偏差大于0.5mN/m，或温度处理后数值低于温度处理前的0.95倍或高于温度处理前的1.05倍，按两者中的较大者判定
发泡倍数	温度处理后的发泡倍数低于温度处理前的0.8倍或高于温度处理前的1.2倍
25%析液时间	温度处理后的25%析液时间低于温度处理前的0.8倍或高于温度处理前的1.2倍
50%析液时间	温度处理后的50%析液时间低于温度处理前的0.8倍或高于温度处理前的1.2倍

4.2.3 抗醇泡沫液

4.2.3.1 泡沫液和泡沫溶液的物理、化学、泡沫性能应符合表1的要求。

4.2.3.2 对非水溶性液体燃料的灭火性能应符合表2和表3的

要求。

4.2.3.3 温度敏感性的判定应符合表 4 的要求。

4.2.3.4 对水溶性液体燃料的灭火性能应符合表 8 和表 9 的要求。

表 8　抗醇泡沫液应达到的最低灭火性能级别

泡沫液类型	灭火性能级别	抗烧水平	不合格类型	成膜性
AFFF/AR	ARⅠ	B	A	成膜型
FFR/AR	ARⅠ	B		成膜型
PP/AR	ARⅡ	B		非成膜型
P/AR	ARⅡ	B		非成膜型
S/AR	ARⅠ	B		非成膜型

表 9　各灭火性能级别对应的灭火时间和抗烧时间

灭火性能级别	抗烧水平	灭火时间/min	抗烧时间/min
ARⅠ	A	≤3	≥15
	B	≤3	≥10
ARⅡ	A	≤5	≥15
	B	≤5	≥10

4.2.4　灭火器用泡沫灭火剂

4.2.4.1 浓缩型灭火器用泡沫灭火剂的物理、化学性能应符合表 10 和表 11 的要求。

4.2.4.2 预混型灭火器用泡沫灭火剂的物理、化学、泡沫性能应符合表 11 的要求。

表 10　浓缩液的物理、化学性能

项目	样品状态	要求	不合格类型	备注
凝固点	温度处理前	在特征值 $^{0}_{-4}$℃之内	C	

续表 10

项目	样品状态	要求	不合格类型	备注
抗冻结、融化性	温度处理前	无可见分层和非均相	B	
pH 值	温度处理前、后	6.0~9.5	C	
沉淀物/%（体积分数）	老化前	≤0.25；沉淀物能通过 180μm 筛	C	
	老化后	≤1.0；沉淀物能通过 180μm 筛	C	
腐蚀率/[mg/(d·dm^2)]	温度处理前	Q235 钢片：≤15.0	B	
	温度处理前	LF21 铝片：≤15.0		

表 11　预混液的物理、化学、泡沫性能

项目	样品状态	要求	不合格类型	备注
凝固点	温度处理前	在特征值$_{-4}^{0}$℃之内	C	
抗冻结、融化性	温度处理前	无可见分层和非均相	B	
pH 值	温度处理前、后	6.0~9.5	C	
沉淀物/%（体积分数）	老化前	≤0.25；沉淀物能通过 180μm 筛	C	
	老化后	≤1.0；沉淀物能通过 180μm 筛	C	
表面张力/(mN/m)	温度处理后	与特征值的偏差不大于±10%	C	成膜型
界面张力/(mN/m)	温度处理后	与特征值的偏差不大于 1.0mN/m 或不大于特征值的 10%，按上述两个差值中较大者判定	C	成膜型

续表 11

项目	样品状态	要求	不合格类型	备注
扩散系数/(mN/m)	温度处理后	正值	B	成膜型
腐蚀率/[mg/(d·dm^2)]	温度处理前	Q235 钢片：≤15.0	B	
	温度处理前	LF21 铝片：≤15.0		
发泡倍数	温度处理和贮存试验后	蛋白类≥6.0 合成类≥5.0	B	
25％析液时间/s	温度处理和贮存试验后	蛋白类≥90.0 合成类≥60.0	C	

4.2.4.3 灭火器用泡沫灭火剂的灭火性能应符合表 12 的要求。

表 12 灭火器用泡沫灭火剂的灭火性能

灭火器规格	灭火剂类别	样品状态	燃料类别	灭火级别	不合格类型
6L	AFFF/非 AR、AFFF/AR、FFFP/AR、FFFP/非 AR	温度处理和贮存试验后	橡胶工业用溶剂油	≥12B	A
	AFFF/AR、FFFP/AR	温度处理和贮存试验后	99％丙酮	≥4B	A
	P/非 AR、FP/非 AR、P/AR、FP/AR	温度处理和贮存试验后	橡胶工业用溶剂油	≥4B	A
	FP/AR、S/AR、F/AR	温度处理和贮存试验后	99％丙酮	≥3B	A
	S/非 AR、S/AR	温度处理和贮存试验后	橡胶工业用溶剂油	≥8B	A
	AFFF/非 AR、AFFF/AR、FFFP/非 AR、FFFP/AR、P/非 AR、FP/非 AR、P/AR、FP/AR、S/非 AR、S/AR	温度处理和贮存试验后	木垛	≥1A	A

九、《水系灭火剂》GB 17835—2008

5 要求

水系灭火剂的技术性能应符合表1和表2的要求。

表1 理化性能

项目	样品状态	要求	不合格类别
凝固点/℃	混合液	在特征值$^{+0}_{-4}$℃之内	C
抗冻结、融化性	混合液	无可见分层和非均相	B
pH 值	混合液	6.0~9.5	C
表面张力/(mN/m)	混合液	与特征值的偏差不大于±10%	C
腐蚀率/[mg/(d·dm^2)]	混合液	Q235 钢片：≤15.0	C
		LF21 铝片：≤15.0	
毒性	混合液	鱼的死亡率不大于50%	B

表2 灭火性能

项目	燃料类别	灭火级别	不合格类型
灭B类火性能	橡胶工业用溶剂油	≥55B（1.73m^2）	A
	99%丙酮	≥34B（1.07m^2）	A
灭A类火性能	木垛	≥1A	A

注1：委托方自带灭火器时，灭火器容积应为6L，喷射时间和喷射距离应符合 GB 4351.1—2005 的要求。

注2：产品所能补救火灾的类别，委托方自己申报。

7 检验规则

7.1 批、组

7.1.1 一次投料于加工设备中制得的均匀产品为一批。

7.1.2 一批或多批（不超过250t），并且是用相同的主要原材料和相同工艺生产的产品为一组。

7.2 取样

按 GB 15308—2006 中 6.1 进行。样品数量 25kg。

7.3 出厂检验

7.3.1 每批产品的出厂检验项目至少应包括：凝固点、pH 值、表面张力。

7.3.2 每组产品的出厂检验项目至少应包括：凝固点、pH 值、表面张力和灭火性能。

7.4 型式检验

本标准第 5 章中所列的全部技术指标为型式检验项目，有下列情况之一时应进行型式检验，并规定型式检验时被抽样的产品基数不少于 2t。

a) 新产品鉴定或老产品转厂生产时；

b) 正式生产中如原材料、工艺、配方有较大的改变时；

c) 产品停产一年以上恢复生产时；

d) 正常生产两年或间歇生产累计产量达 500t 时；

e) 市场准入有要求时或国家质量监督机构提出型式检验时；

f) 出厂检验与上次型式检验有较大差异时。

7.5 检验结果判定

7.5.1 出厂检验结果判定

出厂检验结果判定，由生产厂根据检验规程自行判定。

7.5.2 型式检验结果判定

符合下列条件之一者，即判该样品合格。

——各项指标均符合第 5 章要求；

——只有一项 B 类不合格，其他项目均符合第 5 章要求；

——不超过两项 C 类不合格，其他项目均符合第 5 章要求；

——出现上述三个条件以外的情况，即判为该样品不合格。

十、《惰性气体灭火剂》GB 20128—2006

4 要求

4.1 一般要求

IG-01 惰性气体灭火剂应是无色、无味、不导电的气体；

IG-100 惰性气体灭火剂应是无色、无味、不导电的气体；
　　IG-55 惰性气体灭火剂应是无色、无味、不导电的气体；
　　IG-541 惰性气体灭火剂应是无色、无味、不导电的气体。
4.2 性能要求
4.2.1 惰性气体（IG-01）灭火剂的技术性能应符合表 1 的规定。

表 1

项　目	指　标
氩气含量/%	≥99.9
水分含量（质量分数）/%	≤50×10^{-4}
悬浮物或沉淀物	不可见

4.2.2 惰性气体（IG-100）灭火剂的技术性能应符合表 2 的规定。

表 2

项　目	指　标
氮气含量/%	≥99.6
水分含量（质量分数）/%	≤50×10^{-4}
氧含量（质量分数）/%	≤0.1

4.2.3 惰性气体（IG-55）灭火剂的技术性能应分别符合表 3、表 4 的规定。

表 3

项　目	指　标
氩气含量/%	45～55
氮气含量/%	45～55

表 4

组分气体	氩气	氮气
纯度/%	≥99.9	≥99.9
水分含量（质量分数）/%	≤15×10^{-4}	≤10×10^{-4}

4.2.4 惰性气体（IG-541）灭火剂的技术性能应分别符合表 5、表 6 的规定。

表 5

项　　目	指　　标
二氧化碳含量/%	7.6～8.4
氩气含量/%	37.2～42.8
氮气含量/%	48.8～55.2

表 6

项　　目	组分气体		
	氩气	氮气	二氧化碳
纯度/%	≥99.97	≥99.99	≥99.5
水分含量（质量分数）/%	$\leqslant 4\times 10^{-4}$	$\leqslant 5\times 10^{-4}$	$\leqslant 1\times 10^{-3}$
氧含量（质量分数）/%	$\leqslant 3\times 10^{-4}$	$\leqslant 3\times 10^{-4}$	$\leqslant 1\times 10^{-3}$

6 检验规则

6.1 检验类别与项目

6.1.1 出厂检验

灭火剂含量为出厂检验项目。

6.1.2 型式检验

型式检验项目为第 4 章规定的全部项目。有下列情况之一时，应进行产品型式检验：

a) 产品试生产定型鉴定或老产品转厂生产时；
b) 正式生产后，如原料、工艺有较大改变时；
c) 正式生产时每隔 2 年的定期检验；
d) 停产 1 年以上，恢复生产时；
e) 产品出厂检验结果出现不合格时；
f) 国家产品质量监督检验机构提出进行型式检验要求时。

6.2 组批

批为一次性投料于加工设备制得的均匀物质。

组为在相同的环境条件下，用相同的原料和工艺生产的产品，包括一批或多批。

6.3 抽样

6.3.1 型式检验产品应从出厂检验合格的产品中抽取。抽取前应将产品混合均匀，每一项性能检验前应将样品混合均匀。

6.3.2 按"组"和"批"抽样，都应随机抽取不小于10kg样品。

6.4 判定规则

出厂检验、型式检验结果应符合本标准第4章规定的要求，如有一项不符合本标准要求，应重新从两倍数量的包装中取样，复验后仍有一项不符合本标准要求，则判定为不合格产品。

十一、《二氧化碳灭火剂》GB 4396—2005

3 要求

二氧化碳灭火剂的质量指标见表1。

表1

项 目	指 标
纯度/%（体积分数）	≥99.5
水含量/%（质量分数）	≤0.015
油含量	无
醇类含量（以乙醇计）/（mg/L）	≤30
总硫化物含量/（mg/kg）	≤5.0

注：对非发醇法所得的二氧化碳，醇类含量不作规定。

第七篇　消　防

一、《消防应急照明和疏散指示系统技术标准》GB 51309—2018

3.2.4 系统应急启动后，在蓄电池电源供电时的持续工作时间应满足下列要求：

   1 建筑高度大于 100m 的民用建筑，不应小于 1.5h。

   2 医疗建筑、老年人照料设施、总建筑面积大于 100000m^2 的公共建筑和总建筑面积大于 20000m^2 的地下、半地下建筑，不应少于 1.0h。

   3 其他建筑，不应少于 0.5h。

   4 城市交通隧道应符合下列规定：

      1）一、二类隧道不应小于 1.5h，隧道端口外接的站房不应小于 2.0h；

      2）三、四类隧道不应小于 1.0h，隧道端口外接的站房不应小于 1.5h。

   5 本条第 1 款~第 4 款规定的场所中，当按照本标准第 3.6.6 条的规定设计时，持续工作时间应分别增加设计文件规定的灯具持续应急点亮时间。

   6 集中电源的蓄电池组和灯具自带蓄电池达到使用寿命周期后标称的剩余容量应保证放电时间满足本条第 1 款~第 5 款规定的持续工作时间。

3.3.1 系统配电应根据系统的类型、灯具的设置部位、灯具的供电方式进行设计。灯具的电源应由主电源和蓄电池电源组成，且蓄电池电源的供电方式分为集中电源供电方式和灯具自带蓄电池供电方式。灯具的供电与电源转换应符合下列规定：

   1 当灯具采用集中电源供电时，灯具的主电源和蓄电池电源应由集中电源提供，灯具主电源和蓄电池电源在集中电源内部实现输出转换后应由同一配电回路为灯具供电；

   2 当灯具采用自带蓄电池供电时，灯具的主电源应通过应急照明配电箱一级分配电后为灯具供电，应急照明配电箱的主电源输出断开后，灯具应自动转入自带蓄电池供电。

3.3.2 应急照明配电箱或集中电源的输入及输出回路中不应装设剩余电流动作保护器，输出回路严禁接入系统以外的开关装置、插座及其他负载。

4.1.4 系统的施工，应按照批准的工程设计文件和施工技术标准进行。

4.5.11 方向标志灯的安装应符合下列规定：

6 当安装在疏散走道、通道的地面上时，应符合下列规定：

1) 标志灯应安装在疏散走道、通道的中心位置；
2) 标志灯的所有金属构件应采用耐腐蚀构件或做防腐处理，标志灯配电、通信线路的连接应采用密封胶密封；
3) 标志灯表面应与地面平行，高于地面距离不应大于3mm，标志灯边缘与地面垂直距离高度不应大于1mm。

6.0.1 系统竣工后，建设单位应负责组织施工、设计、监理等单位进行系统验收，验收不合格不得投入使用。

6.0.5 系统检测、验收结果判定准则应符合下列规定：

1 A类项目不合格数量应为0，B类项目不合格数量应小于或等于2，B类项目不合格数量加上C类项目不合格数量应小于或等于检查项目数量的5%的，系统检测、验收结果应为合格；

2 不符合合格判定准则的，系统检测、验收结果应为不合格。

二、《消防通信指挥系统施工及验收规范》GB 50401—2007

4.1.1 系统竣工后必须进行工程验收，验收不合格不得投入使用。

4.7.2 系统工程验收合格判定条件应为：主控项不合格数量为 0 项，否则为不合格。

三、《消防通信指挥系统设计规范》GB 50313—2013

4.1.1 消防通信指挥系统应具有下列基本功能：
  1 责任辖区和跨区域灭火救援调度指挥；
  2 火场及其他灾害事故现场指挥通信；
  3 通信指挥信息管理；
  5 城市消防通信指挥系统应能集中接收和处理责任辖区火灾及以抢救人员生命为主的危险化学品泄漏、道路交通事故、地震及其次生灾害、建筑坍塌、重大安全生产事故、空难、爆炸及恐怖事件和群众遇险事件等灾害事故报警。

4.2.1 消防通信指挥系统应具有下列通信接口：
  1 公安机关指挥中心的系统通信接口；
  2 政府相关部门的系统通信接口；
  3 灭火救援有关单位通信接口；

4.2.2 城市消防通信指挥系统应具有下列接收报警通信接口：
  1 公网报警电话通信接口；

4.3.1 消防通信指挥系统的主要性能应符合下列要求：
  1 能同时对 2 起以上火灾及以抢救人员生命为主的危险化学品泄漏、道路交通事故、地震及其次生灾害、建筑坍塌、重大安全生产事故、空难、爆炸及恐怖事件和群众遇险事件等灾害事故进行灭火救援调度指挥；
  5 采用北京时间计时，计时最小量度为秒，系统内保持时钟同步；
  6 城市消防通信指挥系统应能同时受理 2 起以上火灾及以抢救人员生命为主的危险化学品泄漏、道路交通事故、地震及其次生灾害、建筑坍塌、重大安全生产事故、空难、爆炸及恐怖事件和群众遇险事件等灾害事故报警；
  7 城市消防通信指挥系统从接警到消防站收到第一出动指

令的时间不应超过 45s。

4.4.3 消防通信指挥系统的运行安全应符合下列要求：

1 重要设备或重要设备的核心部件应有备份；

2 指挥通信网络应相对独立、常年畅通；

4 系统软件不能正常运行时，能保证电话接警和调度指挥畅通；

5 火警电话呼入线路或设备出现故障时，能切换到火警应急接警电话线路或设备接警；

5.11.1 消防有线通信子系统应具有下列火警电话呼入线路：

1 与城市公用电话网相连的语音通信线路；

5.11.2 消防有线通信子系统应具有下列火警调度专用通信线路：

3 连通公安机关指挥中心和政府相关部门的语音、数据通信线路；

4 连通供水、供电、供气、医疗、救护、交通、环卫等灭火救援有关单位的语音通信线路。

四、《城市消防规划规范》GB 51080—2015

4.1.5 陆上消防站选址应符合下列规定：

1 消防站应设置在便于消防车辆迅速出动的主、次干路的临街地段；

2 消防站执勤车辆的主出入口与医院、学校、幼儿园、托儿所、影剧院、商场、体育场馆、展览馆等人员密集场所的主要疏散出口的距离不应小于 50m；

3 消防站辖区内有易燃易爆危险品场所或设施的，消防站应设置在危险品场所或设施的常年主导风向的上风或侧风处，其用地边界距危险品部位不应小于 200m。

五、《建设工程施工现场消防安全技术规范》GB 50720—2011

3.2.1 易燃易爆危险品库房与在建工程的防火间距不应小于

15m，可燃材料堆场及其加工场、固定动火作业场与在建工程的防火间距不应小于10m，其他临时用房、临时设施与在建工程的防火间距不应小于6m。

4.2.1 宿舍、办公用房的防火设计应符合下列规定：

　　1 建筑构件的燃烧性能等级应为A级。当采用金属夹芯板材时，其芯材的燃烧性能等级应为A级。

4.2.2 发电机房、变配电房、厨房操作间、锅炉房、可燃材料库房及易燃易爆危险品库房的防火设计应符合下列规定：

　　1 建筑构件的燃烧性能等级应为A级。

4.3.3 既有建筑进行扩建、改建施工时，必须明确划分施工区和非施工区。施工区不得营业、使用和居住；非施工区继续营业、使用和居住时，应符合下列规定：

　　1 施工区和非施工区之间应采用不开设门、窗、洞口的耐火极限不低于3.0h的不燃烧体隔墙进行防火分隔。

　　2 非施工区内的消防设施应完好和有效，疏散通道应保持畅通，并应落实日常值班及消防安全管理制度。

　　3 施工区的消防安全应配有专人值守，发生火情应能立即处置。

　　4 施工单位应向居住和使用者进行消防宣传教育，告知建筑消防设施、疏散通道的位置及使用方法，同时应组织疏散演练。

　　5 外脚手架搭设不应影响安全疏散、消防车正常通行及灭火救援操作，外脚手架搭设长度不应超过该建筑物外立面周长的1/2。

5.1.4 施工现场的消火栓泵应采用专用消防配电线路。专用消防配电线路应自施工现场总配电箱的总断路器上端接入，且应保持不间断供电。

5.3.5 临时用房的临时室外消防用水量不应小于表5.3.5的规定。

表 5.3.5　临时用房的临时室外消防用水量

临时用房的 建筑面积之和	火灾延续 时间（h）	消火栓用 水量（L/s）	每支水枪 最小流量（L/s）
1000m² ＜面积 　　≤5000m²	1	10	5
面积＞5000m²		15	5

5.3.6　在建工程的临时室外消防用水量不应小于表 5.3.6 的规定。

表 5.3.6　在建工程的临时室外消防用水量

在建工程（单体）体积	火灾延续 时间（h）	消火栓用 水量（L/s）	每支水枪 最小流量（L/s）
10000m³＜体积≤30000m³	1	15	5
体积＞30000m³	2	20	5

5.3.9　在建工程的临时室内消防用水量不应小于表 5.3.9 的规定。

表 5.3.9　在建工程的临时室内消防用水量

建筑高度、 在建工程体积（单体）	火灾延续 时间（h）	消火栓用 水量（L/s）	每支水枪 最小流量（L/s）
24m＜建筑高度≤50m 或 30000m³＜体积≤50000m³	1	10	5
建筑高度＞50m 或体积 ＞50000m³	1	15	5

6.2.1　用于在建工程的保温、防水、装饰及防腐等材料的燃烧性能等级应符合设计要求。

6.2.3　室内使用油漆及其有机溶剂、乙二胺、冷底子油等易挥发产生易燃气体的物资作业时，应保持良好通风，作业场所严禁明火，并应避免产生静电。

6.3.1 施工现场用火应符合下列规定：

3 焊接、切割、烘烤或加热等动火作业前，应对作业现场的可燃物进行清理；作业现场及其附近无法移走的可燃物应采用不燃材料对其覆盖或隔离。

5 裸露的可燃材料上严禁直接进行动火作业。

9 具有火灾、爆炸危险的场所严禁明火。

6.3.3 施工现场用气应符合下列规定：

1 储装气体的罐瓶及其附件应合格、完好和有效；严禁使用减压器及其他附件缺损的氧气瓶，严禁使用乙炔专用减压器、回火防止器及其他附件缺损的乙炔瓶。

六、《消防给水及消火栓系统技术规范》GB 50974—2014

4.1.5 严寒、寒冷等冬季结冰地区的消防水池、水塔和高位消防水池等应采取防冻措施。

4.1.6 雨水清水池、中水清水池、水景和游泳池必须作为消防水源时，应有保证在任何情况下均能满足消防给水系统所需的水量和水质的技术措施。

4.3.4 当消防水池采用两路消防供水且在火灾情况下连续补水能满足消防要求时，消防水池的有效容积应根据计算确定，但不应小于 $100m^3$，当仅设有消火栓系统时不应小于 $50m^3$。

4.3.8 消防用水与其他用水共用的水池，应采取确保消防用水量不作他用的技术措施。

4.3.9 消防水池的出水、排水和水位应符合下列规定：

1 消防水池的出水管应保证消防水池的有效容积能被全部利用；

2 消防水池应设置就地水位显示装置，并应在消防控制中心或值班室等地点设置显示消防水池水位的装置，同时应有最高和最低报警水位；

3 消防水池应设置溢流水管和排水设施，并应采用间接排水。

4.3.11 高位消防水池的最低有效水位应能满足其所服务的水灭火设施所需的工作压力和流量，且其有效容积应满足火灾延续时间内所需消防用水量，并应符合下列规定：

1 高位消防水池的有效容积、出水、排水和水位，应符合本规范第4.3.8条和第4.3.9条的规定；

4.4.4 当室外消防水源采用天然水源时，应采取防止冰凌、漂浮物、悬浮物等物质堵塞消防水泵的技术措施，并应采取确保安全取水的措施。

4.4.5 当天然水源等作为消防水源时，应符合下列规定：

1 当地表水作为室外消防水源时，应采取确保消防车、固定和移动消防水泵在枯水位取水的技术措施；当消防车取水时，最大吸水高度不应超过6.0m；

2 当井水作为消防水源时，还应设置探测水井水位的水位测试装置。

4.4.7 设有消防车取水口的天然水源，应设置消防车到达取水口的消防车道和消防车回车场或回车道。

5.1.6 消防水泵的选择和应用应符合下列规定：

1 消防水泵的性能应满足消防给水系统所需流量和压力的要求；

2 消防水泵所配驱动器的功率应满足所选水泵流量扬程性能曲线上任何一点运行所需功率的要求；

3 当采用电动机驱动的消防水泵时，应选择电动机干式安装的消防水泵；

5.1.8 当采用柴油机消防水泵时应符合下列规定：

1 柴油机消防水泵应采用压缩式点火型柴油机；

2 柴油机的额定功率应校核海拔高度和环境温度对柴油机功率的影响；

3 柴油机消防水泵应具备连续工作的性能，试验运行时间不应小于24h；

4 柴油机消防水泵的蓄电池应保证消防水泵随时自动启泵

的要求；

5.1.9 轴流深井泵宜安装于水井、消防水池和其他消防水源上，并应符合下列规定：

　　1 轴流深井泵安装于水井时，其淹没深度应满足其可靠运行的要求，在水泵出流量为150%设计流量时，其最低淹没深度应是第一个水泵叶轮底部水位线以上不少于3.20m，且海拔高度每增加300m，深井泵的最低淹没深度应至少增加0.30m；

　　2 轴流深井泵安装在消防水池等消防水源上时，其第一个水泵叶轮底部应低于消防水池的最低有效水位线，且淹没深度应根据水力条件经计算确定，并应满足消防水池等消防水源有效储水量或有效水位能全部被利用的要求；当水泵设计流量大于125L/s时，应根据水泵性能确定淹没深度，并应满足水泵气蚀余量的要求；

　　3 轴流深井泵的出水管与消防给水管网连接应符合本规范第5.1.13条第3款的规定；

5.1.12 消防水泵吸水应符合下列规定：

　　1 消防水泵应采取自灌式吸水；

　　2 消防水泵从市政管网直接抽水时，应在消防水泵出水管上设置有空气隔断的倒流防止器；

5.1.13 离心式消防水泵吸水管、出水管和阀门等，应符合下列规定：

　　1 一组消防水泵，吸水管不应少于两条，当其中一条损坏或检修时，其余吸水管应仍能通过全部消防给水设计流量；

　　2 消防水泵吸水管布置应避免形成气囊；

　　3 一组消防水泵应设不少于两条的输水干管与消防给水环状管网连接，当其中一条输水管检修时，其余输水管应仍能供应全部消防给水设计流量；

　　4 消防水泵吸水口的淹没深度应满足消防水泵在最低水位运行安全的要求，吸水管喇叭口在消防水池最低有效水位下的淹没深度应根据吸水管喇叭口的水流速度和水力条件确定，但不应小于600mm，当采用旋流防止器时，淹没深度不应小于200mm；

5.2.4 高位消防水箱的设置应符合下列规定：

1 当高位消防水箱在屋顶露天设置时，水箱的人孔以及进出水管的阀门等应采取锁具或阀门箱等保护措施；

5.2.5 高位消防水箱间应通风良好，不应结冰，当必须设置在严寒、寒冷等冬季结冰地区的非采暖房间时，应采取防冻措施，环境温度或水温不应低于5℃。

5.2.6 高位消防水箱应符合下列规定：

1 高位消防水箱的有效容积、出水、排水和水位等，应符合本规范第4.3.8条和第4.3.9条的规定；

2 高位消防水箱的最低有效水位应根据出水管喇叭口和防止旋流器的淹没深度确定，当采用出水管喇叭口时，应符合本规范第5.1.13条第4款的规定；当采用防止旋流器时应根据产品确定，且不应小于150mm的保护高度；

5.3.2 稳压泵的设计流量应符合下列规定：

1 稳压泵的设计流量不应小于消防给水系统管网的正常泄漏量和系统自动启动流量；

5.3.3 稳压泵的设计压力应符合下列要求：

1 稳压泵的设计压力应满足系统自动启动和管网充满水的要求；

5.4.1 下列场所的室内消火栓给水系统应设置消防水泵接合器：

1 高层民用建筑；

2 设有消防给水的住宅、超过五层的其他多层民用建筑；

3 超过2层或建筑面积大于10000m^2的地下或半地下建筑（室）、室内消火栓设计流量大于10L/s平战结合的人防工程；

4 高层工业建筑和超过四层的多层工业建筑；

5 城市交通隧道。

5.4.2 自动喷水灭火系统、水喷雾灭火系统、泡沫灭火系统和固定消防炮灭火系统等水灭火系统，均应设置消防水泵接合器。

5.5.9 消防水泵房的设计应根据具体情况设计相应的采暖、通风和排水设施,并应符合下列规定:

1 严寒、寒冷等冬季结冰地区采暖温度不应低于10℃,但当无人值守时不应低于5℃;

5.5.12 消防水泵房应符合下列规定:

1 独立建造的消防水泵房耐火等级不应低于二级;

2 附设在建筑物内的消防水泵房,不应设置在地下三层及以下,或室内地面与室外出入口地坪高差大于10m的地下楼层;

3 附设在建筑物内的消防水泵房,应采用耐火极限不低于2.0h的隔墙和1.50h的楼板与其他部位隔开,其疏散门应直通安全出口,且开向疏散走道的门应采用甲级防火门。

6.1.9 室内采用临时高压消防给水系统时,高位消防水箱的设置应符合下列规定:

1 高层民用建筑、总建筑面积大于10000m²且层数超过2层的公共建筑和其他重要建筑,必须设置高位消防水箱;

6.2.5 采用减压水箱减压分区供水时应符合下列规定:

1 减压水箱的有效容积、出水、排水、水位和设置场所,应符合本规范第4.3.8条、第4.3.9条、第5.2.5条和第5.2.6条第2款的规定;

7.1.2 室内环境温度不低于4℃,且不高于70℃的场所,应采用湿式室内消火栓系统。

7.2.8 当市政给水管网设有市政消火栓时,其平时运行工作压力不应小于0.14MPa,火灾时水力最不利市政消火栓的出流量不应小于15L/s,且供水压力从地面算起不应小于0.10MPa。

7.3.10 室外消防给水引入管当设有倒流防止器,且火灾时因其水头损失导致室外消火栓不能满足本规范第7.2.8条的要求时,应在该倒流防止器前设置一个室外消火栓。

7.4.3 设置室内消火栓的建筑,包括设备层在内的各层均应设置消火栓。

8.3.5 室内消防给水系统由生活、生产给水系统管网直接供水时，应在引入管处设置倒流防止器。当消防给水系统采用有空气隔断的倒流防止器时，该倒流防止器应设置在清洁卫生的场所，其排水口应采取防止被水淹没的技术措施。

9.2.3 消防电梯的井底排水设施应符合下列规定：

  1 排水泵集水井的有效容量不应小于 $2.00m^3$；

  2 排水泵的排水量不应小于 10L/s。

9.3.1 消防给水系统试验装置处应设置专用排水设施，排水管径应符合下列规定：

  1 自动喷水灭火系统等自动水灭火系统末端试水装置处的排水立管管径，应根据末端试水装置的泄流量确定，并不宜小于 $DN75$；

  2 报警阀处的排水立管宜为 $DN100$；

  3 减压阀处的压力试验排水管道直径应根据减压阀流量确定，但不应小于 $DN100$。

11.0.1 消防水泵控制柜应设置在消防水泵房或专用消防水泵控制室内，并应符合下列要求：

  1 消防水泵控制柜在平时应使消防水泵处于自动启泵状态；

11.0.2 消防水泵不应设置自动停泵的控制功能，停泵应由具有管理权限的工作人员根据火灾扑救情况确定。

11.0.5 消防水泵应能手动启停和自动启动。

11.0.7 消防控制室或值班室，应具有下列控制和显示功能：

  1 消防控制柜或控制盘应设置专用线路连接的手动直接启泵按钮；

11.0.9 消防水泵控制柜设置在专用消防水泵控制室时，其防护等级不应低于 IP30；与消防水泵设置在同一空间时，其防护等级不应低于 IP55。

11.0.12 消防水泵控制柜应设置机械应急启泵功能，并应保证在控制柜内的控制线路发生故障时由有管理权限的人员在紧急时启动消防水泵。机械应急启动时，应确保消防水泵在报警后 5.0min 内正常工作。

12.1.1 消防给水及消火栓系统的施工必须由具有相应等级资质的施工队伍承担。

12.4.1 消防给水及消火栓系统试压和冲洗应符合下列要求：

 1 管网安装完毕后，应对其进行强度试验、冲洗和严密性试验；

13.2.1 系统竣工后，必须进行工程验收，验收应由建设单位组织质检、设计、施工、监理参加，验收不合格不应投入使用。

七、《城市消防远程监控系统技术规范》GB 50440—2007

7.1.1 远程监控系统竣工后必须进行工程验收。工程验收前接入的测试联网用户数量不应少于 5 个，验收不合格不得投入使用。

八、《城市消防站设计规范》GB 51054—2014

3.0.9 消防站备勤室不应设在 3 层或 3 层以上。

4.1.7 消防站的建筑耐火等级不应低于二级。

4.2.2 消防车库的基本尺寸应符合下列要求：

 1 车库内消防车外缘之间的净距不应小于 2.0m；

 2 消防车外缘至边墙、柱子表面的距离不应小于 1.0m；

 3 消防车外缘至后墙表面的距离不应小于 2.5m；

 4 消防车外缘至前门垛的距离不应小于 1.0m；

 5 车库的净高不应小于 4.5m，且不应小于所配最大车高加 0.3m。

4.2.8 消防车库的停车位均应设倒车定位装置。

4.2.9 车库内设置的滑杆应符合下列要求：

 8 在滑杆整个长度范围内，滑杆中心与最近的障碍物（墙壁、管道、停车隔间门通道）的距离不应小于 0.75m；

 9 滑杆设置至三层及以上楼层时，应设置为交替滑杆，不应直接滑至一层。

4.15.2 消防员备勤室设置在二层时，两侧应有楼梯进入车库，且滑杆不应设置在备勤室内。

5.1.10 训练塔应符合下列规定：

3 训练塔层高应为3.5m，首层层高应从室外地面算起（图5.1.10-1）。

6 训练塔窗口的尺寸应为1.2m×1.8m，窗台板距该层地面的高度（含窗台板高度）应为0.8m（图5.1.10-1）。

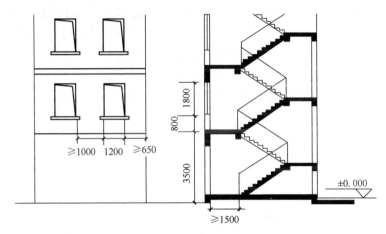

图5.1.10-1 窗口及平台示意图（单位：mm）

6.5.4 消防站内必须设有警铃，并应在车库大门一侧安装车辆出动的警灯和警铃。

九、《电气装置安装工程 爆炸和火灾危险环境电气装置施工及验收规范》GB 50257—2014

5.1.3 爆炸危险环境内采用的低压电缆和绝缘导线，其额定电压必须高于线路的工作电压，且不得低于500V，绝缘导线必须敷设于钢管内。电气工作中性线绝缘层的额定电压，必须与相线电压相同，并必须在同一护套或钢管内敷设。

5.1.7 架空线路严禁跨越爆炸性危险环境；架空线路与爆炸性危险环境的水平距离，不应小于杆塔高度的1.5倍。

5.2.1 电缆线路在爆炸危险环境内，必须在相应的防爆接线盒或分线盒内连接或分路。

5.4.2 本质安全电路关联电路的施工，应符合下列规定：

  1 本质安全电路与非本质安全电路不得共用同一电缆或钢管；本质安全电路或关联电路，严禁与其他电路共用同一条电缆或钢管。

7.1.1 在爆炸危险环境的电气设备的金属外壳、金属构架、安装在已接地的金属结构上的设备、金属配线管及其配件、电缆保护管、电缆的金属护套等非带电的裸露金属部分，均应接地。

7.2.2 引入爆炸危险环境的金属管道、配线的钢管、电缆的铠装及金属外壳，必须在危险区域的进口处接地。

第八篇 消防相关

一、《消防控制室通用技术要求》GB 25506—2010

4 资料和管理要求

4.1 消防控制室资料

消防控制室内应保存下列纸质和电子档案资料：

a）建（构）筑物竣工后的总平面布局图、建筑消防设施平面布置图、建筑消防设施系统图及安全出口布置图、重点部位位置图等；

b）消防安全管理规章制度、应急灭火预案、应急疏散预案等；

c）消防安全组织结构图，包括消防安全责任人、管理人、专职、义务消防人员等内容；

d）消防安全培训记录、灭火和应急疏散预案的演练记录；

e）值班情况、消防安全检查情况及巡查情况的记录；

f）消防设施一览表，包括消防设施的类型、数量、状态等内容；

g）消防系统控制逻辑关系说明、设备使用说明书、系统操作规程、系统和设备维护保养制度等；

h）设备运行状况、接报警记录、火灾处理情况、设备检修检测报告等资料，这些资料应能定期保存和归档。

4.2 消防控制室管理及应急程序

4.2.1 消防控制室管理应符合下列要求：

a）应实行每日 24h 专人值班制度，每班不应少于 2 人，值班人员应持有消防控制室操作职业资格证书；

b）消防设施日常维护管理应符合 GB 25201 的要求；

c）应确保火灾自动报警系统、灭火系统和其他联动控制设备处于正常工作状态，不得将应处于自动状态的设在手动状态；

d）应确保高位消防水箱、消防水池、气压水罐等消防储水设施水量充足，确保消防泵出水管阀门、自动喷水灭火系统管道上的阀门常开；确保消防水泵、防排烟风机、防火卷帘等消防用电设备的配电柜启动开关处于自动位置（通电状态）。

4.2.2 消防控制室的值班应急程序应符合下列要求：

a) 接到火灾警报后，值班人员应立即以最快方式确认；

b) 火灾确认后，值班人员应立即确认火灾报警联动控制开关处于自动状态，同时拨打"119"报警，报警时应说明着火单位地点、起火部位、着火物种类、火势大小、报警人姓名和联系电话；

c) 值班人员应立即启动单位内部应急疏散和灭火预案，并同时报告单位负责人。

5 控制和显示要求

5.1 消防控制室图形显示装置

消防控制室图形显示装置应符合下列要求：

a) 应能显示 4.1 规定的资料内容及附录 B 规定的其他相关信息；

b) 应能用同一界面显示建（构）筑物周边消防车道、消防登高车操作场地、消防水源位置，以及相邻建筑的防火间距、建筑面积、建筑高度、使用性质等情况；

c) 应能显示消防系统及设备的名称、位置和 5.2～5.7 规定的动态信息；

d) 当有火灾报警信号、监管报警信号、反馈信号、屏蔽信号、故障信号输入时，应有相应状态的专用总指示，在总平面布局图中应显示输入信号所在的建（构）筑物的位置，在建筑平面图上应显示输入信号所在的位置和名称，并记录时间、信号类别和部位等信息；

e) 应在 10s 内显示输入的火灾报警信号和反馈信号的状态信息，100s 内显示其他输入信号的状态信息；

f) 应采用中文标注和中文界面，界面对角线长度不应小于 430mm；

g) 应能显示可燃气体探测报警系统、电气火灾监控系统的报警信息、故障信息和相关联动反馈信息。

5.2 火灾报警控制器

火灾报警控制器应符合下列要求：

a）应能显示火灾探测器、火灾显示盘、手动火灾报警按钮的正常工作状态、火灾报警状态、屏蔽状态及故障状态等相关信息；

b）应能控制火灾声光警报器启动和停止。

5.3 消防联动控制器

5.3.1 应能将5.3.2～5.3.10消防系统及设备的状态信息传输到消防控制室图形显示装置。

5.3.2 对自动喷水灭火系统的控制和显示应符合下列要求：

a）应能显示喷淋泵电源的工作状态；

b）应能显示喷淋泵（稳压或增压泵）的启、停状态和故障状态，并显示水流指示器、信号阀、报警阀、压力开关等设备的正常工作状态和动作状态、消防水箱（池）最低水位信息和管网最低压力报警信息；

c）应能手动控制喷淋泵的启、停，并显示其手动启、停和自动启动的动作反馈信号。

5.3.3 对消火栓系统的控制和显示应符合下列要求：

a）应能显示消防水泵电源的工作状态；

b）应能显示消防水泵（稳压或增压泵）的启、停状态和故障状态，并显示消火栓按钮的正常工作状态和动作状态及位置等信息、消防水箱（池）最低水位信息和管网最低压力报警信息；

c）应能手动和自动控制消防水泵启、停，并显示其动作反馈信号。

5.3.4 对气体灭火系统的控制和显示应符合下列要求：

a）应能显示系统的手动、自动工作状态及故障状态；

b）应能显示系统的驱动装置的正常工作状态和动作状态，并能显示防护区域中的防火门（窗）、防火阀、通风空调等设备的正常工作状态和动作状态；

c）应能手动控制系统的启、停，并显示延时状态信号、紧急停止信号和管网压力信号。

5.3.5 对水喷雾、细水雾灭火系统的控制和显示应符合下列要求：

a）水喷雾灭火系统、采用水泵供水的细水雾灭火系统应符合 5.3.2 的要求；

b）采用压力容器供水的细水雾灭火系统应符合 5.3.4 的要求。

5.3.6 对泡沫灭火系统的控制和显示应符合下列要求：

a）应能显示消防水泵、泡沫液泵电源的工作状态；

b）应能显示系统的手动、自动工作状态及故障状态；

c）应能显示消防水泵、泡沫液泵的启、停状态和故障状态，并显示消防水池（箱）最低水位和泡沫液罐最低液位信息；

d）应能手动控制消防水泵和泡沫液泵的启、停，并显示其动作反馈信号。

5.3.7 对干粉灭火系统的控制和显示应符合下列要求：

a）应能显示系统的手动、自动工作状态及故障状态；

b）应能显示系统的驱动装置的正常工作状态和动作状态，并能显示防护区域中的防火门窗、防火阀、通风空调等设备的正常工作状态和动作状态；

c）应能手动控制系统的启动和停止，并显示延时状态信号、紧急停止信号和管网压力信号。

5.3.8 对防烟排烟系统及通风空调系统的控制和显示应符合下列要求：

a）应能显示防烟排烟系统风机电源的工作状态；

b）应能显示防烟排烟系统的手动、自动工作状态及防烟排烟系统风机的正常工作状态和动作状态；

c）应能控制防烟排烟系统及通风空调系统的风机和电动排烟防火阀、电控挡烟垂壁、电动防火阀、常闭送风口、排烟阀（口）、电动排烟窗的动作，并显示其反馈信号。

5.3.9 对防火门及防火卷帘系统的控制和显示应符合下列要求：

a）应能显示防火门控制器、防火卷帘控制器的工作状态和故障状态等动态信息；

b）应能显示防火卷帘、常开防火门，人员密集场所中因管理需要平时常闭的疏散门及具有信号反馈功能的防火门的工作状态；

c）应能关闭防火卷帘和常开防火门，并显示其反馈信号。

5.3.10 对电梯的控制和显示应符合下列要求：

a）应能控制所有电梯全部回降首层，非消防电梯应开门停用，消防电梯应开门待用，并显示反馈信号及消防电梯运行时所在楼层；

b）应能显示消防电梯的故障状态和停用状态。

5.4 消防电话总机

消防电话总机应符合下列要求：

a）应能与各消防电话分机通话，并具有插入通话功能；

b）应能接收来自消防电话插孔的呼叫，并能通话；

c）应有消防电话通话录音功能；

d）应能显示各消防电话的故障状态，并能将故障状态信息传输给消防控制室图形显示装置。

5.5 消防应急广播控制装置

消防应急广播控制装置应符合下列要求：

a）应能显示处于应急广播状态的广播分区、预设广播信息；

b）应能分别通过手动和按照预设控制逻辑自动控制选择广播分区、启动或停止应急广播，并在扬声器进行应急广播时自动对广播内容进行录音；

c）应能显示应急广播的故障状态，并能将故障状态信息传输给消防控制室图形显示装置。

5.6 消防应急照明和疏散指示系统控制装置

消防应急照明和疏散指示系统控制装置应符合下列要求：

a）应能手动控制自带电源型消防应急照明和疏散指示系统的主电工作状态和应急工作状态的转换；

b）应能分别通过手动和自动控制集中电源型消防应急照明和疏散指示系统、集中控制型消防应急照明和疏散指示系统从主电工作状态切换到应急工作状态；

　　c）受消防联动控制器控制的系统应能将系统的故障状态和应急工作状态信息传输给消防控制室图形显示装置；

　　d）不受消防联动控制器控制的系统应能将系统的故障状态和应急工作状态信息传输给消防控制室图形显示装置。

5.7　消防电源监控器

　　消防电源监控器应符合下列要求：

　　a）应能显示消防用电设备的供电电源和备用电源的工作状态和故障报警信息；

　　b）应能将消防用电设备的供电电源和备用电源的工作状态和欠压报警信息传输给消防控制室图形显示装置。

6　消防控制室图形显示装置的信息记录要求

6.1　应记录附录 A 中规定的建筑消防设施运行状态信息，记录容量不应少于 10000 条，记录备份后方可被覆盖。

6.2　应具有产品维护保养的内容和时间、系统程序的进入和退出时间、操作人员姓名或代码等内容的记录，存储记录容量不应少于 10000 条，记录备份后方可被覆盖。

6.3　应记录附录 B 中规定的消防安全管理信息及系统内各个消防设备（设施）的制造商、产品有效期，记录容量不应少于 10000 条，记录备份后方可被覆盖。

6.4　应能对历史记录打印归档或刻录存盘归档。

7　信息传输要求

7.1　消防控制室图形显示装置应能在接收到火灾报警信号或联动信号后 10s 内将相应信息按规定的通讯协议格式传送给监控中心。

7.2　消防控制室图形显示装置应能在接收到建筑消防设施运行状态信息后 100s 内将相应信息按规定的通讯协议格式传送给监控中心。

7.3 当具有自动向监控中心传输消防安全管理信息功能时，消防控制室图形显示装置应能在发出传输信息指令后100s内将相应信息按规定的通讯协议格式传送给监控中心。

7.4 消防控制室图形显示装置应能接收监控中心的查询指令并按规定的通讯协议格式将附录A、附录B规定的信息传送给监控中心。

7.5 消防控制室图形显示装置应有信息传输指示灯，在处理和传输信息时，该指示灯应闪亮，在得到监控中心的正确接收确认后，该指示灯应常亮并保持直至该状态复位。当信息传送失败时应有声、光指示。

7.6 火灾报警信息应优先于其他信息传输。

7.7 信息传输不应受保护区域内消防系统及设备任何操作的影响。

二、《建设工程消防设计审查规则》GA 1290—2016

4　一般要求

4.1 建设工程消防设计审查应依照消防法律法规和国家工程建设消防技术标准实施。依法需要专家评审的特殊建设工程，对三分之二以上专家同意的特殊消防设计文件可以作为审查依据。

4.2 建设工程消防设计审查应按照先资料审查、后消防设计文件审查的程序进行，资料审查合格后，方可进行消防设计文件审查。

4.3 公安机关消防机构依法进行的建设工程消防设计审查一般包括建设工程消防设计审核和建设工程消防设计备案检查。建设工程消防设计审核应进行技术复核；备案检查不进行技术复核，但发现不合格的应按有关规定进行备案复查。

4.4 建设工程消防设计审查应给出消防设计审查是否合格的结论性意见。其中，建设工程消防设计审核的结论性意见应由技术复核人员签署复核意见。

4.5 建设工程消防设计审查应按附录A给出的记录表如实记录

审查情况；表中未涵盖的其他消防设计内容，可按照附录 A 给出的格式续表。

5 审查内容

5.1 资料审查

资料审查的材料包括：

a) 建设工程消防设计审核申报表/建设工程消防设计备案申报表；

b) 建设单位的工商营业执照等合法身份证明文件；

c) 消防设计文件；

d) 专家评审的相关材料；

e) 依法需要提供的规划许可证明文件或城乡规划主管部门批准的临时性建筑证明文件；

f) 施工许可文件（备案项目）；

g) 依法需要提供的施工图审查机构出具的审查合格文件（备案项目）。

5.2 消防设计文件审查

消防设计文件审查应根据工程实际情况，按附录 B 进行，主要内容包括：

a) 建筑类别和耐火等级；

b) 总平面布局和平面布置；

c) 建筑防火构造；

d) 安全疏散设施；

e) 灭火救援设施；

f) 消防给水和消防设施；

g) 供暖、通风和空气调节系统防火；

h) 消防用电及电气防火；

i) 建筑防爆；

j) 建筑装修和保温防火。

5.3 技术复核

技术复核的主要内容包括：

a) 设计依据及国家工程建设消防技术标准的运用是否准确；

b) 消防设计审查的内容是否全面；

c) 建设工程消防设计存在的具体问题及其解决方案的技术依据是否准确、充分；

d) 结论性意见是否正确。

6 结果判定

6.1 资料审查判定

符合下列条件的，判定为合格；不符合其中任意一项，判定为不合格：

a) 申请资料齐全、完整并符合规定形式；

b) 消防设计文件编制符合申报要求。

6.2 消防设计文件审查判定

6.2.1 根据对建设工程消防安全的影响程度，消防设计文件审查内容分为 A、B、C 三类：

a) A 类为国家工程建设消防技术标准强制性条文规定的内容；

b) B 类为国家工程建设消防技术标准中带有"严禁"、"必须"、"应"、"不应"、"不得"要求的非强制性条文规定的内容；

c) C 类为国家工程建设消防技术标准中其他非强制性条文规定的内容。

6.2.2 消防设计文件审查判定按照下列规则进行：

a) 任一 A 类、B 类内容不符合标准要求的，判定为不合格；

b) C 类内容不符合标准要求的，可判定为合格，但应在消防设计审查意见中注明并明确由设计单位进行修改。

6.3 综合评定

符合下列条件的，应综合评定为消防设计审查合格；不符合其中任意一项的，应综合判定为消防设计审查不合格：

a) 资料审查为合格；

b) 消防设计文件审查为合格。

三、《爆炸危险环境电力装置设计规范》GB 50058—2014

5.2.2 危险区域划分与电气设备保护级别的关系应符合下列规定：

1 爆炸性环境内电气设备保护级别的选择应符合表5.2.2-1的规定。

表 5.2.2-1 爆炸性环境内电气设备保护级别的选择

危险区域	设备保护级别（EPL）
0 区	Ga
1 区	Ga 或 Gb
2 区	Ga、Gb 或 Gc
20 区	Da
21 区	Da 或 Db
22 区	Da、Db 或 Dc

5.5.1 当爆炸性环境电力系统接地设计时，1000V 交流/1500V 直流以下的电源系统的接地应符合下列规定：

1 爆炸性环境中的 TN 系统应采用 TN—S 型；

2 危险区中的 TT 型电源系统应采用剩余电流动作的保护电器；

3 爆炸性环境中的 IT 型电源系统应设置绝缘监测装置。

四、《人员密集场所消防安全管理》GA 654—2006

4.4 人员密集场所应落实逐级和岗位消防安全责任制，明确逐级和岗位消防安全职责，确定各级、各岗位的消防安全责任人。

4.5 实行承包、租赁或者委托经营、管理时，人员密集场所产权单位应提供符合消防安全要求的建筑物，当事人在订立相关租赁合同时，应依照有关规定明确各方的消防安全责任。

4.6 消防车通道、涉及公共消防安全的疏散设施和其他建筑消防设施应由人员密集场所产权单位或者委托管理的单位统一管理。承包、承租或者受委托经营、管理的单位应在其使用、管理范围内履行消防安全职责。

4.7 对于有两个或两个以上产权单位和使用单位的人员密集场所，除依法履行自身消防管理职责外，对消防车通道、涉及公共消防安全的疏散设施和其他建筑消防设施应明确统一管理的责任单位。

5.1.2 消防安全管理人、消防控制室值班员和消防设施操作维护人员应经过消防职业培训，持证上岗。保安人员应掌握防火和灭火的基本技能。电气焊工、电工、易燃易爆化学物品操作人员应熟悉本工种操作过程的火灾危险性，掌握消防基本知识和防火、灭火基本技能。

7.1 通则

7.1.1 人员密集场所使用、开业前依法应向公安消防机构申报的，或改建、扩建、装修和改变用途依法应报经公安消防机构审批的，应事先向当地公安消防机构申报，办理行政审批手续。

7.1.2 建筑四周不得搭建违章建筑，不得占用防火间距、消防通道、举高消防车作业场地，不得设置影响消防扑救或遮挡排烟窗（口）的架空管线、广告牌等障碍物。

7.1.3 人员密集场所不应与甲、乙类厂房、仓库组合布置及贴邻布置；除人员密集的生产加工车间外，人员密集场所不应与丙、丁、戊类厂房、仓库组合布置；人员密集的生产加工车间不宜布置在丙、丁、戊类厂房、仓库的上部。

7.1.4 人员密集场所不应擅自改变防火分区和消防设施、降低装修材料的燃烧性能等级。建筑内部装修不应改变疏散门的开启方向，减少安全出口、疏散出口的数量及其净宽度，影响安全疏散畅通。

7.1.5 设有生产车间、仓库的建筑内，严禁设置员工集体宿舍。

7.5.2 安全疏散设施管理应符合下列要求：

7.5.2.1 确保疏散通道、安全出口的畅通，禁止占用、堵塞疏散通道和楼梯间；

7.5.2.2 人员密集场所在使用和营业期间疏散出口、安全出口的门不应锁闭；

7.5.2.3 封闭楼梯间、防烟楼梯间的门应完好，门上应有正确启闭状态的标识，保证其正常使用；

7.5.2.4 常闭式防火门应经常保持关闭；

7.5.2.5 需要经常保持开启状态的防火门，应保证其火灾时能自动关闭；自动和手动关闭的装置应完好有效；

7.5.2.6 平时需要控制人员出入或设有门禁系统的疏散门，应有保证火灾时人员疏散畅通的可靠措施；

7.5.2.7 安全出口、疏散门不得设置门槛和其他影响疏散的障碍物，且在其1.4m范围内不应设置台阶；

7.5.2.8 消防应急照明、安全疏散指示标志应完好、有效，发生损坏时应及时维修、更换；

7.5.2.9 消防安全标志应完好、清晰，不应遮挡；

7.5.2.10 安全出口、公共疏散走道上不应安装栅栏、卷帘门；

7.5.2.11 窗口、阳台等部位不应设置影响逃生和灭火救援的栅栏；

7.5.2.12 在旅馆、餐饮场所、商店、医院、公共娱乐场等各楼层的明显位置应设置安全疏散指示图，指示图上应标明疏散路线、安全出口、人员所在位置和必要的文字说明；

7.5.2.13 举办展览、展销、演出等大型群众性活动，应事先根据场所的疏散能力核定容纳人数。活动期间应对人数进行控制，采取防止超员的措施。

7.7 火灾隐患整改

7.7.1 因违反或不符合消防法规而导致的各类潜在不安全因素，应认定为火灾隐患。

7.7.2 发现火灾隐患应立即改正，不能立即改正的，应报告上级主管人员。

7.7.3 消防安全管理人或部门消防安全责任人应组织对报告的火灾隐患进行认定，并对整改完毕的进行确认。

7.7.4 明确火灾隐患整改责任部门、责任人、整改的期限和所需经费来源。

7.7.5 在火灾隐患整改期间,应采取相应措施,保障安全。

7.7.6 对公安消防机构责令限期改正的火灾隐患和重大火灾隐患,应在规定的期限内改正,并将火灾隐患整改复函送达公安消防机构。

7.7.7 重大火灾隐患不能立即整改的,应自行将危险部位停产停业整改。

7.7.8 对于涉及城市规划布局而不能自身解决的重大火灾隐患,应提出解决方案并及时向其上级主管部门或当地人民政府报告。

7.10 易燃易爆化学物品管理

7.10.1 应明确易燃易爆化学物品管理的责任部门和责任人。

7.10.2 人员密集场所严禁生产、储存易燃易爆化学物品。

7.10.3 人员密集场所需要使用易燃易爆化学物品时,应根据需要限量使用,存储量不应超过一天的使用量,且应由专人管理、登记。

8.1.1 设置在多种用途建筑内的人员密集场所,应采用耐火极限不低于1.0h的楼板和2.0h的隔墙与其他部位隔开,并应满足各自不同工作或使用时间对安全疏散的要求。

8.1.3 营业厅、展览厅等大空间疏散指示标志的布置,应保证其指向最近的疏散出口,并使人员在走道上任何位置都能看见和识别。

8.2.2 客房内应设置醒目、耐久的"请勿卧床吸烟"提示牌和楼层安全疏散示意图。

8.3 商店

8.3.1 商店(市场)建筑物之间不应设置连接顶棚,当必须设置时应符合下列要求:

8.3.1.1 消防车通道上部严禁设置连接顶棚;

8.3.1.2 顶棚所连接的建筑总占地面积不应超过$2500m^2$;

8.3.1.3 顶棚下面不应设置摊位,堆放可燃物;

8.3.1.4 顶棚材料的燃烧性能不应低于 B_1 级；

8.3.1.5 顶棚四周应敞开，其高度应高出建筑檐口 1.0m 以上。

8.3.2 商店的仓库应采用耐火极限不低于 3.0h 的隔墙与营业、办公部分分隔，通向营业厅的门应为甲级防火门。

8.3.3 营业厅内的柜台和货架应合理布置，疏散走道设置应符合 JGJ 48 的规定，并应符合下列要求：

8.3.3.1 营业厅内的主要疏散走道应直通安全出口；

8.3.3.2 主要疏散走道的净宽度不应小于 3.0m，其他疏散走道净宽度不应小于 2.0m；当一层的营业厅建筑面积小于 500m² 时，主要疏散走道的净宽度可为 2.0m，其他疏散走道净宽度可为 1.5m；

8.3.3.3 疏散走道与营业区之间应在地面上应设置明显的界线标识；

8.3.3.4 营业厅内任何一点至最近安全出口的直线距离不宜大于 30m，且行走距离不应大于 45m。

8.3.4 营业厅内设置的疏散指示标志应符合下列要求：

8.3.4.1 应在疏散走道转弯和交叉部位两侧的墙面、柱面距地面高度 1.0m 以下设置灯光疏散指示标志；确有困难时，可设置在疏散走道上方 2.2m～3.0m 处；疏散指示标志的间距不应大于 20m；

8.3.4.2 灯光疏散指示标志的规格不应小于 0.85m×0.30m，当一层的营业厅建筑面积小于 500m² 时，疏散指示标志的规格不应小于 0.65m×0.25m；

8.3.4.3 疏散走道的地面上应设置视觉连续的蓄光型辅助疏散指示标志。

8.3.5 营业厅的安全疏散不应穿越仓库。当必须穿越时，应设置疏散走道，并采用耐火极限不低于 2.0h 的隔墙与仓库分隔。

8.3.6 营业厅内食品加工区的明火部位应靠外墙布置，并应采用耐火极限不低于 2.0h 的隔墙与其他部位分隔。敞开式的食品加工区应采用电能加热设施，不应使用液化石油气作燃料。

8.3.7 防火卷帘门两侧各 0.5m 范围内不得堆放物品,并应用黄色标识线划定范围。

8.4.1 公共娱乐场所的外墙上应在每层设置外窗(含阳台),其间隔不应大于 15.0m;每个外窗的面积不应小于 $1.5m^2$,且其短边不应小于 0.8m,窗口下沿距室内地坪不应大于 1.2m。

8.4.3 休息厅、录像放映室、卡拉 OK 室内应设置声音或视像警报,保证在火灾发生初期,将其画面、音响切换到应急广播和应急疏散指示状态。

8.4.4 各种灯具距离周围窗帘、幕布、布景等可燃物不应小于 0.50m。

8.4.5 在营业时间和营业结束后,应指定专人进行消防安全检查,清除烟蒂等火种。

8.5 学校

8.5.1 图书馆、教学楼、实验楼和集体宿舍的公共疏散走道、疏散楼梯间不应设置卷帘门、栅栏等影响安全疏散的设施。

8.5.2 集体宿舍严禁使用蜡烛、电炉等明火;当需要使用炉火采暖时,应设专人负责,夜间应定时进行防火巡查。

8.5.3 每间集体宿舍均应设置用电超载保护装置。

8.5.4 集体宿舍应设置醒目的消防设施、器材、出口等消防安全标志。

8.6.1 病房楼内严禁使用液化石油气罐。

8.8 人员密集的生产加工车间、员工集体宿舍

8.8.1 生产车间内应保持疏散通道畅通,通向疏散出口的主要疏散走道的净宽度不应小于 2.0m,其他疏散走道净宽度不应小于 1.5m,且走道地面上应划出明显的标示线。

8.8.2 车间内中间仓库的储量不应超过一昼夜的使用量。生产过程中的原料、半成品、成品应集中摆放,机电设备、消防设施周围 0.5m 的范围内不得堆放可燃物。

8.8.3 生产加工中使用电熨斗等电加热器具时,应固定使用地点,并采取可靠的防火措施。

8.8.4 应按操作规程定时清除电气设备及通风管道上的可燃粉尘、飞絮。

8.8.5 生产加工车间、员工集体宿舍不应擅自拉接电气线路、设置炉灶。

8.8.6 员工集体宿舍隔墙的耐火极限不应低于1.0h，且应砌至梁、板底。

10.1 确认火灾发生后，起火单位应立即启动灭火和应急疏散预案，通知建筑内所有人员立即疏散，实施初期火灾扑救，并报火警。

10.2 火灾发生后，受灾单位应保护火灾现场。公安消防机构划定的警戒范围是火灾现场保护范围；尚未划定时，应将火灾过火范围以及与发生火灾有关的部位划定为火灾现场保护范围。

10.3 未经公安消防机构允许，任何人不得擅自进入火灾现场保护范围内，不得擅自移动火场中的任何物品。

10.4 未经公安消防机构同意，任何人不得擅自清理火灾现场。

五、《住宿与生产储存经营合用场所消防安全技术要求》GA 703—2007

4.1 合用场所不应设置在下列建筑内：
  a）有甲、乙类火灾危险性的生产储存经营的建筑；
  b）建筑耐火等级为三级及三级以下的建筑；
  c）厂房和仓库；
  d）建筑面积大于2500m²的商场市场等公共建筑；
  e）地下建筑。

4.2 符合下列情形之一的合用场所应采用不开门窗洞口的防火墙和耐火极限不低于1.5h的楼板将住宿部分与非住宿部分完全分隔，住宿与非住宿部分应分别设置独立的疏散设施；当难以完全分隔时，不应设置人员住宿：
  a）合用场所的建筑高度大于15m；
  b）合用场所的建筑面积大于2000m²；

c) 合用场所住宿人数超过 20 人。

4.3 除 4.2 以外的其他合用场所,当执行 4.2 规定有困难时,应符合下列规定:

a) 住宿与非住宿部分应设置火灾自动报警系统或独立式感烟火灾探测报警器。

b) 住宿与非住宿部分之间应进行防火分隔;当无法分隔时,合用场所应设置自动喷水灭火系统或自动喷水局部应用系统。

c) 住宿与非住宿部分应设置独立的疏散设施;当确有困难时,应设置独立的辅助疏散设施。

六、《防火监控报警插座与开关》GB 31252—2014

4 要求

4.1 总则

防火监控报警插座与开关应符合 GB 2099.1 和 GB 16915.1 的规定,并满足本章要求。

4.2 外观和主要部件

4.2.1 产品外观应符合下述要求:

a) 表面无腐蚀、涂覆层脱落和起泡现象,无明显划伤、裂痕、毛刺等机械损伤;

b) 紧固部位无松动。

4.2.2 指示灯应符合以下要求:

——表示各种状态的指示灯应用颜色标识。红色表示报警,黄色表示故障,绿色表示正常;

——所有指示灯应有清楚的功能标注;

——指示灯点亮时,在其正前方 3m 处、光照度为 100lx～500lx 的环境条件下,应清晰可见。

4.2.3 在正常工作条件下,距音响器件正前方 1m 处的声压级(A 计权)不应小于 70dB。

4.2.4 接线端子应符合以下要求:

——有保护罩；

——清晰标注功能；

——强、弱电接线端子分开设置。

4.2.5 插座应设有保护接地端子。

4.3 监控报警功能

4.3.1 防火监控报警插座与开关在探测参数达到设定的报警条件时，应在30s内发出声、光报警信号，启动控制输出，并保持至手动复位。

4.3.2 防火监控报警功能应符合表1规定。

4.3.3 具有探测剩余电流和/或温度功能的插座与开关在低于表1规定的报警条件下工作时，不应发出声、光报警信号。

4.3.4 具有探测故障电弧功能的插座与开关在1s内发生不多于9个半周期的故障电弧条件下工作时，不应发出声、光报警信号。

4.3.5 同时具有探测剩余电流、温度和故障电弧探测报警功能的插座与开关，应分别满足表1对应的报警条件要求。

表1 防火监控报警功能

探测参数类别	报警条件
剩余电流	报警设定值±10%，且不大于30mA
温度	70℃±5℃
故障电弧	1s内发生不少于14个半周期故障电弧

4.4 动作功能

4.4.1 防火监控报警插座与开关应具有断开被保护线路的功能，断开装置的触点的容量、数量及参数应在有关技术文件中说明。

4.4.2 插座与开关报警时，应在30s内启动断开装置，断开装置的动作时间应不大于25ms。

4.4.3 在启动断开装置后，应保持至被保护线路恢复正常，并仅能手动恢复。

4.5 耐绝缘冲击性能

防火监控报警插座与开关应能耐受峰值为 6kV 的冲击电压，在耐绝缘冲击性能试验期间，不应启动断开装置；试验后，监控报警功能应符合 4.3 的要求，动作功能应符合 4.4 的要求。

4.6 电磁兼容性能

防火监控报警插座与开关应能适应表 2 所规定条件下的各项试验要求：

a) 试验期间，不应发出报警信号，也不应启动断开装置；

b) 试验后，监控报警功能应符合 4.3 的要求，动作功能应符合 4.4 的要求。

表 2　电磁兼容性试验条件

	放电电压 kV	放电极性	放电间隔 s	每点放电次数	工作状态
静电放电抗扰度试验	空气放电(外壳为绝缘体)8 接触放电(外壳为导体)6	正、负	≥1	10	通电状态
电快速瞬变脉冲群抗扰度试验	电压峰值 kV	重复频率 kHz	极性	时间 min	通电状态
	AC 电源线： 2×(1±0.1) 其他连接线： 1×(1±0.1)	AC 电源线： 2.5×(1±0.2) 其他连接线： 5×(1±0.2)	正、负	每次 1	
浪涌(冲击)抗扰度试验	浪涌(冲击)电压 kV	极性	持续时间 ms	试验次数	通电状态
	AC 电源线　线-线： 1×(1±0.1) AC 电源线　线-地： 2×(1±0.1) 其他连接线　线-地： 1×(1±0.1)	正、负	10(下滑100%)	AC 电源线：5 其他连接线：20	

4.7 气候环境耐受性能

防火监控报警插座与开关应能耐受住表3所规定的气候环境条件下的各项试验,并满足下述要求:

a) 试验期间,不应发出报警信号,也不应启动断开装置;

b) 试验后,表面无破坏涂覆和腐蚀现象,监控报警功能应符合4.3的要求,动作功能应符合4.4的要求。

表3 气候环境试验条件

试验名称	温度 ℃	持续时间 h	相对湿度 %	工作状态
高温试验	55±3	16	—	通电状态
低温试验	0±3	16	—	
恒定湿热试验	40±2	96	90～95	

4.8 机械环境耐受性能

防火监控报警插座与开关应能耐受住表4中所规定的机械环境条件下的各项试验。试验期间,不应发出报警信号,也不应启动断开装置;试验后不应有机械损伤和紧固部位松动现象,监控报警功能应符合4.3的要求,动作功能应符合4.4的要求。

表4 机械环境试验条件

试验名称	频率循环范围 Hz	加速幅值 m/s^2	扫频速率 oct/min	每个轴线扫频次数	振动方向	工作状态
振动(正弦)(运行)试验	10～150	0.4905	1	1	X、Y、Z	通电状态
振动(正弦)(耐久)试验	10～150	0.9810	1	20	X、Y、Z	非通电状态

4.9 使用说明书

防火监控报警插座与开关的功能应在相应的中文使用说明书中说明。说明书应符合GB/T 9969的要求,并与产品功能一致。

6 检验规则

6.1 产品出厂检验

出厂检验项目为：
a) 外观和主要部件检查；
b) 监控报警功能检验；
c) 动作功能检验。

6.2 型式检验

6.2.1 型式检验项目为第 5 章规定的全部试验项目。检验样品在出厂检验合格的产品中抽取。

6.2.2 有下列情况之一时，应进行型式检验：
a) 新产品试制定型时；
b) 老产品转厂生产时；
c) 正式生产后，产品的结构、主要部件、生产工艺等有较大的改变可能影响产品性能时；
d) 产品停产一年以上，恢复生产时；
e) 出厂检验结果与上次型式检验结果差异较大时；
f) 质量监督部门依法提出要求。

6.2.3 检验结果按 GB 12978 规定的型式检验结果判定方法进行判定。

七、《消防接口 第 1 部分：消防接口通用技术条件》GB 12514.1—2005

4.1 基本尺寸

各类接口的基本尺寸应符合相应标准的要求。

4.2 外观质量

4.2.1 铸件表面应无结疤、裂痕、砂眼。加工表面应无伤痕。

4.2.2 接口的螺纹表面应光洁、无损牙。螺纹式接口应对接口头部螺纹始末两端的不完整牙形进行修整。

4.2.3 接口与水带、吸水管连接部锐角均应倒钝。

4.2.4 橡胶密封圈面上不允许有气泡、杂质、裂口和凹凸不平等缺陷。

4.4 密封性能

接口成对连接后，在 0.3MPa 水压和公称压力水压下均不应发生渗漏现象。

4.5 水压性能

接口在 1.5 倍公称压力水压下，不应出现可见裂缝或断裂现象。接口经水压强度试验后应能正常操作使用。

4.6 弹簧疲劳寿命

卡式接口的弹簧疲劳寿命不应低于 10000 次。

4.7 抗跌落性能

除内、外螺纹固定接口外，其他接口从 1.5m 高处自由落下 5 次，应无损坏并能正常操作使用。

4.8 耐腐蚀性能

4.8.1 接口应选用耐腐蚀材料制造，铝合金铸件表面应进行阳极氧化处理或其他方式的防腐处理。

4.8.2 接口经 96h 连续喷射盐雾腐蚀试验后，接口表面应无起层、氧化、剥落或其他肉眼可见的点蚀凹坑，并能正常操作使用。

7 标志

在接口表面醒目处应清晰地标出型号、规格、商标或厂名等永久性标志。

八、《干粉枪》GB 25200—2010

5 性能要求

5.1 外观要求

5.1.1 钣金件、冲压件表面应无重皮、明显机械损伤与凹凸不平等缺陷。

5.1.2 焊接件焊缝应均匀，无裂纹、烧穿、咬边等缺陷。

5.1.3 锻铸件表面应无重皮、结疤、缩孔、缩松等缺陷。

5.1.4 压铸件表面应无流痕、缺料、裂缝、起泡、脱皮等缺陷。

5.1.5 镀层和涂层应色泽均匀，无剥落、气泡、划伤等缺陷。

5.2 基本性能参数

干粉枪的基本性能参数应符合表1的规定。

表1 干粉枪的性能参数

名义有效喷射率/ (kg/s)	实际有效喷射率 E/ (kg/s)	工作压力范围/ MPa	有效射程/ m
0.5	$0.5 \leqslant E < 1$	规定的最小/最大 工作压力	$\geqslant 3$
1	$1 \leqslant E < 2$		$\geqslant 5$
2	$2 \leqslant E < 3$		$\geqslant 6$
3	$3 \leqslant E < 4$		$\geqslant 8$
4	$4 \leqslant E < 5$		$\geqslant 10$
5	$5 \leqslant E < 8$		$\geqslant 11$
8	$8 \leqslant E < 10$		$\geqslant 12$

5.3 材料

与干粉直接接触的零部件应采用铜、不锈钢等耐腐蚀性的材料制造。

5.4 密封性能

干粉枪按6.4进行密封性能试验,试验压力为最大工作压力的1.1倍,保持5min,各连接部位和开关处应无气漏现象。

5.5 耐水压强度性能

干粉枪按6.5进行耐水压强度性能试验,试验压力为最大工作压力的1.5倍,保持5min,枪体和开关不应有冒汗、裂纹及永久变形等现象。

5.6 跌落性能

干粉枪按6.6进行跌落性能试验,应无损坏松动,并能正常操作。

5.7 耐腐蚀性能

干粉枪按6.7进行耐腐蚀性能试验,试验后干粉枪应无明显的腐蚀损坏,并能正常操作、

5.8 耐喷射冲击性能

干粉枪按6.8进行耐喷射冲击性能试验,在最大工作压力

1.1倍的压力下连续喷射3min，应无松动、结构损坏。

5.9　操作结构要求

5.9.1　对于杆式手柄开关的干粉枪，杆式手柄指向干粉枪出口是"开"，杆式手柄垂直干粉枪轴线是"关"，并且在这两个位置有限位功能。

5.9.2　对于弓形手柄开关的干粉枪，弓形手柄指向干粉枪进口是"开"，弓形手柄指向干粉枪出口是"关"，并且在这两个位置有限位功能。

5.9.3　对于扳机式开关的干粉枪，手握紧是"开"，手放松是"关"。

5.9.4　干粉枪的操作力矩不应大于15N·m。

5.10　接口要求

接口型式和尺寸应符合 GB 12514.1、GB 12514.2、GB 12514.3 和 GB 12514.4 的规定，并与定型时选用的接口型式和尺寸一致。

5.11　非金属件性能要求

采用非金属件的枪筒，其材料应符合相应国家标准的要求。

九、《泡沫枪》GB 25202—2010

5　性能要求

5.1　外观要求

5.1.1　钣金件、冲压件表面应无重皮、明显机械损伤与凹凸不平等缺陷。

5.1.2　焊接件焊缝应均匀，无裂纹、烧穿、咬边等缺陷。

5.1.3　锻铸件表面应无重皮和结疤、缩孔、缩松等缺陷。

5.1.4　压铸件表面应无流痕、缺料、裂缝、起泡、脱皮等缺陷。

5.1.5　镀层和涂层应色泽均匀，无剥落、气泡、划伤等缺陷。

5.2　基本性能参数

低倍数泡沫枪的基本性能参数应符合表1的规定。中倍数泡沫枪的基本性能参数应符合表2的规定。低倍数-中倍数联用泡沫枪的基本性能参数应分别符合表1和表2的规定。

表1 低倍数泡沫枪的性能参数

混合液额定流量/(L/s)	额定工作压力上限/MPa	发泡倍数/N(20℃时)	25%析液时间(20℃时)/min	射程/m	流量允差/%	混合比/%
4	0.8	5≤N<20	≥2	≥18	±8	3~4 或 6~7 或制造商公布值
8				≥24		
16				≥28		

表2 中倍数泡沫枪的性能参数

混合液额定流量/(L/s)	额定工作压力上限/MPa	发泡倍数/N	50%析液时间/min	射程/m	流量允差/%	混合比/%
4	0.8	20≤N≤200 且不低于制造商公布值	≥5	≥3.5	±8	3~4 或 6~7 或制造商公布值
8				≥4.5		
16				≥5.5		

5.3 材料

与泡沫液或泡沫混合液直接接触的零部件应采用铜、不锈钢等耐腐蚀性的材料制造。

5.4 密封性能

泡沫枪按6.4进行密封性能试验,试验压力为0.88MPa,保持5min,各连接部位应无渗漏现象。

5.5 耐水压强度性能

泡沫枪按6.4进行耐水压强度性能试验,试验压力为1.20MPa,保持5min,枪体不应有冒汗、裂纹及永久变形等现象。

5.6 跌落性能

泡沫枪按6.5进行跌落性能试验,应无损坏松动,并能正常操作。

5.7 耐腐蚀性能

泡沫枪按 6.6 进行耐腐蚀性能试验，试验后枪体应无明显的腐蚀损坏，并能正常工作。

5.8　耐喷射冲击性能

泡沫枪按 6.7 进行耐喷射冲击性能试验，在 0.88MPa 压力下连续喷射 10min，应无松动、结构损坏。

5.9　自吸式泡沫枪的要求

自吸式泡沫枪在吸液管路上应设有防止倒流的装置，装置应能可靠工作。

5.10　联用泡沫枪的要求

低倍数-中倍数联用泡沫枪，应明确标示出各倍数切换的位置，切换应可靠。

5.11　接口要求

接口型式和尺寸应符合 GB 12514.1、GB 12514.2、GB 12514.3 和 GB 12514.4 的规定，并与定型时选用的接口型式和尺寸一致。

5.12　非金属件性能要求

采用非金属件的枪筒，其材料应符合相应国家标准的要求。

十、《防火门》GB 12955—2008

5　要求

5.1　一般要求

防火门应符合本标准要求，并按规定程序批准的图样及技术文件制造。

5.2　材料

5.2.1　填充材料

5.2.1.1　防火门的门扇内若填充材料，则应填充对人体无毒无害的防火隔热材料。

5.2.1.2　防火门门扇填充的对人体无毒无害的防火隔热材料，应经国家认可授权检测机构检验达到 GB 8624 规定燃烧性能 A_1 级要求和 GB/T 20285 规定产烟毒性危险分级 ZA_2 级要求的合格产品。

5.2.2　木材

5.2.2.1　防火门所用木材应符合 JG/T 122—2000 第 5.1.1.1 条中对Ⅱ（中）级木材的有关材质要求。

5.2.2.2　防火门所用木材应经国家认可授权检测机构按照GB/T 8625—2005 检验达到该标准第 7 章难燃性要求的合格产品。

5.2.2.3　防火门所用难燃木材的含水率不应大于 12%；木材在制作防火门时的含水率不应大于当地的平衡含水率。

5.2.3　人造板

5.2.3.1　防火门所用人造板应符合 JG/T 1220—2000 第 5.1.2.2 条中对Ⅱ（中）级人造板的有关材质要求。

5.2.3.2　防火门所用人造板应经国家认可授权检测机构按照 GB/T 8625—2005 检验达到该标准第 7 章难燃性要求的合格产品。

5.2.3.3　防火门所用难燃人造板的含水率不应大于 12%；人造板在制作防火门时的含水率不应大于当地的平衡含水率。

5.2.4　钢材

5.2.4.1　材质

　　a) 防火门框、门扇面板应采用性能不低于冷轧薄钢板的钢质材料，冷轧薄钢板应符合 GB/T 708 的规定。

　　b) 防火门所用加固件可采用性能不低于热轧钢材的钢质材料，热轧钢材应符合 GB/T 709 的规定。

5.2.4.2　材料厚度

　　防火门所用钢质材料厚度应符合表 3 的规定。

表3　钢质材料厚度　　　　　单位为毫米

部件名称	材料厚度
门扇面板	≥0.8
门框板	≥1.2
铰链板	≥3.0
不带螺孔的加固件	≥1.2
带螺孔的加固件	≥3.0

5.2.5 其他材质材料

5.2.5.1 防火门所用其他材质材料应对人体无毒无害,应经国家认可授权检测机构检验达到 GB/T 20285 规定产烟毒性危险分级 ZA_2 级要求的合格产品。

5.2.5.2 防火门所用其他材质材料应经国家认可授权检测机构检验达到 GB/T 8625—2005 第 7 章规定难燃性要求或 GB 8624 规定燃烧性能 A_1 级要求的合格产品,其力学性能应达到有关标准的相关规定并满足制作防火门的有关要求。

5.2.6 胶粘剂

5.2.6.1 防火门所用胶粘剂应是对人体无毒无害的产品。

5.2.6.2 防火门所用胶粘剂应经国家认可授权检测机构检验达到 GB/T 20285 规定产烟毒性危险分级 ZA_2 级要求的合格产品。

5.3 配件

5.3.1 防火锁

5.3.1.1 防火门安装的门锁应是防火锁。

5.3.1.2 在门扇的有锁芯机构处,防火锁均应有执手或推杠机构,不允许以圆形或球形旋钮代替执手(特殊部位使用除外,如管道井门等)。

5.3.1.3 防火锁应经国家认可授权检测机构检验合格的产品,其耐火性能应符合附录 A 的规定。

5.3.2 防火合页(铰链)

防火门用合页(铰链)板厚应不少于 3mm,其耐火性能应符合附录 B 的规定。

5.3.3 防火闭门装置

5.3.3.1 防火门应安装防火门闭门器,或设置让常开防火门在火灾发生时能自动关闭门扇的闭门装置(特殊部位使用除外,如管道井门等)。

5.3.3.2 防火门闭门器应经国家认可授权检测机构检验合格的产品,其性能应符合 GA 93 的规定。

5.3.3.3 自动关闭门扇的闭门装置,应经国家认可授权检测机构检验合格的产品。

5.3.4 防火顺序器

双扇、多扇防火门设置盖缝板或止口的应安装顺序器（特殊部位使用除外），其耐火性能应符合附录 C 的规定。

5.3.5 防火插销

采用钢质防火插销，应安装在双扇和多扇相对固定一侧的门扇上（若有要求时），其耐火性能应符合附录 D 的规定。

5.3.6 盖缝板

5.3.6.1 平口或止口结构的双扇防火门宜设盖缝板。

5.3.6.2 盖缝板与门扇连接应牢固。

5.3.6.3 盖缝板不应妨碍门扇的正常启闭。

5.3.7 防火密封件

5.3.7.1 防火门门框与门扇、门扇与门扇的缝隙处应嵌装防火密封件。

5.3.7.2 防火密封件应经国家认可授权检测机构检验合格的产品，其性能应符合 GB 16807 的规定。

5.3.8 防火玻璃

5.3.8.1 防火门上镶嵌防火玻璃的类型

5.3.8.1.1 A 类防火门若镶嵌防火玻璃，则应镶嵌 A 类防火玻璃。

5.3.8.1.2 B 类防火门若镶嵌防火玻璃，则应镶嵌 A 类防火玻璃。

5.3.8.1.3 C 类防火门若则应镶嵌防火玻璃，则应镶嵌 A 类或 B 类或 C 类防火玻璃。

5.3.8.2 A 类、B 类或 C 类防火玻璃应经国家认可授权检测机构检验合格的产品，其性能应符合 GB 15763.1 的规定。

5.4 加工工艺和外观质量

5.4.1 加工工艺质量

使用钢质材料或难燃木材，或难燃人造板材料，或其他材质材料制作防火门的门框、门扇骨架和门扇面板，门扇内若填充材料，则应填充对人体无毒无害的防火隔热材料并经机械成型，与防火五金配件等共同装配成防火门，其加工工艺质量应符合 5.5

条、5.6 条、5.7 条的要求。

5.4.2 外观质量

采用不同材质材料制造的防火门,其外观质量应分别符合以下相应规定:

a) 木质防火门:割角、拼缝应严实平整;胶合板不允许刨透表层单板和戗槎;表面应净光或砂磨,并不得有刨痕、毛刺和锤印;涂层应均匀、平整、光滑,不应有堆漆、气泡、漏涂以及流淌等现象;

b) 钢质防火门:外观应平整、光洁、无明显凹痕或机械损伤;涂层、镀层应均匀、平整、光滑,不应有堆漆、麻点、气泡、漏涂以及流淌等现象;焊接应牢固、焊点分布均匀,不允许有假焊、烧穿、漏焊、夹渣或疏松等现象,外表面焊接应打磨平整;

c) 钢木质防火门:外观质量应满足 a)、b) 项的相关要求。

d) 其他材质防火门:外观应平整、光洁,无明显凹痕、裂痕等现象,带有木质或钢质部件的部分应分别满足 a)、b) 项的相关要求。

5.5 尺寸极限偏差

防火门门扇、门框的尺寸极限偏差应符合表 4 的规定。

表 4 尺寸极限偏差   单位为毫米

名称	项目	极限偏差
门扇	高度 H	±2
	宽度 W	±2
	厚度 T	$+2 \\ -1$
门框	内裁口高度 H'	±3
	内裁口宽度 W'	±2
	侧壁宽度 T'	±2

5.6 形位公差

门扇、门框形位公差应符合表 5 的规定。

表5 形位公差

名称	项目	公差
门扇	两对角线长度差 $\|L_1-L_2\|$	≤3mm
	扭曲度 D	≤5mm
	宽度方向弯曲度 B_1	<2‰
	高度方向弯曲度 B_2	<2‰
门框	内裁口两对角线长度差 $\|L'_1-L'_2\|$	≤3mm

5.7 配合公差

5.7.1 门扇与门框的搭接尺寸（见图14）

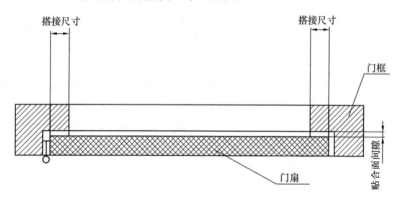

图14 门扇与门框的搭接尺寸和贴合面间隙示意图

门扇与门框的搭接尺寸不应小于12mm。

5.7.2 门扇与门框的配合活动间隙

5.7.2.1 门扇与门框有合页一侧的配合活动间隙不应大于设计图纸规定的尺寸公差。

5.7.2.2 门扇与门框有锁一侧的配合活动间隙不应大于设计图纸规定的尺寸公差。

5.7.2.3 门扇与上框的配合活动间隙不应大于3mm。

5.7.2.4 双扇、多扇门的门扇之间缝隙不应大于3mm。

5.7.2.5 门扇与下框或地面的活动间隙不应大于9mm。

5.7.2.6 门扇与门框贴合面间隙（见图14），门扇与门框有合页一侧、有锁一侧及上框的贴合任均不应大于3mm。

5.7.3 门扇与门框的平面高低差 R

防火门开面上门框与门扇的平面高低差不应大于1mm。

5.8 灵活性

5.8.1 启闭灵活性

防火门应启闭灵活、无卡阻现象。

5.8.2 门扇开启力

防火门门扇开启力不应大于80N。

注：在特殊场合使用的防火门除外。

5.9 可靠性

在进行500次启闭试验后，防火门不应有松动、脱落、严重变形和启闭卡阻现象。

5.10 门扇质量

门扇质量不应小于设计门扇的质量。

注：指门扇的重量。

5.11 耐火性能

防火门的耐火性能应符合表1的规定。

表1 按耐火性能分类

名称	耐火性能	代号
A类（隔热）防火门	耐火隔热性≥0.60h 耐火完整性≥0.60h	A0.60（丙级）
	耐火隔热性≥0.90h 耐火完整性≥0.90h	A0.90（乙级）
	耐火隔热性≥1.20h 耐火完整性≥1.20h	A1.20（甲级）
	耐火隔热性≥2.00h 耐火完整性≥2.00h	A2.00
	耐火隔热性≥3.00h 耐火完整性≥3.00h	A3.00

续表1

名 称	耐 火 性 能		代 号
B类 (部分隔热) 防火门	耐火隔热性≥0.50h	耐火完整性≥1.00h	B1.00
		耐火完整性≥1.50h	B1.50
		耐火完整性≥2.00h	B2.00
		耐火完整性≥3.00h	B3.00
C类 (非隔热) 防火门	耐火完整性≥1.00h		C1.00
	耐火完整性≥1.50h		C1.50
	耐火完整性≥2.00h		C2.00
	耐火完整性≥3.00h		C3.00

7.2 型式检验

7.2.1 检验项目为本标准要求的全部内容（见表6），并按标准要求的顺序逐项进行检验。

7.2.2 防火门的最小检验批量为9樘，在生产单位成品库中抽取。

7.2.3 有下列情况之一时应进行型式检验。

　　a) 新产品或老产品转厂生产时的试制定型鉴定；

　　b) 结构、材料、生产工艺、关键工序和加工方法等有影响其性能时；

　　c) 正常生产，每三年不少于一次；

　　d) 停产一年以上恢复生产时；

　　e) 出厂检验结果与上次型式检验有较大差异时；

　　f) 发生重大质量事故时；

　　g) 质量监督机构提出要求时。

7.2.4 判定准则

　　表6所列检验项目的检验结果不含A类不合格项，B类与C类不合格项之和不大于四项，且B类不合格项不大于一项，判该产品为合格。否则判该产品不合格。

表6 检验项目

序号	检验项目	要求条款	试验方法条款	不合格分类
1	填充材料	5.2.1	6.3.1	A
2	木材	5.2.2	6.3.2	A
3	人造板	5.2.3	6.3.3	A
4	钢材	5.2.4	6.3.4	A
5	其他材质材料	5.2.5	6.3.5	A
6	胶粘剂	5.2.6	6.3.6	A
7	防火锁	5.3.1	6.4.1	B
8	防火合页（铰链）	5.3.2	6.4.2	B
9	防火闭门装置	5.3.3	6.4.3	B
10	防火顺序器	5.3.4	6.4.4	A
11	防火插销	5.3.5	6.4.5	C
12	盖缝板	5.3.6	6.4.6	B
13	防火密封件	5.3.7	6.4.7	A
14	防火玻璃	5.3.8	6.4.8	A
15	加工工艺和外观质量	5.4	6.5	C
16	门扇高度偏差	5.5	6.6.1	C
17	门扇宽度偏差	5.5	6.6.2	C
18	门扇厚度偏差	5.5	6.6.3	B
19	门框内裁口高度偏差	5.5	6.6.4	C
20	门框内裁口宽度偏差	5.5	6.6.5	C
21	门框侧壁宽度偏差	5.5	6.6.6	C
22	门扇两对角线长度差	5.6	6.7.1	C
23	门扇扭曲度	5.6	6.7.2	B
24	门扇宽度方向弯曲度	5.6	6.7.3	B
25	门扇高度方向弯曲度	5.6	6.7.3	B
26	门框内裁口两对角线长度差	5.6	6.7.4	C
27	门扇与门框的搭接尺寸	5.7.1	6.8.1	B

续表6

序号	检验项目	要求条款	试验方法条款	不合格分类
28	门扇与门框的有合页一侧的配合活动间隙	5.7.2.1	6.8.2	C
29	门扇与门框的有锁一侧的配合活动间隙	5.7.2.2	6.8.2	C
30	门扇与上框的配合活动间隙	5.7.2.3	6.8.2	C
31	双扇门中间缝隙	5.7.2.4	6.8.2	C
32	门框与下框或地面间隙	5.7.2.5	6.8.2	C
33	门扇与门框贴合面间隙	5.7.2.6	6.8.3	C
34	门框与门扇的平面高低差	5.7.3	6.8.4	C
35	启闭灵活性	5.8.1	6.9.1	A
36	开启力	5.8.2	6.9.2	B
37	可靠性	5.9	6.10	A
38	门扇质量	5.10	6.11	A
39	耐火性能	5.11	6.12	A

十一、《防火窗》GB 16809—2008

7.1.6 耐火性能

防火窗的耐火性能应符合表3的规定。

表3 防火窗的耐火性能分类与耐火等级代号

耐火性能分类	耐火等级代号	耐火性能
隔热防火窗（A类）	A0.50（丙级）	耐火隔热性≥0.50h，且耐火完整性≥0.50h
	A1.00（乙级）	耐火隔热性≥1.00h，且耐火完整性≥1.00h
	A1.50（甲级）	耐火隔热性≥1.50h，且耐火完整性≥1.50h
	A2.00	耐火隔热性≥2.00h，且耐火完整性≥2.00h
	A3.00	耐火隔热性≥3.00h，且耐火完整性≥3.00h

续表3

耐火性能分类	耐火等级代号	耐火性能
非隔热防火窗（C类）	C0.50	耐火完整性≥0.50h
	C1.00	耐火完整性≥1.00h
	C1.50	耐火完整性≥1.50h
	C2.00	耐火完整性≥2.00h
	C3.00	耐火完整性≥3.00h

7.2.1 热敏感元件的静态动作温度

活动式防火窗中窗扇启闭控制装置采用的热敏感元件，在64±0.5℃的温度下5.0min内不应动作，在74±0.5℃的温度下1.0min内应能动作。

7.2.3 窗扇关闭可靠性

手动控制窗扇启闭控制装置，在进行100次的开启/关闭运行试验中，活动窗扇应能灵活开启，并完全关闭，无启闭卡阻现象，各零部件无脱落和损坏现象。

7.2.4 窗扇自动关闭时间

活动式防火窗的窗扇自动关闭时间不应大于60s。

9.2 型式检验

9.2.1 防火窗的型式检验项目为本标准第7章规定的全部要求内容，防火窗的通用检验项目见表6，活动式防火窗的附加检验项目见表7。

9.2.2 一种型号防火窗进行型式检验时，其抽样基数不应小于6樘，且应是出厂检验合格的产品，抽取样品的数量和检验程序见图5。

9.2.3 有下列情况之一时应进行型式检验：

a) 新产品投产或老产品转厂生产时；

b) 正式生产后，产品的结构、材料、生产工艺、关键工序的加工方法等有较大改变，可能影响产品的性能时；

c) 正常生产，每三年不少于一次；

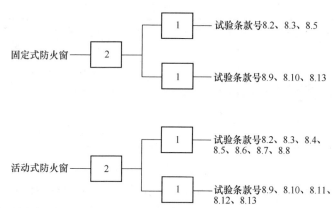

注：方框中数字为样品数量。

图 5　防火窗试验程序和样品数量

　　d) 产品停产一年以上，恢复生产时；
　　e) 出厂检验结果与上次型式检验结果有较大差异时；
　　f) 发生重大质量事故时；
　　g) 质量监督机构依法提出型式检验要求时。
9.2.4　防火窗型式检验的判定准则为：
　　a) 固定式防火窗按表 6 所列项目的型式检验结果，不含 A 类不合格项，B 类和 C 类不合格项之和不大于二项，且 B 类不合格项不大于一项，判型式检验合格；否则判型式检验不合格。
　　b) 活动式防火窗按表 6 和表 7 所列项目的检验结果，不含 A 类不合格项，B 类和 C 类不合格项之和不大于四项，且 B 类不合格项不大于一项，判型式检验合格；否则判型式检验不合格。

表 6　防火窗通用检验项目

序号	检验项目	要求条款	试验方法条款	不合格分类
1	外观质量	7.1.1	8.2	C
2	防火玻璃外观质量	7.1.2.1	8.3	C

续表 6

序号	检验项目	要求条款	试验方法条款	不合格分类
3	防火玻璃厚度公差	7.1.2.2	8.3	B
4	窗框高度公差	7.1.3	8.5	C
5	窗框宽度公差	7.1.3	8.5	C
6	窗框厚度公差	7.1.3	8.5	C
7	窗框对角线长度差	7.1.3	8.5	C
8	抗风压性能	7.1.4	8.9	B
9	气密性能	7.1.5	8.10	B
10	耐火性能	7.1.6	8.13	A

表 7 活动式防火窗附加检验项目

序号	检验项目	要求条款	试验方法条款	不合格分类
1	热敏感元件的静态动作温度	7.2.1	8.4	A
2	活动窗扇高度公差	7.2.2	8.6	C
3	活动窗扇宽度公差	7.2.2	8.6	C
4	活动窗扇框架厚度公差	7.2.2	8.6	C
5	活动窗扇对角线长度差	7.2.2	8.6	C
6	活动窗扇与窗框的搭接宽度偏差	7.2.2	8.7	C
7	活动窗扇扭曲度	7.2.2	8.8	C
8	窗扇关闭可靠性	7.2.3	8.11	A
9	窗扇自动关闭时间	7.2.4	8.12	A

十二、《喷射无机纤维防火材料的性能要求及试验方法》GA 817—2009

4 要求

4.1 原料要求

用于制备喷射无机纤维防火材料的原料应为均匀、松散的干料，不应有结块并符合环保的要求。

4.2 性能指标

喷射无机纤维防火材料形成的护层的性能指标应符合表1的规定。

表1 喷射无机纤维防火护层性能指标

序号	项目		指标	缺陷分类
1	耐水性/h		经720h试验后，涂层不开裂、起层、脱落，允许轻微发胀和变色	B
2	耐酸性/h		经360h试验后，涂层不开裂、起层、脱落，允许轻微发胀和变色	B
3	耐碱性/h		经360h试验后，涂层不开裂、起层、脱落，允许轻微发胀和变色	B
4	耐冻融循环试验/次		经15次试验后，涂层不开裂、起层、脱落、变色	B
5	耐湿热性/h		经720h试验后，涂层不开裂、起层、脱落、变色	B
6	粘结强度/MPa		≥0.03	B
7	抗冲击试验		无开裂、脱落	C
8	腐蚀性		涂覆面无锈蚀	C
9	耐火性能（钢基）	涂层厚度(不大于)/mm	34.0±2.0	A
		耐火极限(不低于)/h	3.0	
	耐火性能（混凝土基）	涂层厚度(不大于)/mm	25.0±2.0	
		耐火极限(不低于)/h	3.0	

6 检验规则

检验分为型式检验和出厂检验。

6.1 型式检验

6.1.1 检验项目为本标准规定的全部项目。有下列情形之一时，产品应进行型式检验：

  a）新产品投产或老产品转厂的试制定型鉴定；

  b）正式生产后，产品的配方、工艺、原材料有较大改变时；

  c）产品停产一年以上恢复生产时；

  d）出厂检验结果与上次型式检验结果有较大差异时；

  e）正常生产满三年时；

  f）国家产品质量监督机构或消防监督部门提出检验要求时。

6.1.2 型式检验样品应在不少于 3000kg 的出厂检验合格批次产品中随机抽取，抽取样品 400kg。

6.2 出厂检验

6.2.1 产品须经生产厂质检部门逐批检验合格并附合格证后方可出厂。

6.2.2 出厂检验项目为净质量、外观、粘结强度。

6.3 组批与抽样

  同一配方、同一原材料、同一工艺条件生产的材料为一检验批次，最大批量不超过 10t。对每检验批产品应从 5 个包装袋中随机抽取各 1kg 作为出厂检验样品。

6.4 判定规则

  型式检验项目缺陷分类见表 1。产品合格判定原则：A＝0 且 B≤1 且 B+C≤2。

十三、《重大火灾隐患判定方法》GB 35181—2017

5 判定方法

5.1 一般要求

5.1.1 重大火灾隐患判定应按照第 4 章规定的判定原则和程序实施，并根据实际情况选择直接判定方法或综合判定方法。

5.1.2 直接判定要素和综合判定要素均应为不能立即改正的火灾隐患要素。

5.1.3 下列情形不应判定为重大火灾隐患：

a）依法进行了消防设计专家评审，并已采取相应技术措施的；

b）单位、场所已停产停业或停止使用的；

c）不足以导致重大、特别重大火灾事故或严重社会影响的。

5.2 直接判定

5.2.1 重大火灾隐患直接判定要素见第 6 章。

5.2.2 符合第 6 章任意一条直接判定要素的，应直接判定为重大火灾隐患。

5.2.3 不符合第 6 章任意一条直接判定要素的，应按 5.3 的规定进行综合判定。

5.3 综合判定

5.3.1 重大火灾隐患综合判定要素见第 7 章。

5.3.2 采用综合判定方法判定重大火灾隐患时，应按下列步骤进行：

a）确定建筑或场所类别；

b）确定该建筑或场所是否存在第 7 章规定的综合判定要素的情形和数量；

c）按第 4 章规定的原则和程序，对照 5.3.3 进行重大火灾隐患综合判定；

d）对照 5.1.3 排除不应判定为重大火灾隐患的情形。

5.3.3 符合下列条件应综合判定为重大火灾隐患：

a）人员密集场所存在 7.3.1～7.3.9 和 7.5、7.9.3 规定的综合判定要素 3 条以上（含本数，下同）；

b）易燃、易爆危险品场所存在 7.1.1～7.1.3、7.4.5 和 7.4.6 规定的综合判定要素 3 条以上；

c）人员密集场所、易燃易爆危险品场所、重要场所存在第 7 章规定的任意综合判定要素 4 条以上；

d）其他场所存在第 7 章规定的任意综合判定要素 6 条以上。

5.3.4 发现存在第 7 章以外的其他违反消防法律法规、不符合消防技术标准的情形，技术论证专家组可视情节轻重，结合 5.3.3 做出综合判定。

6 直接判定要素

6.1 生产、储存和装卸易燃易爆危险品的工厂、仓库和专用车站、码头、储罐区，未设置在城市的边缘或相对独立的安全地带。

6.2 生产、储存、经营易燃易爆危险品的场所与人员密集场所、居住场所设置在同一建筑物内，或与人员密集场所、居住场所的防火间距小于国家工程建设消防技术标准规定值的 75%。

6.3 城市建成区内的加油站、天然气或液化石油气加气站、加油加气合建站的储量达到或超过 GB 50156 对一级站的规定。

6.4 甲、乙类生产场所和仓库设置在建筑的地下室或半地下室。

6.5 公共娱乐场所、商店、地下人员密集场所的安全出口数量不足或其总净宽度小于国家工程建设消防技术标准规定值的 80%。

6.6 旅馆、公共娱乐场所、商店、地下人员密集场所未按国家工程建设消防技术标准的规定设置自动喷水灭火系统或火灾自动报警系统。

6.7 易燃可燃液体、可燃气体储罐（区）未按国家工程建设消防技术标准的规定设置固定灭火、冷却、可燃气体浓度报警、火灾报警设施。

6.8 在人员密集场所违反消防安全规定使用、储存或销售易燃易爆危险品。

6.9 托儿所、幼儿园的儿童用房以及老年人活动场所，所在楼层位置不符合国家工程建设消防技术标准的规定。

6.10 人员密集场所的居住场所采用彩钢夹芯板搭建，且彩钢夹芯板芯材的燃烧性能等级低于 GB 8624 规定的 A 级。

7 综合判定要素

7.1 总平面布置

7.1.1 未按国家工程建设消防技术标准的规定或城市消防规划的要求设置消防车道或消防车道被堵塞、占用。

7.1.2 建筑之间的既有防火间距被占用或小于国家工程建设消防技术标准的规定值的 80%，明火和散发火花地点与易燃易爆生产厂房、装置设备之间的防火间距小于国家工程建设消防技术标准的规定值。

7.1.3 在厂房、库房、商场中设置员工宿舍，或是在居住等民用建筑中从事生产、储存、经营等活动，且不符合 GA 703 的规定。

7.1.4 地下车站的站厅乘客疏散区、站台及疏散通道内设置商业经营活动场所。

7.2 防火分隔

7.2.1 原有防火分区被改变并导致实际防火分区的建筑面积大于国家工程建设消防技术标准规定值的 50%。

7.2.2 防火门、防火卷帘等防火分隔设施损坏的数量大于该防火分区相应防火分隔设施总数的 50%。

7.2.3 丙、丁、戊类厂房内有火灾或爆炸危险的部位未采取防火分隔等防火防爆技术措施。

7.3 安全疏散设施及灭火救援条件

7.3.1 建筑内的避难走道、避难间、避难层的设置不符合国家工程建设消防技术标准的规定，或避难走道、避难间、避难层被占用。

7.3.2 人员密集场所内疏散楼梯间的设置形式不符合国家工程建设消防技术标准的规定。

7.3.3 除 6.5 规定外的其他场所或建筑物的安全出口数量或宽度不符合国家工程建设消防技术标准的规定，或既有安全出口被封堵。

7.3.4 按国家工程建设消防技术标准的规定，建筑物应设置独立的安全出口或疏散楼梯而未设置。

7.3.5 商店营业厅内的疏散距离大于国家工程建设消防技术标

准规定值的 125%。

7.3.6 高层建筑和地下建筑未按国家工程建设消防技术标准的规定设置疏散指示标志、应急照明，或所设置设施的损坏率大于标准规定要求设置数量的 30%；其他建筑未按国家工程建设消防技术标准的规定设置疏散指示标志、应急照明，或所设置设施的损坏率大于标准规定要求设置数量的 50%。

7.3.7 设有人员密集场所的高层建筑的封闭楼梯间或防烟楼梯间的门的损坏率超过其设置总数的 20%，其他建筑的封闭楼梯间或防烟楼梯间的门的损坏率大于其设置总数的 50%。

7.3.8 人员密集场所内疏散走道、疏散楼梯间、前室的室内装修材料的燃烧性能不符合 GB 50222 的规定。

7.3.9 人员密集场所的疏散走道、楼梯间、疏散门或安全出口设置栅栏、卷帘门。

7.3.10 人员密集场所的外窗被封堵或被广告牌等遮挡。

7.3.11 高层建筑的消防车道、救援场地设置不符合要求或被占用，影响火灾扑救。

7.3.12 消防电梯无法正常运行。

7.4 消防给水及灭火设施

7.4.1 未按国家工程建设消防技术标准的规定设置消防水源、储存泡沫液等灭火剂。

7.4.2 未按国家工程建设消防技术标准的规定设置室外消防给水系统，或已设置但不符合标准的规定或不能正常使用。

7.4.3 未按国家工程建设消防技术标准的规定设置室内消火栓系统，或已设置但不符合标准的规定或不能正常使用。

7.4.4 除旅馆、公共娱乐场所、商店、地下人员密集场所外，其他场所未按国家工程建设消防技术标准的规定设置自动喷水灭火系统。

7.4.5 未按国家工程建设消防技术标准的规定设置除自动喷水灭火系统外的其他固定灭火设施。

7.4.6 已设置的自动喷水灭火系统或其他固定灭火设施不能正

常使用或运行。

7.5 防烟排烟设施

人员密集场所、高层建筑和地下建筑未按国家工程建设消防技术标准的规定设置防烟、排烟设施，或已设置但不能正常使用或运行。

7.6 消防供电

7.6.1 消防用电设备的供电负荷级别不符合国家工程建设消防技术标准的规定。

7.6.2 消防用电设备未按国家工程建设消防技术标准的规定采用专用的供电回路。

7.6.3 未按国家工程建设消防技术标准的规定设置消防用电设备末端自动切换装置，或已设置但不符合标准的规定或不能正常自动切换。

7.7 火灾自动报警系统

7.7.1 除旅馆、公共娱乐场所、商店、其他地下人员密集场所以外的其他场所未按国家工程建设消防技术标准的规定设置火灾自动报警系统。

7.7.2 火灾自动报警系统不能正常运行。

7.7.3 防烟排烟系统、消防水泵以及其他自动消防设施不能正常联动控制。

7.8 消防安全管理

7.8.1 社会单位未按消防法律法规要求设置专职消防队。

7.8.2 消防控制室操作人员未按 GB 25506 的规定持证上岗。

7.9 其他

7.9.1 生产、储存场所的建筑耐火等级与其生产、储存物品的火灾危险性类别不相匹配，违反国家工程建设消防技术标准的规定。

7.9.2 生产、储存、装卸和经营易燃易爆危险品的场所或有粉尘爆炸危险场所未按规定设置防爆电气设备和泄压设施，或防爆电气设备和泄压设施失效。

7.9.3 违反国家工程建设消防技术标准的规定使用燃油、燃气设备,或燃油、燃气管道敷设和紧急切断装置不符合标准规定。

7.9.4 违反国家工程建设消防技术标准的规定在可燃材料或可燃构件上直接敷设电气线路或安装电气设备,或采用不符合标准规定的消防配电线缆和其他供配电线缆。

7.9.5 违反国家工程建设消防技术标准的规定在人员密集场所使用易燃、可燃材料装修、装饰。

十四、《住宅物业消防安全管理》GA 1283—2015

4 一般要求

4.1 住宅物业消防安全管理应严格执行消防法律法规,坚持自防自救,实施综合治理,落实消防安全自治管理职责。

4.2 居(村)民委员会应指导、推动本辖区内住宅物业的消防安全工作,组织制定防火公约,实行消防安全区域联防、多户联防制度,定期开展群众性的消防活动。

居(村)民委员会对住宅物业共用部位每半年至少组织开展一次防火检查,火灾多发季节、重大节假日期间应加强防火检查。

4.3 住宅物业建设单位与其选聘的物业服务企业签订前期物业服务合同,以及业主委员会代表业主与业主大会选聘的物业服务企业签订物业服务合同时,应在合同中约定各方消防安全的责任和防范服务的内容。

4.4 住宅物业建设单位制定临时管理规约或业主大会制定管理规约时,应明确消防安全事项,临时管理规约和管理规约对业主和物业使用人依法具有约束力。

4.5 住宅物业管理区域内租赁房屋的,出租人应确保出租房屋符合消防安全规定,并在订立房屋租赁合同中明确各方的消防安全责任。承租人应在其使用范围内履行消防安全职责,出租人应对承租人履行消防安全职责的情况进行监督。

4.6 前期物业服务合同、物业服务合同、临时管理规约、管理规约、房屋租赁合同约定或明确消防安全内容不得违反消防法律法规和本标准规定的消防安全职责和义务。合同或规约规定不明确的，相关责任人承担主要消防安全责任，合同签订各方或规约制定方承担相应的消防安全责任。

5 消防安全责任

5.1 业主、物业使用人应履行下列职责：

　　a）遵守消防法律法规，遵守临时管理规约、管理规约约定的消防安全事项，执行业主大会和业主大会授权业主委员会作出的有关消防安全管理工作的决定；

　　b）配合物业服务企业做好住宅物业的消防安全工作；

　　c）按规定承担消防设施的维修、更新、添置的相关费用；

　　d）做好自用房屋、自用设备和场地的防火安全工作，及时排查整改火灾隐患。

5.2 业主大会、业主委员会应履行下列职责：

　　a）组织、督促业主、物业使用人遵守消防法律法规，监督临时管理规约、管理规约约定的消防安全事项的实施；

　　b）与居（村）民委员会相互协作，共同做好住宅物业的消防安全工作；

　　c）配合居（村）民委员会依法履行消防安全自治管理职责，支持居（村）民委员会开展消防工作，并接受其指导和监督；

　　d）监督物业服务企业落实消防安全防范服务工作；

　　e）依据消防法律法规、消防技术标准及专项维修资金管理的相关法律法规，根据物业服务企业申请，按程序批准使用专项维修资金，维修更新消防设施。

5.3 物业服务企业应履行下列职责：

　　a）制定并实行逐级消防安全责任制和岗位消防安全责任制，确定各级、各岗位消防安全责任人员，成立志愿消防队伍，制定并落实管理区域的消防安全制度和操作规程；

　　b）配合公安派出所、居（村）民委员会开展消防工作，落实物业服务合同中约定的消防安全防范服务事项；

c）组织对物业服务企业员工进行消防安全培训，开展消防安全宣传教育，指导、督促业主和物业使用人遵守消防安全管理规定；

d）开展防火巡查、检查，消除火灾隐患，保障疏散通道、安全出口、消防车道畅通，保障消防车作业场地不被占用；

e）对管理区域内的共用消防设施、器材及消防安全标志进行维护管理，确保完好有效；

f）制定灭火和应急疏散预案，定期开展演练；

g）落实消防控制室管理制度，发现火灾及时报警，积极组织扑救，并保护火灾现场，协助火灾事故调查。

6 日常消防安全管理

6.1 通则

6.1.1 物业服务企业承接住宅物业时，应对移交的房屋及共用消防设施和相关场地进行查验，并对相关资料进行核对接收，建立消防档案。物业服务合同终止时，物业服务企业应将相关资料和消防档案移交给业主委员会。

6.1.2 物业服务企业应在住宅物业管理办公室、门卫、治安岗亭等场所，集中配备灭火器、消防水带、消防水枪、消火栓扳手、救生绳、消防应急照明和消防通讯器材等必要的消防器材装备，明确专人保管，确保完好有效。

6.1.3 业主、物业使用人应按照规划主管部门批准或房地产权证书载明的用途使用物业，不应违法改变使用性质。封闭的住宅物业管理区域内的住宅、架空层、设备层、车库等，不应改变使用性质。

6.1.4 物业服务企业、业主、物业使用人禁止下列违反消防法律法规的行为：

a）搭建违章建（构）筑，影响消防安全；

b）损坏、挪用、埋压、圈占、遮挡或擅自拆除、停用消防设施、器材；

c) 占用防火间距;

d) 占用、堵塞、封闭疏散通道、安全出口和有其他妨碍安全疏散行为;

e) 占用、堵塞、封闭消防车道,妨碍消防车通行;

f) 占用消防车作业场地,设置妨碍举高消防车作业和消防车通行的绿化或障碍物;

g) 疏散通道、安全出口使用明火。

6.1.5 住宅物业区域内消防车道、疏散通道、消防设施等发生改变时,物业服务企业应及时更换标识、标志,在物业管理区域内显著位置公告改变情况,并依法办理相关手续。

6.1.6 业主、物业使用人应在指定区域停放汽车、助动车、摩托车和电动自行车,落实消防安全措施。物业服务企业划定的停车区域,不应影响人员疏散、消防车通行及举高消防车作业。

为电动自行车充电的电气线路和设备应由取得相应资格的电工安装,充电时宜在室外进行,周围不应有可燃物。有条件的,可设置固定集中的电动自行车充电点或设置带安全保护装置的充电设施。

6.1.7 生产、储存、经营易燃易爆危险品的场所不应设置在住宅物业管理区域内。物业服务企业、业主、物业使用人应按照公安机关的规定,在规定区域、路段和规定时间内安全燃放烟花爆竹。

物业服务企业应设置明显的禁止燃放烟花爆竹标志,禁止在采用外保温材料的建筑 60m 范围内燃放烟花爆竹。

6.1.8 住宅物业设置集体宿舍、合租居住用房或集体活动场所使用的,应依法办理相关手续,其场地、设施应符合消防安全要求。

6.1.9 业主、物业使用人需要装饰装修房屋的,应事先告知物业服务企业,物业服务企业应将房屋装饰装修中的消防安全禁止行为和注意事项告知业主、物业使用人。

装饰装修房屋时,电器产品、燃气用具的安装、使用及其线路、管路的设计、敷设，应符合消防技术标准和管理规定。

6.1.10 住宅物业进行外立面装修、装饰、节能改造时，施工现场应符合消防安全要求，建筑材料的防火性能应符合国家标准和行业标准。禁止采用易燃材料。

6.2 防火检查和火灾隐患整改

6.2.1 物业服务企业对住宅物业管理区域内的共用部位应每日进行防火巡查，每月至少进行一次防火检查，及时发现和消除火灾隐患。

6.2.2 防火巡查应包括下列内容：

　　a）安全出口、疏散通道、消防车道是否畅通，消防车作业场地是否被占用，安全疏散指示标志、应急照明是否完好；

　　b）常闭式防火门是否处于关闭状态，防火卷帘下是否堆放物品；

　　c）消防设施、器材是否在位、完整有效，消防安全标志是否完好清晰；

　　d）用火、用电、用油、用气有无故障，有无违章情况；

　　e）消防安全重点部位的人员在岗情况；

　　f）装饰装修等施工现场消防安全情况；

　　g）其他消防安全情况。

6.2.3 防火检查应包括下列内容：

　　a）消防安全制度、操作规程及临时管理规约、管理规约的执行和落实情况；

　　b）物业使用性质有无违法改变情况；

　　c）用火、用电、用油、用气有无故障，有无违章情况；

　　d）消防安全重点部位管理情况；

　　e）安全出口、疏散通道和消防车道是否畅通；

　　f）消防设施、器材和消防水源是否完好；

　　g）消防控制室值班人员值班情况和持证上岗情况；

　　h）灭火和应急疏散预案的制定与演练情况；

　　i）员工消防知识掌握情况；

j）防火巡查、火灾隐患整改及防范措施落实情况；

　　k）其他消防安全情况。

6.2.4 防火巡查和检查时应填写巡查和检查记录，巡查和检查人员及其主管人员应在记录上签名。

6.2.5 业主、物业使用人装饰装修房屋期间，物业服务企业应对房屋装修、装饰的消防安全情况进行检查。

6.2.6 物业服务企业发现业主、物业使用人有违反消防法律法规和临时管理规约、管理规约等妨害公共消防安全行为的，应及时进行劝阻、制止并告知整改；对情节严重或逾期不整改的，应及时向业委员会、居（村）民委员会或公安派出所报告。业主委员会、居（村）民委员会可视情在物业管理区域内显著位置公告，或由公安派出所、公安机关消防机构依法予以处罚。

6.2.7 物业服务企业应根据公安机关消防机构、公安派出所、居（村）民委员会提出的火灾隐患整改通知，及时整改消除火灾隐患。

6.3　消防设施维护管理

6.3.1 物业服务企业应对住宅物业管理区域内的共用消防设施进行维护管理，业主、物业使用人应对自用房屋、场地消防设施进行维护管理。

6.3.2 住宅物业管理区域设有自动消防设施的，物业服务企业应与具有消防设施维护保养检测资质的机构签订自动消防设施维护保养合同，明确维护保养责任，保证自动消防设施的正常运行。

6.3.3 共用消防设施每年至少进行一次全面检测，确保完好有效。检测记录应完整准确，存档备查。

6.3.4 消防控制室应实行每日24h专人值班制度，每个消防控制室每班不应少于2人。

6.3.5 共用消防设施保修期内的维修等费用，由物业建设单位承担。保修期满后的维修、更新和改造等费用，纳入共用设施设备专项维修资金开支范围。

没有专项维修资金或专项维修资金不足的，消防设施维修、更新和改造等费用由业主按约定承担；没有约定或约定不明的，由各业主按其所有的产权建筑面积占建筑总面积的比例承担。

共用消防设施属人为损坏的，费用应由责任人承担。

6.3.6 共用消防设施损坏的，物业服务企业应立即组织维修、更新和改造，并向业主委员会、居（村）民委员会和城乡房产管理部门报告。属于市政消防设施的，应及时向供水部门报告。

共用消防设施的维修、更新、改造期间，应采取确保消防安全的有效措施，并应在物业管理区域内的显著位置告知。

6.3.7 建筑消防设施的检查、检测和维护管理，应符合 GB 25201 和 GA 503 的有关规定。

6.4 消防安全宣传教育和培训

6.4.1 物业服务企业的消防安全责任人、消防安全管理人应参加消防安全培训，自动消防设施操作人员、消防设施检测维护人员、消防控制室值班人员等应按照国家有关规定取得消防行业特有工种职业资格，并持证上岗。

6.4.2 物业服务企业员工岗前应接受消防安全培训。物业服务企业对每名员工每年至少进行一次消防安全培训，提高检查消除火灾隐患能力、扑救初起火灾能力、组织疏散逃生能力和消防宣传教育能力，提升消防安全管理水平。

6.4.3 物业服务企业应通过多种形式开展经常性的消防安全宣传教育。住宅物业管理区域内应设有消防警示牌、消防公益广告、消防橱窗等消防知识宣传设施，并应结合火灾特点和形势，每季度至少更新一次宣传内容。

6.4.4 物业服务企业应制定住宅物业管理区域灭火及应急疏散预案，组建住宅物业志愿消防队，每月应至少开展一次灭火、救生技能训练，每年应组织业主、物业使用人至少进行一次以消防设施、器材使用、灭火和安全疏散为重点的消防宣传和演练活动。

6.4.5 业主、物业使用人应对孤寡老人、残疾人、瘫痪病人及未成年人等被监护人员进行防火教育，落实必要的防火安全保护措施。物业服务企业应对上述被监护人员登记造册，定期组织培训。

6.4.6 物业服务企业应在住宅区的出入口、电梯口、防火门等醒目位置设置提示火灾危险性、安全逃生路线、安全出口、消防设施器材使用方法的明显标志和警示标语；并应在消防车道、消防车作业场地、疏散通道以及消火栓、灭火器、防火门、防火卷帘等消防设施附近设置禁止占用、遮挡的明显标识。

7 火情处置和协助调查

7.1 火灾发生后，物业服务企业应立即启动灭火和应急疏散预案，立即拨打 119 火警电话，组织安全疏散，实施初起火灾扑救。

7.2 火灾扑灭后，物业服务企业、业主委员会、业主、物业使用人应保护火灾现场，协助火灾事故调查。

7.3 未经火灾调查机构允许，任何人不得擅自进入火灾现场保护范围内，不得破坏火灾现场。

7.4 火灾调查结束后，物业服务企业、业主委员会应总结火灾事故教训，加强和改进消防安全管理工作。

十五、《城市消防远程监控系统　第 1 部分：用户信息传输装置》GB 26875.1—2011

4 要求

4.1 整机性能要求

4.1.1 通用要求

4.1.1.1 用户信息传输装置（以下简称传输装置）的主电源宜采用 220V，50Hz 交流电源。

4.1.1.2 传输装置应具有中文功能标注，用文字显示信息时应采用中文。

4.1.1.3 传输装置应通过指示灯（器）或文字显示方式，明确指示各类信息的传输过程、传输成功或失败等状态。在使用指示灯方式指示信息传输状态时，宜采用指示灯闪烁方式指示信息正在传输中，常亮方式指示信息传输成功。

4.1.1.4 传输装置应具有信息重发功能，信息重发机制应满足GB/T 26875.3—2011 中 6.5 的要求。传输装置在传输信息失败后，应能发出指示传输信息失败或通信故障的声信号。

4.1.1.5 传输装置与监控中心间通信线路（链路）的接口，其物理特性和电特性应符合相应的国家标准。

4.1.1.6 传输装置与监控中心间的信息传输通信协议应满足GB/T 26875.3—2011 的要求。

4.1.2 火灾报警信息的接收和传输功能

4.1.2.1 传输装置应能接收来自联网用户火灾探测报警系统的火灾报警信息，并在 10s 内将信息传输至监控中心。

4.1.2.2 传输装置在传输火灾报警信息期间，应发出指示火灾报警信息传输的光信号或信息提示。该光信号应在火灾报警信息传输成功或火灾探测报警系统复位后至少保持 5min。

4.1.2.3 传输装置在传输除火灾报警和手动报警信息之外的其他信息期间，及在进行查岗应答、装置自检、信息查询等操作期间，如火灾探测报警系统发出火灾报警信息，传输装置应能优先接收和传输火灾报警信息。

4.1.3 建筑消防设施运行状态信息的接收和传输功能

4.1.3.1 传输装置应能接收来自联网用户建筑消防设施的按GB 50440 附录 A 中所列的运行状态信息（火灾报警信息除外），并在 10s 内将信息传输至监控中心。

4.1.3.2 传输装置在传输建筑消防设施运行状态信息期间，应发出指示信息传输的光信号或信息提示，该光信号应在信息传输成功后至少保持 5min。

4.1.4 手动报警功能

4.1.4.1 传输装置应设置手动报警按键（钮）。当手动报警按键（钮）动作时，传输装置应能在 10s 内将手动报警信息传送至监控中心。

4.1.4.2 传输装置在传输手动报警信息期间，应发出手动报警状态光信号，该光信号应在信息传输成功后至少保持5min。

4.1.4.3 传输装置在传输火灾报警信息、建筑消防设施运行状态信息和其他信息期间，及在进行查岗应答、装置自检、信息查询等操作期间，应能优先进行手动报警操作和手动报警信息传输。

4.1.5　巡检和查岗功能

4.1.5.1 传输装置应能接收监控中心发出的巡检指令，并能根据指令要求将传输装置的相关运行状态信息传送至监控中心。

4.1.5.2 传输装置应能接收监控中心发送的值班人员查岗指令，并能通过设置的查岗应答按键（钮）进行应答操作。传输装置接收来自监控中心的查岗指令后，应发出查岗提示声、光信号，声信号应与其他提示有明显区别。该声、光信号应保持至查岗应答操作完成。在无应答情况下，声、光信号应保持至接收并执行来自监控中心的新指令或至少保持10min。

4.1.6　本机故障报警功能

4.1.6.1 传输装置应设置独立的本机故障总指示灯，该故障总指示灯在传输装置存在故障信号时应点亮。

4.1.6.2 当发生下列故障时，传输装置应在100s内发出本机故障声、光信号，并指示故障类型：

　　a) 传输装置与监控中心间的通信线路（链路）不能保障信息传输；

　　b) 传输装置与建筑消防设施间的连接线发生断路、短路和影响功能的接地（短路时发出报警信号除外）；

　　c) 给备用电源充电的充电器与备用电源间连接线的断路、短路；

　　d) 备用电源与其负载间连接线的断路、短路。

　　本机故障声信号应能手动消除，再有故障发生时，应能再启动；本机故障光信号应保持至故障排除。

对于 b)～d)类故障,传输装置应在指示出该类故障后的60s内将故障信息传送至监控中心。

4.1.6.3 传输装置的本机故障信号在故障排除后,可以自动或手动复位。手动复位后,传输装置应在100s内重新显示存在的故障。

4.1.7 自检功能

传输装置应有手动检查本机面板所有指示灯、显示器、音响器件和通信链路是否正常的功能。

4.1.8 电源性能

4.1.8.1 传输装置应有主、备电源的工作状态指示,主电源应有过流保护措施。当交流供电电压变动幅度在额定电压(220V)的85%～110%范围内,频率偏差不超过标准频率(50Hz)的±1%时,传输装置应能正常工作。

4.1.8.2 传输装置应有主电源与备用电源之间的自动转换装置。当主电源断电时,能自动转换到备用电源;主电源恢复时,能自动转换到主电源。主、备电源的转换不应使传输装置产生误动作。备用电源的电池容量应能提供传输装置在正常监视状态下至少工作8h。

4.1.9 绝缘性能

传输装置有绝缘要求的外部带电端子与机壳间的绝缘电阻值不应小于20MΩ;电源输入端与机壳间的绝缘电阻值不应小于50MΩ。

4.1.10 电气强度性能

传输装置的电源插头与机壳间应能耐受住频率为50Hz,有效值电压为1250V的交流电压历时1min的电气强度试验,试验期间传输装置的击穿电流不应大于20mA,试验后,传输装置的功能应满足4.1.2～4.1.7的要求。

4.1.11 电磁兼容性能

传输装置应能适应表1所规定条件下的各项试验要求。试验期间,传输装置应保持正常监视状态试验后,传输装置的功能应满足4.1.2～4.1.7的要求。

表 1 电磁兼容性能试验条件

试验名称	试验参数	试验条件	工作状态
射频电磁场辐射抗扰度试验	场强/(V/m)	10	正常监视状态
	频率范围/MHz	80~1000	
	扫频速率/(10oct/s)	$\leqslant 1.5 \times 10^{-2}$	
	调制幅度	80%(1kHz,正弦)	
射频场感应的传导骚扰抗扰度试验	频率范围/MHz	0.15~80	正常监视状态
	电压/dBμV	140	
	调制幅度	80%(1kHz,正弦)	
静电放电抗扰度试验	放电电压/kV	空气放电(外壳为绝缘体试样)8 接触放电(外壳为导体试样和耦合板)6	正常监视状态
	放电极性	正、负	
	放电间隔/s	$\geqslant 1$	
	每点放电次数	10	
电快速瞬变脉冲群抗扰度试验	瞬变脉冲电压/kV	AC电源线 1×(1±0.1) 其他连接线 0.5×(1±0.1)	正常监视状态
	重复频率/kHz	AC电源线 5×(1±0.2) 其他连接线 5×(1±0.2)	
	极性	正、负	
	时间/min	每次1	
浪涌(冲击)抗扰度试验	浪涌(冲击)电压/kV	AC电源线 线-线：1×(1±0.1) AC电源线 线-地：2×(1±0.1) 其他连接线 线-地：1×(1±0.1)	正常监视状态
	极性	正、负	
	试验次数	5	
电压暂降、短时中断和电压变化的抗扰度试验	持续时间/ms	20(下滑至40%)； 10(下滑至0V)	正常监视状态
	重复次数	10	

4.1.12 气候环境耐受性

传输装置应能耐受住表2规定的气候环境条件下的各项试验。试验期间,传输装置应保持正常监视状态;试验后,传输装置应无涂覆层破坏和腐蚀现象,其功能应满足4.1.2~4.1.7的要求。

表2 气候环境试验条件

试验名称	试验参数	试验条件	工作状态
低温(运行)试验	温度/℃	-20±2	正常监视状态
	持续时间/h	16	
恒定湿热(运行)试验	温度/℃	40±2	正常监视状态
	相对湿度/%	90~95	
	持续时间/d	4	

4.1.13 机械环境耐受性

传输装置应能耐受住表3规定的机械环境条件下的各项试验。试验期间,传输装置应保持正常监视状态;试验后,传输装置不应有机械损伤和紧固部位松动现象,其功能应满足4.1.2~4.1.7的要求。

表3 机械环境试验条件

试验名称	试验参数	试验条件	工作状态
振动(正弦)(运行)试验	频率循环范围/Hz	10~150	正常监视状态
	加速幅值/(m/s^2)	0.981	
	扫频速率/(cot/min)	1	
	每个轴线扫频次数	1	
	振动方向	X、Y、Z	
	振动方向	X、Y、Z	
碰撞(运行)试验	碰撞能量/J	0.5±0.04	正常监视状态
	每点碰撞次数	3	

4.1.14 软件要求

4.1.14.1 程序应贮存在 ROM、EPROM、E2PROM、FLASH

等不易丢失信息的存储器中。

4.1.14.2 每个贮存文件的存储器上均应标注文件号码。

4.1.14.3 手动或程序输入数据时,不论原状态如何,都不应引起程序的意外执行。

4.1.14.4 软件应能防止非专门人员改动。

4.1.14.5 制造商应提交软件设计资料,资料内容应能充分证明软件设计符合标准要求并应至少包括软件功能描述文件(如流程图或结构图)。

4.1.15 操作级别

传输装置的操作功能应符合表4规定的操作级别要求。

表4 传输装置操作级别划分表

序号	操作项目	Ⅰ	Ⅱ*	Ⅲ
1	信息查询	M	M	M
2	消除声信号	O	M	M
3	手动报警操作	O	M	M
4	复位	P	M	M
5	查岗应答	P	M	M
6	自检	P	M	M
7	开、关电源	P	M	M
8	现场参数设置	P	P	M
9	修改或改变软、硬件	P	P	M

注:P—禁止;O—可选择;M—本级人员可操作。

* 进入Ⅱ、Ⅲ级操作功能状态应采用钥匙、操作号码,用于进入Ⅲ级操作功能状态的钥匙或操作号码可用于进入Ⅱ级操作功能状态,但用于进入Ⅱ级操作功能状态的钥匙或操作号码不能用于进入Ⅲ级操作功能状态。

4.2 主要部件性能要求

4.2.1 基本要求

传输装置的主要部件,应采用符合国家有关标准的定型产品。传输装置的表面应无腐蚀、涂覆层脱落和起泡现象,紧固部位无松动。

4.2.2 指示灯

4.2.2.1 应以颜色标识，红色指示火灾报警、手动报警；黄色指示故障、查岗应答、自检等；绿色指示主电源和备用电源工作。

4.2.2.2 指示灯应标注功能。

4.2.2.3 在5lx～500lx环境光条件下，在正前方22.5°视角范围内，指示灯应在3m处清晰可见。

4.2.2.4 采用闪动方式的指示灯每次点亮时间不应小于0.25s，其启动信号指示灯闪动频率不应小于1Hz，故障指示灯闪动频率不应小于0.2Hz。

4.2.3 字母（符）-数字显示器

在5lx～500lx环境光条件下，显示字符应在正前方22.5°视角内，0.8m处可读。

4.2.4 音响器件

4.2.4.1 在正常工作条件下，音响器件在其正前方1m处的声压级（A计权）应大于65dB，小于115dB。

4.2.4.2 在85%额定工作电压供电条件下应能发出音响。

4.2.5 熔断器

用于电源线路的熔断器或其他过流保护器件，其额定电流值一般应不大于最大工作电流的2倍。在靠近熔断器或其他过流保护器件处应清楚地标注其参数值。

4.2.6 接线端子及保护接地

每一接线端子上都应清晰、牢固地标注编号或符号，相应用途应在有关文件中说明。采用交流供电的传输装置应有保护接地。

4.2.7 备用电源

4.2.7.1 电源正极连接导线应为红色，负极连接导线应为黑色或蓝色。

4.2.7.2 在不超过生产厂规定的极限放电情况下，应能将电池在24h内充至额定容量80%以上,再充48h后应能充满。

4.2.8 开关和按键(钮)

开关和按键(钮)(或靠近的位置上)应清楚地标注其功能。

4.2.9 导线及线槽

传输装置的主电路配线应采用工作温度参数大于105℃的阻燃导线(或电缆),且接线牢固;连接线槽应选用不燃材料或难燃材料(氧指数不小于28)制造。

4.2.10 使用说明书

传输装置应有相应的中文说明书。说明书的内容应满足GB/T 9969的要求。

7 标志

7.1 产品标志

每台传输装置均应有清晰、耐久的产品标志,产品标志应包括以下内容:

a) 产品名称;

b) 产品型号;

c) 制造商名称、地址;

d) 制造日期及产品编号;

e) 执行标准编号。

7.2 质量检验标志

每台传输装置应有质量检验合格标志。

十六、《城市消防远程监控系统 第2部分:通信服务器软件功能要求》GB 26875.2—2011

3 功能要求

3.1 通信服务器软件运行或经登录后,应自动进入正常工作状态。

3.2 通信服务器软件应能按照GB/T 26875.3规定的通信协议与用户信息传输装置进行数据通信,完成下列功能:

a) 接收用户信息传输装置发送的GB/T 26875.3—2011中

8.3.1 所列信息,并转发至受理座席;

  b) 具有用户信息传输装置寻址功能,将 GB/T 26875.3—2011 中 8.3.2 所列信息发送到相应的用户信息传输装置。

3.3 通信服务器软件应能监视与用户信息传输装置、受理座席和其他连接终端设备的通信连接状态,在通信连接故障时,应能存档并自动通知受理座席。

3.4 通信服务器软件应能通过备用链路接收用户信息传输装置发送的火灾报警信息,并转发至受理座席。

3.5 通信服务器软件应具有配置、退出等操作权限。

3.6 通信服务器软件应能自动记录、查询启动和退出时间。

3.7 通信服务器软件界面应能满足以下要求:

  a) 采用中文显示,显示内容应表述清晰、简明易懂;

  b) 应显示与受理座席的链接状态;

  c) 应显示日期和时钟信息。

3.8 通信服务器软件的用户文档应满足 GB/T 17544—1998 中 3.2 的要求。

  十七、《城市消防远程监控系统　第 5 部分:受理软件功能要求》GB 26875.5—2011

4 基本要求

  受理软件应满足以下基本要求:

  a) 受理软件界面应采用中文显示;

  b) 操作过程应有明确的受理流程指示;

  c) 软件在运行期间不应发生异常情况;

  d) 受理软件的用户文档应满足 GB/T 17544—1998 中 3.2 的要求。

5 功能要求

5.1 受理软件通用功能要求

5.1.1 运行或经登录后,应自动进入监控受理工作状态。

5.1.2 应具有文字信息显示界面和地理信息显示界面,分别显示文字信息和地理信息。

5.1.3 界面应显示下列信息：

 a) 未受理信息；

 b) 日期和时钟信息；

 c) 软件版本信息；

 d) 受理座席、受理员信息；

 e) 受理员离席或在席状态信息。

 上述信息中，a) 项内容不应被覆盖。

5.1.4 应能记录、查询其启停时间和人员登录、注销时间、值班记事等。

5.1.5 应有受理、查询、退出等操作权限。

5.1.6 应与城市消防远程监控系统的标准时钟同步。

5.1.7 应具有违规操作提示功能。

5.2 报警受理系统受理软件功能要求

5.2.1 应能接收、显示、记录及查询用户信息传输装置发送的火灾报警信息、建筑消防设施运行状态信息。

5.2.2 应能接收、显示、记录及查询通信服务器发送的系统告警信息。

5.2.3 收到各类信息时，应能驱动声器件和显示界面发出声信号和显示提示。火灾报警信息声提示信号和显示提示应明显区别于其他信息，且显示及处理优先。声信号应能手动消除，当收到新的信息时，声信号应能再启动。信息受理后，相应声信号、显示提示应自动消除。

5.2.4 受理用户信息传输装置发送的火灾报警、故障状态信息时，应能显示下列内容：

 a) 信息接收时间、用户名称、地址、联系人姓名、电话、单位信息、相关系统或部件的类型、状态等信息。

 b) 该用户的地理信息、建筑消防设施的位置信息以及部件在建筑物中的位置信息；部件位置在系统平面图中显示应明显。

 c) 该用户信息传输装置发送的不少于五条的同类型历史信

息记录。

5.2.5 应能对火灾报警信息进行确认和记录归档。

5.2.6 应能向火警信息终端传送经确认的火灾报警信息,信息内容应包括:报警联网用户名称、地址、联系人姓名、电话、建筑物名称、报警点所在建筑物详细位置、监控中心受理员编号或姓名等;并能接收、显示和记录火警信息终端返回的确认时间、指挥中心受理员编号或姓名等信息;通信失败时应告警。

5.2.7 应能对用户信息传输装置发送的故障状态信息进行核实、记录、查询和统计,并向联网用户相关人员或相关部门发送经核实的故障信息;对故障处理结果应能进行查询。

5.2.8 应能人工向用户信息传输装置发送测试命令,对通信链路、用户信息传输装置进行测试,测试失败应告警;并能记录、显示和查询测试结果。

5.3 火警信息终端受理软件功能要求

5.3.1 应能接收、显示、记录及查询监控中心报警受理系统发送的火灾报警信息。

5.3.2 收到火灾报警及系统内部故障告警信息时,应能驱动声器件和显示界面发出声信号和显示提示。火灾报警信息声提示信号和显示提示应明显区别于故障告警信息,且显示及处理优先。声信号应能手动消除,当收到新的信息时,声信号应能再启动。信息受理后,相应声信号、显示提示应自动消除。

5.3.3 受理火灾报警信息时,应能显示报警联网用户的名称、地址、联系人姓名、电话、建筑物名称、报警点所在建筑物位置、联网用户的地理信息、监控中心受理员编号或姓名、接收时间等信息;经人工确认后,向监控中心反馈确认时间、指挥中心受理员编号或姓名等信息;通信失败时应告警。

5.3.4 应能检测与监控中心之间的通信状况,出现故障时应告警,并能记录和查询故障类型、故障出现及消除时间。

十八、《城市消防远程监控系统 第 6 部分：信息管理软件功能要求》GB 26875.6—2011

4 基本要求

信息管理软件应满足以下基本要求：

a) 软件界面应采用中文显示；

b) 软件在运行期间不应发生异常情况；

c) 软件的用户文档应满足 GB/T 17544—1998 中 3.2 的要求。

5 功能要求

5.1 信息管理软件应具有用户权限管理功能，用户权限划分应至少包含下述权限级别：

a) 信息管理软件用户管理；

b) 查询监控中心信息；

c) 管理监控中心信息；

d) 查询联网单位信息；

e) 管理联网单位信息；

f) 查询本联网单位信息；

g) 管理本联网单位信息；

h) 对联网单位值班人员查岗。

5.2 信息管理软件应具有查岗功能。

5.3 信息管理软件应具有按用户权限的不同，管理监控中心下列信息的功能：

a) 监控中心信息，信息应满足 GB/T 26875.4—2011 表 1 要求；

b) 监控中心人员信息，信息应满足 GB/T 26875.4—2011 表 2 要求；

c) 消防法律法规，信息应满足 GB/T 26875.4—2011 表 13 要求；

d) 消防常识信息，信息应满足 GB/T 26875.4—2011 表 14

要求。

5.4 信息管理软件应具有按用户权限的不同，管理联网用户下列信息的功能：

  a) 联网单位基本情况信息，信息应满足 GB/T 26875.4—2011 表 3 要求；

  b) 联网单位建、构筑物信息，信息应满足 GB/T 26875.4—2011 表 4 要求；

  c) 联网单位消防安全重点部位信息，信息应满足 GB/T 26875.4—2011 表 5 要求；

  d) 联网单位消防设施信息，信息应满足 GB/T 26875.4—2011 表 6 要求；

  e) 联网单位消防设施部件信息，信息应满足 GB/T 26875.4—2011 表 7 要求；

  f) 联网单位报警受理信息，信息应满足 GB/T 26875.4—2011 表 8 要求；

  g) 联网单位查岗信息，信息应满足 GB/T 26875.4—2011 表 9 要求；

  h) 联网单位火灾信息，信息应满足 GB/T 26875.4—2011 表 10 要求；

  i) 联网单位消防设施检查信息，信息应满足 GB/T 26875.4—2011 表 11 要求；

  j) 联网单位消防设施维护保养信息，信息应满足 GB/T 26875.4—2011 表 12 要求。

5.5 信息管理软件应具有分类检索、统计功能，并能生成相应统计报表。对于联网单位的火灾报警信息和消防设施运行状态信息，应能按照下述检索项进行单项或联合检索和统计：

  a) 日期；

  b) 联网单位名称；

  c) 联网单位类别；

  d) 联网单位所属区域；

e) 联网单位监管等级；
f) 建筑物类别；
g) 建筑物使用性质；
h) 建筑物结构类型；
i) 建筑消防设施类型；
j) 建筑消防设施部件类型；
k) 建筑消防设施制造厂商名称；
l) 建筑消防设施维修保养厂商名称。

5.6 信息管理软件应具有将5.5中生成的统计报表进行存档和打印功能。

十九、《灭火救援装备储备管理通则》GA 1282—2015

10 档案与账目管理

10.1 档案管理

10.1.1 应及时将装备的基本数据信息录入公安消防部队消防技术装备管理系统，包括装备名称、生产厂家（销售商）、型号、编码、数量、性能参数、生产日期、出入库时间、保质期、退役年限等。

10.1.2 应随装备留存原始技术资料并适当备份，包括附件表、使用说明书和配套语音视频、技术培训和售后服务信息等。

10.1.3 做好装备使用、维修保养、校准、损耗、更新等档案信息的采集、存储和管理。

10.1.4 装备的档案应编目并长期保存。装备的隶属关系变更时，装备的移交与接收单位应办理相关审批、登记和档案交接手续。

10.1.5 灭火救援装备储备管理鼓励采用射频识别等先进的信息管理技术。

10.2 账目管理

10.2.1 库存装备应账、卡、物相符。检查相符，在账、卡结存数上加盖核对印章，若检查不符，应及时查明原因并上报，按规定更改。

10.2.2 管理员依据上级下达的装备调拨通知单,对入库的装备进行数量核对,经核对无误后,对入库装备按要求签署交接书,办理入库手续,并登记在账、卡上。

10.2.3 应每半年至少对在储装备点验对账一次,达到(或即将达到)仓储时间的装备应及时将情况上报。消耗装备、达到使用寿命或未达到使用寿命但已丧失使用功能的装备,应及时上报,办理装备损耗、报废和退役手续,并做好出账登记和统计报表。

10.2.4 装备出入库记录、统计报表和业务凭证的存档时间不应少于5年。

二十、《建筑消防设施的维护管理》GB 25201—2010

4.2 建筑物的产权单位或受其委托管理建筑消防设施的单位,应明确建筑消防设施的维护管理归口部门、管理人员及其工作职责,建立建筑消防设施值班、巡查、检测、维修、保养、建档等制度.确保建筑消防设施正常运行。

4.3 同一建筑物有两个以上产权、使用单位的,应明确建筑消防设施的维护管理责任,对建筑消防设施实行统一管理,并以合同方式约定各自的权利义务。委托物业等单位统一管理的,物业等单位应严格按合同约定履行建筑消防设施维护管理职责,建立建筑消防设施值班、巡查、检测、维修、保养、建档等制度,确保管理区域内的建筑消防设施正常运行。

4.4 建筑消防设施维护管理单位应与消防设备生产厂家、消防设施施工安装企业等有维修、保养能力的单位签订消防设施维修、保养合同。维护管理单位自身有维修、保养能力的,应明确维修、保养职能部门和人员。

4.5 建筑消防设施投入使用后,应处于正常工作状态。建筑消防设施的电源开关、管道阀门,均应处于正常运行位置,并标示开、关状态;对需要保持常开或常闭状态的阀门,应采取铅封、标识等限位措施;对具有信号反馈功能的阀门,其状态信号应反馈到消防控制室；消防设施及其相关设备电气控制柜具有控制方式转换装置的，其所处控制方式宜反馈至消防控制室。

4.6 不应擅自关停消防设施。值班、巡查、检测时发现故障，应及时组织修复。因故障维修等原因需要暂时停用消防系统的，应有确保消防安全的有效措施，并经单位消防安全责任人批准。

5.2 消防控制室值班时间和人员应符合以下要求：

  a) 实行每日 24h 值班制度，值班人员应通过消防行业特有工种职业技能鉴定，持有初级技能以上等级的职业资格证书。

  b) 每班工作时间应不大于 8h，每班人员应不少于 2 人，值班人员对火灾报警控制器进行日检查、接班、交班时，应填写《消防控制室值班记录表》（见表 A.1）的相关内容。值班期间每 2h 记录一次消防控制室内消防设备的运行情况，及时记录消防控制室内消防设备的火警或故障情况。

  c) 正常工作状态下，不应将自动喷水灭火系统、防烟排烟系统和联动控制的防火卷帘等防火分隔设施设置在手动控制状态，其他消防设施及相关设备如设置在手动状态时，应有在火灾情况下迅速将手动控制转换为自动控制的可靠措施。

6.1 一般要求

6.1.1 建筑消防设施的巡查应由归口管理消防设施的部门或单位实施，按照工作、生产、经营的实际情况，将巡查的职责落实到相关的工作岗位。

6.1.2 从事建筑消防设施巡查的人员，应通过消防行业特有工种职业技能鉴定，持有初级技能以上等级的职业资格证书。

6.1.3 建筑消防设施巡查应明确各类建筑消防设施的巡查部位、频次和内容。巡查时应填写《建筑消防设施巡查记录表》（见表 C.1）。巡查时发现故障，应按第 8 章要求处理。

6.1.4 建筑消防设施巡查频次应满足下列要求：

  a) 公共娱乐场所营业时，应结合公共娱乐场每 2h 巡查一次的要求，视情况将建筑消防设施的巡查部分或全部纳入其中，但全部建筑消防设施应保证每日至少巡查一次；

b） 消防安全重点单位，每日巡查一次；
c） 其他单位，每周至少巡查一次。

7.1 一般要求

7.1.1 建筑消防设施应每年至少检测一次，检测对象包括全部设备、组件等，设有自动消防系统的宾馆、饭店、商场、市场、公共娱乐场所等人员密集场所，易燃易爆单位以及其他一类高层公共建筑等消防安全重点单位，应自系统投入运行后每一年底前，将年度检测记录报当地公安机关消防机构的备案。在重大的节日，重大的活动前或者期间，应根据当地公安机关消防机构的要求对建筑消防设施进行检测。

7.1.2 从事建筑消防设施检测的人员，应当通过消防行业特有工种职业技能鉴定，持有高级技能以上等级职业资格证书。

7.1.3 建筑消防设施检测应按 GA 503 的要求进行，并如实填写《建筑消防设施检测记录表》（见表 D.1）的相关内容。

8 维修

8.1 从事建筑消防设施维修的人员，应当通过消防行业特有工种职业技能鉴定，持有技师以上等级职业资格证书。

8.2 值班、巡查、检测、灭火演练中发现建筑消防设施存在问题和故障的，相关人员应填写《建筑消防设施故障维修记录表》（见表 B.1），并向单位消防安全管理人报告。

8.3 单位消防安全管理人对建筑消防设施存在的问题和故障，应立即通知维修人员进行维修，维修期间，应采取确保消防安全的有效措施。故障排除后应进行相应功能试验并经单位消防安全管理人检查确认。维修情况应记入《建筑消防设施故障维修记录表》（见表 B.1）。

9 保养

9.1 一般规定

9.1.1 建筑消防设施维护保养应制定计划，列明消防设施的名称、维护保养的内容和周期（见表 E.1）。

9.1.2 从事建筑消防设施保养的人员，应通过消防行业特有工种职业技能鉴定,持有高级技能以上等级职业资格证书。

9.1.3 凡依法需要计量检定的建筑消防设施所用称重、测压、测流量等计量仪器仪表以及泄压阀、安全阀等,应按有关规定进行定期校验并提供有效证明文件。单位应储备一定数量的建筑消防设施易损件或与有关产品厂家、供应商签订相关合同,以保证供应。

9.1.4 实施建筑消防设施的维护保养时,应填写《建筑消防设施维护保养记录表》(见表 E.2)并进行相应功能试验。

9.2 保养内容

9.2.1 对易污染、易腐蚀生锈的消防设备、管道、阀门应定期清洁、除锈、注润滑剂。

9.2.2 点型感烟火灾探测器应根据产品说明书的要求定期清洗、标定;产品说明书没有明确要求的,应每二年清洗、标定一次。可燃气体探测器应根据产品说明书的要求定期进行标定。火灾探测器、可燃气体探测器的标定应由生产企业或具备资质的检测机构承担,承担标定的单位应出具标定记录。

9.2.3 储存灭火剂和驱动气体的压力容器应按有关气瓶安全监察规程的要求定期进行试验、标识。

9.2.4 泡沫、干粉等灭火剂应按产品说明书委托有资质单位进行包括灭火性能在内的测试。

9.2.5 以蓄电池作为后备电源的消防设备,应按照产品说明书的要求定期对蓄电池进行维护。

9.2.6 其他类型的消防设备应按照产品说明书的要求定期进行维护保养。

9.2.7 对于使用周期超过产品说明书标识寿命的易损件、消防设备,以及经检查测试已不能正常使用的火灾探测器、压力容器、灭火剂等产品设备应及时更换。

10 档案

10.1 内容

建筑消防设施档案应包含建筑消防设施基本情况和动态管理

情况。基本情况包括建筑消防设施的验收文件和产品、系统使用说明书、系统调试记录、建筑消防设施平面布置图、建筑消防设施系统图等原始技术资料。动态管理情况包括建筑消防设施的值班记录、巡查记录、检测记录、故障维修记录以及维护保养计划表、维护保养记录、自动消防控制室值班人员基本情况档案及培训记录。

10.2　保存期限

10.2.1　建筑消防设施的原始技术资料应长期保存。

10.2.2　《消防控制室值班记录表》(见表 A.1)和《建筑消防设施巡查记录表》(见表 C.1)的存档时间不应少于一年。

10.2.3　《建筑消防设施检测记录表》(见表 D.1)、《建筑消防设施故障维修记录表》(见表 B.1)、《建筑消防设施维护保养计划表》(见表 E.1)、《建筑消防设施维护保养记录表》(见表 E.2)的存档时间不应少于五年。

二十一、《仓储场所消防安全管理通则》GA 1131—2014(节选)

3　一般要求

3.1　消防安全责任

仓储场所应落实逐级消防安全责任制和岗位消防安全责任制,明确逐级和岗位消防安全职责,确定各级、各岗位的消防安全责任人员口。

实行承包、租赁或者委托经营、管理的仓储场所,其产权单位应提供该场所符合消防安全要求的相应证明,当事人在订立相关租赁合同时,应明确各方的消防安全责任。

3.2　消防组织

储备可燃重要物资的大型仓库、基地和其他仓储场所,应根据消防法规的规定建立专职消防队、义务消防队,开展自防自救工作。

专职消防队的建设应参照建标 152—2011,在当地公安机关消防机构的指导下进行。专职消防队员可由本单位职工或者合同制工人担任,应符合国家规定的条件,并通过有关部门组织的专业培训。

3.3 消防安全培训

3.3.1 仓储场所应组织或者协助有关部门对消防安全责任人、消防安全管理人、消防控制室的值班操作人员进行消防安全专门培训。消防控制室的值班操作人员应通过消防行业特有工种职业技能鉴定,持证上岗。

3.3.2 仓储场所在员工上岗、转岗前,应对其进行消防安全培训;对在岗人员至少每半年应进行一次消防安全教育。

3.3.3 属于消防安全重点单位的仓储场所应至少每半年、其他仓储场所应至少每年组织一次消防演练。消防演练应包括以下内容:

  a)根据仓储场所物品存放情况及危险程度,合理假设演练活动的火灾场景,如起火点、可燃物类型、火势蔓延情况等;

  b)按照灭火和应急疏散预案设定的职责分工和行动要求,针对假设的火灾场景进行灭火处置、物资转移、人员疏散等内容实施演练;

  c)对演练情况进行总结分析,发现存在问题,及时对灭火和应急疏散预案实施改进;

  d)做好演练记录,载明演练时间、参加人员、演练组织、实施和总结情况等内容。

3.4 消防安全标志

  仓储场所应按照 GB 15630 的要求设置消防安全标志。

  仓储场所应画线标明库房的墙距、垛距、主要通道、货物固定位置等,并按本标准要求设置必要的防火安全标志。

5 消防安全检查

5.1 防火检查

5.1.1 仓储场所每月应至少组织一次防火检查,各部门(班组)每周应至少开展一次防火检查。

5.1.2 防火检查应包括以下内容：

a) 各项消防安全制度和消防安全操作规程的执行和落实情况；

b) 防火巡查、火灾隐患整改措施落实情况；

c) 安全员消防知识掌握情况；

d) 室内仓储场所是否设置办公室、员工宿舍；

e) 物品入库前是否经专人检查；

f) 储存物品是否分类、分组和分堆（垛）存放，防火间距是否满足要求，是否存放影响消防安全的物品等；

g) 火源、电源管理情况，用火、用电有无违章；

h) 消防通道、安全出口、消防车通道是否畅通，是否有明显的安全标志；

i) 消防水源情况，灭火器材配置及完好情况，消防设施有无损坏、停用、埋压、遮挡、圈占等影响使用情况；

j) 其他需要检查的内容。

5.2 防火巡查

5.2.1 属于消防安全重点单位的仓储场所应确定防火巡查人员，每日应进行防火巡查，可利用场所视频监控等设备辅助开展防火巡查。

5.2.2 防火巡查应包括以下内容：

a) 用火、用电有无违章；

b) 有无吸烟和遗留火种现象；

c) 进入库区的车辆有无违章；

d) 装卸作业有无违章；

e) 消防通道、安全出口、消防车通道是否畅通；

f) 消火栓、灭火器、消防安全标志等设施、器材是否完好；

g) 重点部位人员在岗在位情况；

h) 门窗封闭、完好情况；

i) 其他需要检查的内容。

5.3 火灾隐患整改

5.3.1 仓储场所对在防火检查、防火巡查以及公安机关消防机构消防监督检查中发现的火灾隐患,应及时进行整改消除。

5.3.2 仓储场所的火灾隐患整改应符合以下要求:

a) 发现火灾隐患应立即改正,不能立即改正的,应报告上级主管人员;

b) 消防安全责任人或消防安全管理人应组织对报告的火灾隐患进行认定,并对整改完毕的进行确认;

c) 明确火灾隐患整改责任部门、责任人、整改的期限和所需经费来源;

d) 在火灾隐患整改期间,应采取相应防范措施,保障消防安全;

e) 在火灾隐患未消除前,不能确保消防安全,随时可能引发火灾的,应将危险部位停产停业整改;

f) 对公安机关消防机构责令改正的火灾隐患或消防安全违法行为,应在规定的期限内改正,并将火灾隐患整改情况函复公安机关消防机构;

g) 对涉及城乡规划布局、不能自身解决的重大火灾隐患,应提出解决方案并及时向主管部门或当地人民政府报告。

5.4 消防档案

5.4.1 消防档案要求

属于消防安全重点单位的仓储场所应建立消防档案,内容应包括消防安全基本情况和消防安全管理情况。消防档案应符合以下要求:

a) 消防安全重点单位应依法建立纸质消防档案,并应同时建立电子档案;

b) 消防档案内容应详实,全面反映消防安全工作情况,并附有必要的图纸、图表;

c) 消防档案应由专人统一管理,按档案管理要求装订成册。

5.4.2 消防安全基本情况

仓储场所消防安全基本情况应包括以下内容：
a) 场所基本概况和消防安全重点部位情况；
b) 场所消防设计审核、消防验收或备案的许可文件和相关资料；
c) 消防组织和逐级消防安全责任人员；
d) 消防安全制度和消防安全操作规程；
e) 消防设施和消防器材的配置情况；
f) 专职（义务）消防队人员及装备配备情况；
g) 消防安全管理人、自动消防系统操作人员、电（气）焊工、电工、易燃易爆化学物品作业人员的基本情况；
h) 消防产品、防火材料的合格证明文件。

5.4.3 消防安全管理情况

仓储场所消防安全管理情况应包括以下内容：
a) 消防安全例会纪要或决定；
b) 公安机关消防机构的各种法律文书；
c) 消防设施定期检查记录、测试报告以及维修保养记录；
d) 火灾隐患、重大火灾隐患及其整改情况记录；
e) 防火检查、巡查记录；
f) 有关电气设备检测、防雷装置检测等记录资料；
g) 消防安全培训记录；
h) 灭火和应急疏散预案及消防演练记录；
i) 火灾情况记录；
j) 消防奖惩情况记录。

6 储存管理

6.1 仓储场所按储存物品的火灾危险性应按 GB 50016 的规定分为甲、乙、丙、丁、戊 5 类。

6.2 仓储场所内不应搭建临时性的建筑物或构筑物；因装卸作业等确需搭建时，应经消防安全责任人或消防安全管理人审批同意，并明确防火责任人、落实临时防火措施，作业结束后应立即拆除。

6.3 室内储存场所不应设置员工宿舍。甲、乙类物品的室内储存场所内不应设办公室。其他室内储存场所确需设办公室时,其耐火等级应为一、二级,且门、窗应直通库外。

6.4 甲、乙、丙类物品的室内储存场所其库房布局、储存类别及核定的最大储存量不应擅自改变。如需改建、扩建或变更使用用途的,应依法向当地公安机关消防机构办理建设工程消防设计审核、验收或备案手续。

6.5 物品入库前应有专人负责检查,确认无火种等隐患后,方准入库。

6.6 库房储存物资应严格按照设计单位划定的堆装区域线和核定的存放量储存。

6.7 库房内储存物品应分类、分堆、限额存放。每个堆垛的面积不应大于 150m²。库房内主通道的宽度不应小于 2m。

6.8 库房内堆放物品应满足以下要求:

　　a) 堆垛上部与楼板、平屋顶之间的距离不小于 0.3m(人字屋架从横梁算起);

　　b) 物品与照明灯之间的距离不小于 0.5m;

　　c) 物品与墙之间的距离不小于 0.5m;

　　d) 物品堆垛与柱之间的距离不小于 0.3m;

　　e) 物品堆垛与堆垛之间的距离不小于 1m。

6.9 库房内需要设置货架堆放物品时,货架应采用非燃烧材料制作。货架不应遮挡消火栓、自动喷淋系统喷头以及排烟口。

6.10 甲、乙类物品的储存除执行 GB 15603 的要求外,还应满足以下要求:

　　a) 甲、乙类物品和一般物品以及容易相互发生化学反应或灭火方法不同的物品,应分间、分库储存,并在醒目处悬挂安全警示牌标明储存物品的名称、性质和灭火方法;

　　b) 甲、乙类桶装液体,不应露天存放。必须露天存放时,在炎热季节应采取隔热、降温措施;

　　c) 甲、乙类物品的包装容器应牢固、密封,发现破损、残缺、变形和物品变质、分解等情况时，应及时进行安全处理，防止跑、冒、滴、漏；

　　d) 易自燃或遇水分解的物品应在温度较低、通风良好和空气干燥的场所储存，并安装专用仪器定时检测，严格控制湿度与温度。

6.11 室外储存应满足以下要求：

　　a) 室外储存物品应分类、分组和分堆（垛）储存。堆垛与堆垛之间的防火间距不应小于4m，组与组之间防火间距不应小于堆垛高度的2倍，且不应小于10m。室外储存场所的总储量以及与其他建筑物、铁路、道路、架空电力线的防火间距应符合GB 50016的规定。

　　b) 室外储存区不应堆积可燃性杂物，并应控制植被、杂草生长，定期清理。

6.12 将室内储存物品转至室外临时储存时，应采取相应的防火措施，并尽快转为室内储存。

6.13 物品质量不应超过楼地面的安全载荷，当储存吸水性物品时，应考虑灭火时可能吸收的水的质量。

6.14 储存物品与风管、供暖管道、散热器的距离不应小于0.5m，与供暖机组、风管炉、烟道之间的距离在各个方向上都不应小于1m。

6.15 使用过的油棉纱、油手套等沾油纤维物品以及可燃包装材料应存放在指定的安全地点，并定期处理。

7 装卸安全管理

7.1 进入仓储场所的机动车辆应符合国家规定的消防安全要求，并应经消防安全责任人或消防安全管理人批准。

7.2 进入易燃、可燃物资储存场所的蒸汽机车和内燃机车应设置防火罩。蒸汽机车应关闭风箱和送风器，并不应在库区内清炉。

7.3 汽车、拖拉机不应进入甲、乙、丙类物品的室内储存场所。进入甲、乙类物品室内储存场所的电瓶车、铲车应为防爆型；进入丙类物品室内储存场所的电瓶车、铲车和其他能产生火花的装卸设备应安装防止火花溅出的安全装置。

7.4 储存危险物品和易燃物资的室内储存场所，设有吊装机械设备的金属钩爪及其他操作工具的，应采用不易产生火花的金属材料制造，防止摩擦、撞击产生火花。

7.5 车辆加油或充电应在指定的安全区域进行，该区域应与物品储存区和操作间隔开；使用液化石油气、天然气的车辆应在仓储场所外的地点加气。

7.6 甲、乙类物品在装卸过程中，应防止震动、撞击、重压、摩擦和倒置。操作人员应穿戴防静电的工作服、鞋帽，不应使用易产生火花的工具，对能产生静电的装卸设备应采取静电消除措施。

7.7 装卸作业结束后，应对仓储场所、室内储存场所进行防火安全检查，确认安全后，作业人员方可离开。

7.8 各种机动车辆装卸物品后，不应在仓储场所内停放和修理。

8 用电安全管理

8.1 仓储场所的电气装置应符合 JGJ 16 的规定。甲、乙类物品室内储存场所和丙类液体室内储存场所的电气装置，应符合 GB 50058 的规定。

8.2 丙类固体物品的室内储存场所，不应使用碘钨灯和超过 60W 以上的白炽灯等高温照明灯具。当使用日光灯等低温照明灯具和其他防燃型照明灯具时，应对镇流器采取隔热、散热等防火保护措施，确保安全。

8.3 仓储场所的电器设备应与可燃物保持不小于 0.5m 的防火间距，架空线路的下方不应堆放物品。

8.4 仓储场所的电动传送设备、装卸设备、机械升降设备等的易摩擦生热部位应采取隔热、散热等防护措施。对提升、码垛等机械设备易产生火花的部位，应设置防护罩。

8.5 仓储场所的每个库房应在库房外单独安装电气开关箱，保管人员离库时，应切断场所的非必要电源。

8.6 室内储存场所内敷设的配电线路，应穿金属管或难燃硬塑料管保护。不应随意乱接电线，擅自增加用电设备。

8.7 室内储存场所内不应使用电炉、电烙铁、电熨斗、电热水器等电热器具和电视机、电冰箱等家用电器。

8.8 仓储场所的电气设备应由具有职业资格证书的电工进行安装、检查和维修保养。电工应严格遵守各项电气操作规程。

8.9 仓储场所的电气设备应设专人管理，由持证的电工进行安装和维修。发现漏电、老化、绝缘不良、接头松动、电线互相缠绕等可能引起打火、短路、发热时，应立即停止使用，并及时修理或更换。禁止带电移动电气设备或接线、检修。

8.10 仓储场所的电气线路、电气设备应定期检查、检测，禁止长时间超负荷运行。

8.11 仓储场所应按照 GB 50057 设置防雷与接地系统，并应每年检测一次，其中甲、乙类仓储场所的防雷装置应每半年检测一次，并应取得专业部门测试合格证书。

9 用火安全管理

9.1 进入甲、乙类仓储场所的人员应登记，禁止携带火种及易燃易爆危险品。

9.2 仓储场所内应禁止吸烟，并在醒目处设置"禁止吸烟"的标志。

9.3 仓储场所内不应使用明火，并应设置醒目的禁止标志。因施工确需明火作业时，应按用火管理制度办理动火证，由具有相应资格的专门人员进行动火操作，并设专人和灭火器材进行现场监护；动火作业结束后，应检查并确认无遗留火种。动火证应注明动火地点、时间、动火人、现场监护人、批准人和防火措施等内容。

9.4 室内储存场所禁止安放和使用火炉、火盆、电暖器等取暖设备。

9.5 仓储场所内的焊接、切割作业应在指定区域进行，并应满足以下条件：

a) 在工作区域内配备 2 具灭火级别不小于 3A 的灭火器;

b) 设有自动消防设施的,应确保自动消防设施处于正常状态;

c) 工作区周边 8m 以内不应存放物品,且应采用防火幕布、金属板、石棉板等与相邻可燃物隔开;

d) 若焊接、烘烤的部位紧邻或穿越墙体、吊顶等建筑分隔结构,应在分隔结构的另一侧采取相应的防火措施;

e) 作业期间应有专人值守,作业完成 30min 后值守人员方可离开。

9.6 仓储场所内部和距离场所围墙 50m 范围内禁止燃放烟花爆竹,距围墙 100m 范围内禁止燃放 GB/T 21243 规定的 A 级、B 级烟花爆竹。仓储场所应在围墙上醒目处设置相应禁止标志。

10 消防设施和消防器材管理

10.1 仓储场所应按照 GB 50016 和 GB 50140 设置消防设施和消防器材。

10.2 仓储场所应按照 GB 25201 的有关规定,明确消防设施的维护管理部门、管理人员及其工作职责,建立消防设施值班、巡查、检测、维修、保养、建档等制度,确保消防设施正常运行。

10.3 仓储场所禁止擅自关停消防设施。值班、巡查、检测时发现故障,应及时组织修复。因故障维修等原因需要暂时停用消防系统的,应有确保消防安全的有效措施,并经消防安全责任人或消防安全管理人批准。

10.4 仓储场所设置的消防通道、安全出口、消防车通道,应设置明显标志并保持通畅,不应堆放物品或设置障碍物。

10.5 仓储场所应有充足的消防水源。利用天然水源作为消防水源时,应确保枯水期的消防用水。对吸水口、吸水管等取水设备应采取防止杂物堵塞的措施。

10.6 仓储场所应设置明显标志画定各类消防设施所在区域,禁止圈占、埋压、挪用和关闭,并应保证该类设施有正常的操作和检修空间。

10.7 仓储场所设置的消火栓应有明显标志。室内消火栓箱不应上锁，箱内设备应齐全、完好。距室外消火栓、水泵接合器 2m 范围内不应设置影响其正常使用的障碍物。

10.8 寒冷地区的仓储场所，冬季时应对消防水源、室内消火栓、室外消火栓等设施采取相应的防冻措施。

10.9 仓储场所设置的灭火器不应设置在潮湿或强腐蚀的地点；确需设置时，应有相应的保护措施。灭火器设置在室外时，应有相应的保护措施。

二十二、《石油化工可燃气体和有毒气体检测报警设计规范》GB 50493—2009

3.0.1 在生产或使用可燃气体及有毒气体的工艺装置和储运设施的区域内，对可能发生可燃气体和有毒气体的泄漏进行检测时，应按下列规定设置可燃气体检（探）测器和有毒气体检（探）测器：

  1 可燃气体或含有毒气体的可燃气体泄漏时，可燃气体浓度可能达到 25 爆炸下限，但有毒气体不能达到最高容许浓度时，应设置可燃气体检（探）测器；

  2 有毒气体或含有可燃气体的有毒气体泄漏时，有毒气体浓度可能达到最高容许浓度，但可燃气体浓度不能达到 25 爆炸下限时，应设置有毒气体检（探）测器；

  3 可燃气体与有毒气体同时存在的场所，可燃气体浓度可能达到 25 爆炸下限，有毒气体的浓度也可能达到最高容许浓度时，应分别设置可燃气体和有毒气体检（探）测器；

  4 同一种气体，既属可燃气体又属有毒气体时，应只设置有毒气体检（探）测器。

3.0.2 可燃气体和有毒气体的检测系统应采用两级报警。同一检测区域内的有毒气体、可燃气体检（探）测器同时报警时，应遵循下列原则：

1 同一级别的报警中,有毒气体的报警优先;
  　2 二级报警优先于一级报警。
3.0.4 报警信号应发送至现场报警器和有人值守的控制室或现场操作室的指示报警设备,并且进行声光报警。

参 考 文 献

1. 闫军. 建筑材料强制性条文速查手册. 北京：中国建筑工业出版社，2014.
2. 中国消防协会. 注册消防工程师考试辅导教材 消防安全技术实务（2019）. 北京：中国人事出版社，2019.
3. 中国消防协会. 注册消防工程师考试辅导教材 消防安全技术综合能力（2019）. 北京：中国人事出版社，2019.
4. 中国消防协会. 注册消防工程师考试辅导教材 消防安全案例分析（2019）. 北京：中国人事出版社，2019.